Hans Steinfort
Meisterhaftes Fliegenfischen

Meisterhaftes Fliegenfischen

Expertenratschläge für Flugangler

Herausgegeben von

Hans Steinfort

Unter Mitarbeit von

Dipl.-Ing. Reinhard Brehmer, Norbert Eipeltauer, Dr. Günter Jens, Frank de la Porte, Dieter Schicker, Jürgen Schrodt, George A. Solohow, Hans Steinfort, Dr. Božidar Voljč, Dr. J. P. Lorenz Wehrmann, Bruno Wigam

Mit 217 Einzeldarstellungen, davon 58 farbig, in 70 Textabbildungen und auf 24 Tafeln

Verlag Paul Parey · Hamburg und Berlin

CIP-Kurztitelaufnahme der Deutschen Bibliothek

Meisterhaftes Fliegenfischen : Expertenratschläge für Flugangler / hrsg. von Hans Steinfort. Unter Mitarb. von Reinhard Brehmer ...
– Hamburg ; Berlin : Parey, 1984.
ISBN 3-490-44014-5

NE: Steinfort, Hans [Hrsg.]; Brehmer, Reinhard [Mitverf.]

Die Textabbildungen für das Kapitel „Insektenkunde" zeichnete Jürgen Schrodt; alle anderen Zeichnungen stammen von Erwin Staub. Das Titelbild und sämtliche Tafelabbildungen stellte uns Hans Steinfort zur Verfügung.

 Anschriften: Spitalerstraße 12, 2000 Hamburg 1; Lindenstraße 44–47, 1000 Berlin 61. Printed in Germany by Rasch Druckerei und Verlag GmbH & Co., KG, Bramsche. Einbandgestaltung: Evelyn Fischer, Hamburg.

ISBN 3–490–44014–5

Vorwort des Herausgebers

Fliegenfischen – schon im Klang des Wortes schwingt Faszination. Wen diese vielfältige Passion in ihren Bann geschlagen hat, den hält sie für immer gefangen. Sei es nun, daß man am nahen Heimatgewässer seine Stunden mit der Flugangel dankbar genießt und kunstfertig Äsche, Döbel, Forelle, Hasel und andere Spezies überlistet, oder daß man im Fluge über Äquator und Polarkreis eilt, um mit raffiniertesten Geräten und Methoden begehrenswerter Beute nachzustellen, neue Erfahrungen zu sammeln und dabei manches Abenteuer zu erleben.

Findet der eine sein Glück bei freier Pirsch in nah und fern, so sucht der andere mit geradezu wissenschaftlicher Akribie sein Heil auf irgendeinem der verschiedenen Spezialgebiete, die unmittelbar mit dem Flugangeln verbunden sind. Ich denke da an all die zahllosen Fliegenbinde-Experten, Wurfperfektionisten, Gerätefachleute und Insektenkenner. Sie, fast alle aus dem Laienstande kommend, nötigen mit ihrem profunden Wissen nicht selten dem erfahrenen Fachmann ehrliches Erstaunen ab. Das ist eine Tatsache, die in keiner anderen Sparte des Angelsports so augenscheinlich ihresgleichen findet.

Welche Vielfalt an Möglichkeiten und Liebhabereien mit dem Fliegenfischen verbunden ist, zeigen die nachfolgenden Kapitel. In welche Richtung der Leser seinen Schritt lenken wird, sei ihm selbst anheimgestellt. Hat er sich aber vielleicht schon längst für irgendeinen Komplex entschieden, dann werden ihm gewiß neue Anstöße und Einsichten zuteil, denn dieses Buch unterrichtet ihn ausführlich und unter den verschiedensten Gesichtspunkten.

Die jetzige schnellebige Zeit verlangt stets nach neuesten Informationen. Das gilt auch für unser Fachgebiet. Deshalb hat sich der Herausgeber im Namen des Verlages Paul Parey um ein Team von Autoren bemüht, von denen jeder einzelne seit Jahren durch fachliche Veröffentlichungen hervorgetreten ist und in der Fliegenfischerszene einen guten Namen besitzt. Dieses Buch, inhaltlich auf zeitgemäßem Stand, soll für den deutschen Sprachraum das große Basiswerk des Flugangelns werden. Denn es geht auf alle Gebiete dieses anspruchsvollen Sportes ein, wobei das Wort Sport im Sinne der großen, alten englischen Schule verstanden sein will.

Vorwort des Herausgebers

England, das uns neben einer Reihe von Berühmtheiten der Fliegenfischerei einen kaum zu überblickenden Strom meisterhaft geschriebener Literatur geschenkt hat, ist in den letzten Jahren ein wenig in den Schatten der modern und fortschrittlich orientierten Amerikaner gerückt. Neue Methoden, verbesserte Geräte, faszinierende Ideen kamen aus der Neuen Welt herüber. Wir Deutschsprachigen, die wir auf keine allzugroße Fliegenfischertradition zurückblicken können, konnten währenddessen aus beiden Quellen schöpfen: der konservativ englischen wie der allem Neuen aufgeschlossenen amerikanischen. Wir haben das reichlich genutzt, wir sind selbstbewußter geworden, und wir haben inzwischen selber eine Reihe guter Bücher herausgebracht.

Das vorliegende Werk soll den Anfänger wie den Fortgeschrittenen ansprechen, denn für manchen wird es noch immer eine Reihe ungelöster Probleme geben. Meine Mitautoren, jeder ein Sachkundiger auf seinem Gebiet, werden Rede und Antwort stehen. Wer aber noch intensiver in die Materie einzudringen gedenkt, der wird später gewiß nach den verschiedenen Fliegenfischer-Spezialbüchern der Verlagsbuchhandlung Paul Parey greifen.

Heute, da ich abschließend diese Worte schreibe, weiß ich, daß hiermit ein Buch vollendet ist, das eine große, interessierte Leserschar gewinnen wird. Aber ohne die Hilfe meiner Mitarbeiter, die sich begeistert in den Dienst der Sache gestellt haben, wäre diese Aufgabe nicht zu bewältigen gewesen. Ihnen gebührt mein ganz besonderer Dank. Dank gilt aber auch dem Verlag Paul Parey, der dieses umfassende Werk ermöglicht hat, und vor allem Herrn Dr. Hans Colas, Mitgründer und erster Hauptschriftleiter von FISCH UND FANG und noch heute Lektor für die Fischereiliteratur des Verlages. Er war es, der mich zu dieser Arbeit angeregt und ermuntert hat.

Sommer 1983 HANS STEINFORT

Inhalt

Insektenkunde (Entomologie)

Einleitung

Die Insekten sind zeitweise die Hauptnahrung von Forellen und Äschen, und auf der Ausnutzung dieser Kenntnis beruht das Fliegenfischen. Der Fliegenfischer versucht mit Nachahmungen von Insektenlarven und Insekten die Fische zu überlisten. Fliegenfischen bereitet aus verschiedenen Gründen besonders große Freude. Einige Gründe seien hier erwähnt:

Die Entspannung am Gewässer durch schlichte Freude an den Schönheiten der Natur, die Möglichkeit zur körperlichen Betätigung in Verbindung mit dem eleganten Fliegenwerfen, der Reiz, die Fische mit Insektennachahmungen zu überlisten und zu fangen.

Die so empfundene Freude am Fliegenfischen läßt sich, so meine ich, noch durch eine andere Freude ergänzen und vertiefen, die sich nur einstellt, wenn man sich Fragen über die vielfältigen Vorgänge des Insektenlebens am Gewässer beantworten kann und die Zusammenhänge erkennt. Das Fliegenfischen wird daher noch interessanter, wenn man sich mit der Insektenkunde beschäftigt. Die Kenntnis des Aussehens und der Lebensweise der wichtigsten Insekten ermöglicht es uns, gute Larven- und Fliegenmuster zu binden und diese zur richtigen Zeit, am richtigen Platz, mit der richtigen Bewegung erfolgreich einzusetzen.

Allgemeines

Mehr als 75% aller Tierarten auf der Erde sind Insekten, etwa eine Million Insektenarten sind bekannt. Die Insekten gehören zu den Gliederfüßern. Sie haben ein festes Außenskelett aus einem Chitin-Protein-Panzer. Der Körper besteht aus 3 Hauptteilen: Kopf, Brust und Hinterleib. Am Kopf befinden sich Fühler, Augen und Mundwerkzeuge; an der Brust sitzen 6 Beine. Im Gegensatz zu allen anderen Gliederfüßern (Spinnentiere, Tausendfüßer, Krebse) haben die Insekten ein oder zwei Flügelpaare. Nach der Lebensweise werden die Insekten in Wasser- und

Landinsekten unterteilt. Die Wasserinsekten leben während ihres Larvendaseins im Süßwasser. Sie atmen dort Sauerstoff, den sie meist direkt aus dem Wasser aufnehmen. In erwachsenem Zustand leben sie außerhalb des Wassers und atmen wie normale Landinsekten. Ihre Eier legen sie auf und im Gewässer ab. Die Wasserinsekten sind wegen ihres langen Larvendaseins für Fische und Fliegenfischer die wichtigsten Insekten. Folgende Wasserinsekten werden in der Reihenfolge ihrer Bedeutung für den Fliegenfischer behandelt:

Eintagsfliegen, Köcherfliegen, Steinfliegen, Mücken, Schlammfliegen, Ruderwanzen.

Die Landinsekten verbringen ihr ganzes Leben auf dem Land und in der Luft. Sie gelangen nur zufällig in die Gewässer. Folgende Landinsekten sind von Interesse:

Käfer, Motten, Schmetterlinge, Florfliegen, Heuschrecken, Grillen, Zikaden, Ameisen, Bienen, Wespen, Fliegen, Raupen.

Um Ordnung in die Klasse der Insekten zu bringen, hat man folgendes System eingerichtet: Klasse, Ordnung, Familie, Gattung und Art. Als Beispiel wird eine Eintagsfliege von der Ordnung bis zur Art bezeichnet:

Ordnung:	Ephemeroptera = Eintagsfliegen
Familie:	Baëtidae
Gattung:	*Baëtis*
Art:	*Baëtis rhodani*

Grundeinheit der Systematik ist die Art. Sie wird stets mit zwei Worten bezeichnet. Das erste bezeichnet die Gattung (hier *Baëtis)* das zweite den Eigennamen der Art (hier *rhodani).*

Eintagsfliegen (Ordnung Ephemeroptera)

Verbreitung

Die Ordnung der Eintagsfliegen ist weltweit verbreitet. Heute sind auf der Erde etwa 2000 Arten, in Europa 217, in Deutschland etwa 75 Arten bekannt.

Erkennungsmerkmale

Eintagsfliegen sind kleine, mittelgroße und große Insekten mit 2,5–28 mm Körperlänge, die am Körperende 2 oder 3 lange Schwanzfäden aufweisen.

Am Kopf sitzen sehr kurze Fühler. Die dreieckigen Vorderflügel sind erheblich größer als die Hinterflügel. Bei einigen Familien fehlen die Hinterflügel ganz. In Ruhestellung werden die Flügel senkrecht über dem Körper zusammengeklappt. In der Regel haben die Flügel eine dichte Aderung.

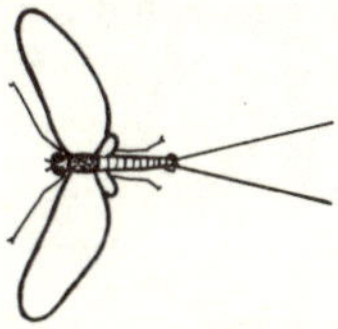

Abb. 1. (links). Eintagsfliege, Seitenansicht. – *Abb. 2. (rechts).* Eintagsfliege, Draufsicht

Entwicklung

Die Entwicklung der Eintagsfliegen vom Ei bis zum fertigen Insekt dauert 1–3 Jahre. Sie geht schrittweise vor sich. Nach dem Schlüpfen aus dem Ei wächst die Junglarve heran. Die Körperdecke, ein relativ starrer Chitin-Protein-Panzer, kann dem Wachstum nur kurze Zeit durch Dehnung folgen und muß bald abgestreift werden. Sie wird dabei an Sollbruchstellen durch Aufblähen der darunterliegenden Körperabschnitte mit Hilfe von Blut, Schlucken von Luft und Wasserfüllung gesprengt. Durch Bewegungen der Rumpfmuskulatur schiebt sich dann der Körper aus der Hülle heraus. Diesen Vorgang nennt man Häutung. Nach mehreren Häutungen erreicht die Larve die schlüpfreife Körpergröße. Zwischen der Larvenhaut und der Körperdecke des sich bildenden geflügelten Insekts sammelt sich immer mehr Luft und schließlich steigt die Larve der meisten Arten durch den Auftrieb wie ein Korken zur Wasseroberfläche. Hier folgt das Schlüpfen zum geflügelten Insekt in wenigen Sekunden. Kopf und Brust der Larvenhaut platzen an den Sollbruchstellen auf und das geflügelte Insekt, die Subimago, entsteigt der Larvenhülle und entfaltet durch Einpumpen von Blut die Flügel. Das Schlüpfen der Wasserinsekten zum geflügelten Insekt nennt man Emergenz. Die Emergenz ist ein wichtiger Zeitpunkt für den Fliegenfischer, denn die aufsteigende Larve, die abtreibende Larve, die Schlüpfbewegungen und die auf der Larvenhülle treibende Subimago erregen schnell die Aufmerksamkeit der Forellen und Äschen. Die einzelnen Phasen können mit aufsteigenden Nymphen, Aufsteigern (EMERGERS), schwimmenden Nymphen und Trockenfliegen (DUNS) erfolgreich nachgeahmt werden. Die Subimago stellt als geflügeltes, jedoch noch nicht geschlechtsreifes Insekt ein Vorstadium zum geschlechtsreifen Vollinsekt dar. Die frisch geschlüpfte Eintagsfliege fliegt bald vom Wasser auf und versteckt sich bis zur letzten Häutung im Laub von Sträuchern und Bäumen am Uferrand. Meist in den Abendstunden häutet sich schließlich die Subimago binnen weniger Minuten zur voll entwickelten, fortpflanzungsfähigen Imago, dem Vollinsekt. Die Eintags-

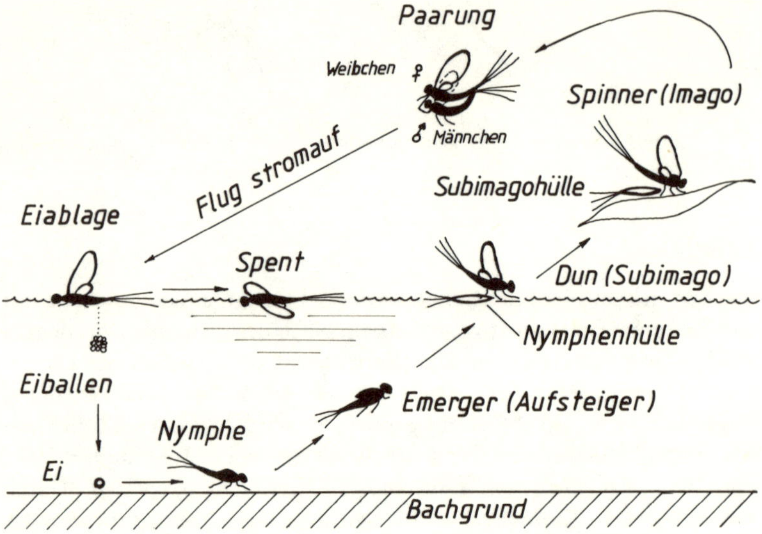

Abb. 3. Lebenszyklus der Eintagsfliege

fliegen sind die einzigen Insekten, die sich im flugfähigen Stadium noch einmal häuten. Die Imago verläßt bald ihr Versteck, um sich fortzupflanzen. Die Männchen finden sich in großen Schwärmen zusammen und locken mit einem Werbetanz die Weibchen an. Die im Gras und Strauchwerk wartenden Weibchen fliegen schließlich in den tanzenden Schwarm hinein und werden in der Luft sofort von den Männchen begattet. Nach dem Hochzeitsflug trennen sich die Partner. Die erschöpften Männchen sterben, und die Weibchen beginnen mit der Eiablage. Die befruchteten Eier werden bei einem eigenartigen Eiablageflug auf dem Wasser abgelegt. Nach der Eiablage stirbt auch das erschöpfte Weibchen (Spent = verbraucht) und treibt mit ausgebreiteten Flügeln, eine leichte Beute für die Fische, auf der Wasseroberfläche. Die eiablegenden Weibchen und die erschöpften oder sterbenden Eintagsfliegen werden durch verschiedene Kunstfliegenmuster mit unterschiedlicher Flügelstellung (aufrecht – V-

Stellung – flachliegend) imitiert. Die im Wasser ertrunkenen Fliegen werden durch Naßfliegen dargestellt.

Die Larven der Eintagsfliegen ernähren sich überwiegend vegetarisch vom Algenbelag der Steine und Wasserpflanzen sowie von organischen

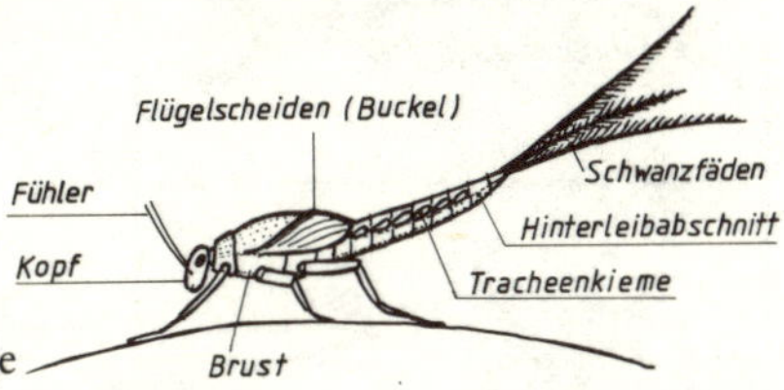

Abb. 4. Larve/Nymphe der Eintagsfliege

Schlammteilchen. Sie sind von der atmosphärischen Luft über dem Wasserspiegel völlig unabhängig, denn sie atmen durch ein Atemröhren-Tracheensystem Sauerstoff direkt aus dem Wasser. Die schlüpfreifen Larven erkennt man an den schwarzbraunen Flügelscheiden, die über den dritten Hinterleibsabschnitt hinausreichen. Alle Arten können einige Schritte laufen oder eine kurze Strecke schwimmen. Bei den Insekten mit unvollkommener Verwandlung, zu denen die Eintagsfliegen gehören, werden die Larvenstadien mit sichtbaren Flügelanlagen – deutlicher Buckel auf dem Rücken – als Nymphe bezeichnet. Nach der Fortbewegungs- und Lebensweise werden hier die für den Angler wichtigen Nymphen in folgende Typen unterteilt (Abb. 5).

Die kleinen Schnellschwimmer-Nymphen der Familie Baëtidae sind wegen ihrer großen Zahl und weiten Verbreitung für den Nymphenfischer von besonderer Bedeutung. Viele Nymphenmuster, z. B. die Sawyer-Nymphe, ahmen daher diese Familie nach.

Familien und Gattungen

Durch Umweltverschmutzungen sind einige für den Fliegenfischer früher interessante Arten, z. B. die größte Eintagsfliege *Palingenia longicauda* (Theißblüte) oder *Oligoneuriella rhenana* (Rheinmücke), fast ausgestorben. Viele andere Arten kommen leider nur noch selten vor. Die für den Fliegenfischer wichtigsten 7 Familien mit 15 Gattungen werden nachstehend tabellarisch dargestellt. Für eine Übersichtsgliederung werden als Merkmale Flügelzahl (2 oder 4), Schwanzfädenzahl (2 oder 3) und die Größe (Körperlänge) benutzt.

Für den Fliegenfischer besonders wichtig und als Muster unentbehrlich sind wegen ihrer großen Zahl und Verbreitung und der langen Flugdauer

Nymphenbild	Typ	Familie	Körperlänge mm
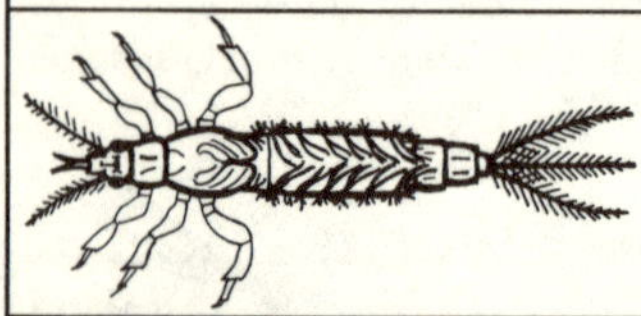	Grundgräber	Ephemeridae	15 - 30
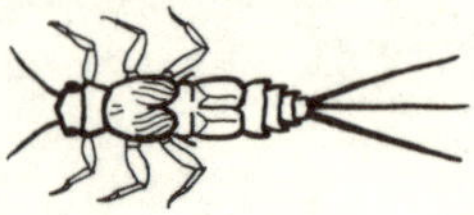	Schlammkriecher	Caenidae	4 - 9
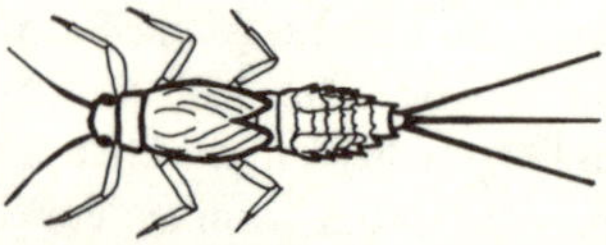	Mooskletterer	Ephemerellidae	6 - 10
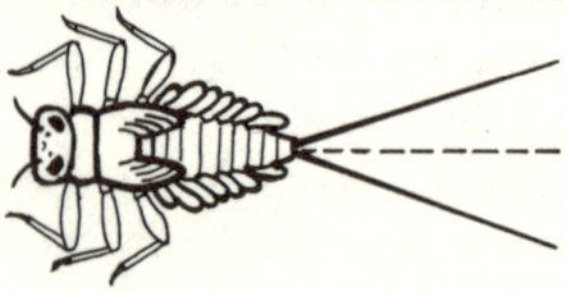	Steinklammerer (Flachtyp)	Heptageniidae	8 - 18
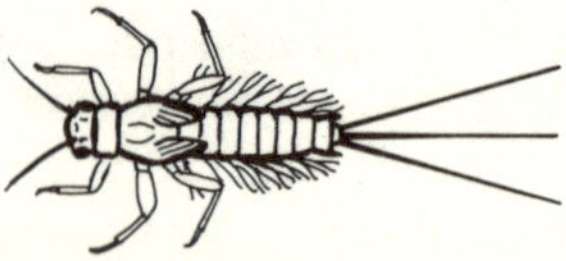	Schlängler	Leptophlebiidae	6 - 12
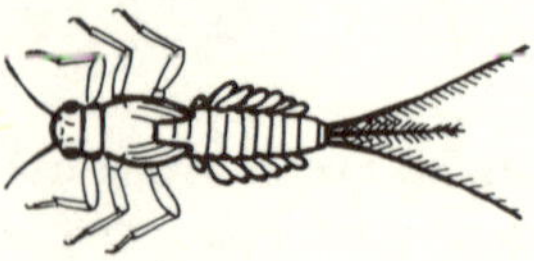	Kleine Schnellschwimmer	Baetidae	4 - 11
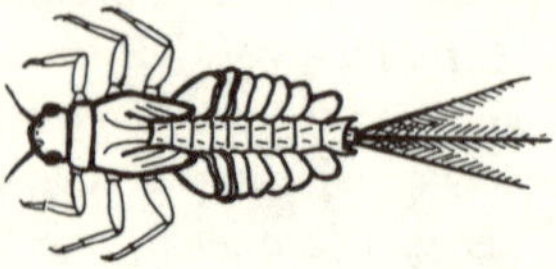	Große Schnellschwimmer	Siphlonuridae	11 - 18

Abb. 5. Eintagsfliegen-Nymphen

Schattenbild	Flügelzahl	Schwanz-fädenzahl	Familie	Gattung	Körper-länge mm
	2	2	Baetidae	CLOEON	5–11
	2	3	Caenidae	CAENIS	3–8
	4	2	Heptageniidae	EPEORUS	12–16
				ECDYONURUS	5–18
				HEPTAGENIA	7–16
				RHITHROGENA	5–17
			Siphlonuridae	SIPHLONURUS	10–18
			Baetidae	BAETIS	5–11
				CENTROPTILUM	5–8
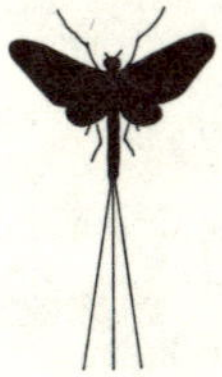	4	3	Ephemeridae	EPHEMERA	11–28
			Ephemerellidae	EPHEMERELLA	6–10
			Leptophlebiidae	LEPTOPHLEBIA	6–12
				PARALEPTOPHLEBIA	6–13
				HABROPHLEBIA	5–7
				HABROLEPTOIDES	7–12

Abb. 6. Eintagsfliegen (Subimago, Imago)

die Baëtis-Arten in verschiedenen Größen, so z. B. *Baëtis rhodani* = Large Dark Olive oder Bue Dun, *Baëtis vernus* = Medium Olive, *Baëtis niger* = Iron Blue und *Ephemerella ignita* = Blue Winged Olive (BWO). Die schöne große Maifliege *Ephemera danica* = Mayfly kommt leider nur noch selten vor und hat in Deutschland an Bedeutung verloren.

Flugzeit

Die jährliche Flugzeit der Eintagsfliegen ist artspezifisch und von den Temperaturbedingungen des Lebensraumes abhängig. Die tägliche Flugzeit wird von Lichtintensität, Luftfeuchtigkeit und Temperatur im Tagesverlauf bestimmt. Die meisten Eintagsfliegen schwärmen von April bis Oktober in den Nachmittags- oder frühen Abendstunden.

Larven-Ökologie

Im Längsverlauf eines Fließgewässers ergeben sich abhängig von Strömung, Temperatur und Sauerstoffversorgung unterschiedliche Lebensmöglichkeiten für Eintagsfliegen. Die günstigsten Bedingungen finden die Eintagsfliegen eindeutig in den kalten, sauberen Bergbächen. Sie passen sich an die dort herrschende starke Strömung durch Abplattung (Heptageniidae), Torpedoform (Baëtidae), Haftscheiben (Rhithrogena) und Körperhaltung an.

Köcherfliegen (Ordnung Trichoptera)

Verbreitung

Die Ordnung der Köcherfliegen ist weltweit verbreitet. Heute sind auf der Erde fast 7000 Arten, in Europa 895 und in Deutschland etwa 290 bekannt. Die Zahl der neuentdeckten Arten nimmt noch ständig zu.

Erkennungsmerkmale

Köcherfliegen sind kleine, mittelgroße und große Insekten mit zwei behaarten Flügelpaaren mit 3–68 mm Spannweite. Der Name Trichoptera kommt aus dem Griechischen und bedeutet: behaarte Flügel. In Ruhestellung werden die Flügel meist dachförmig über dem Hinterleib zusammengelegt. Von oben gesehen bilden sie ein langgestrecktes V. Die Flügel

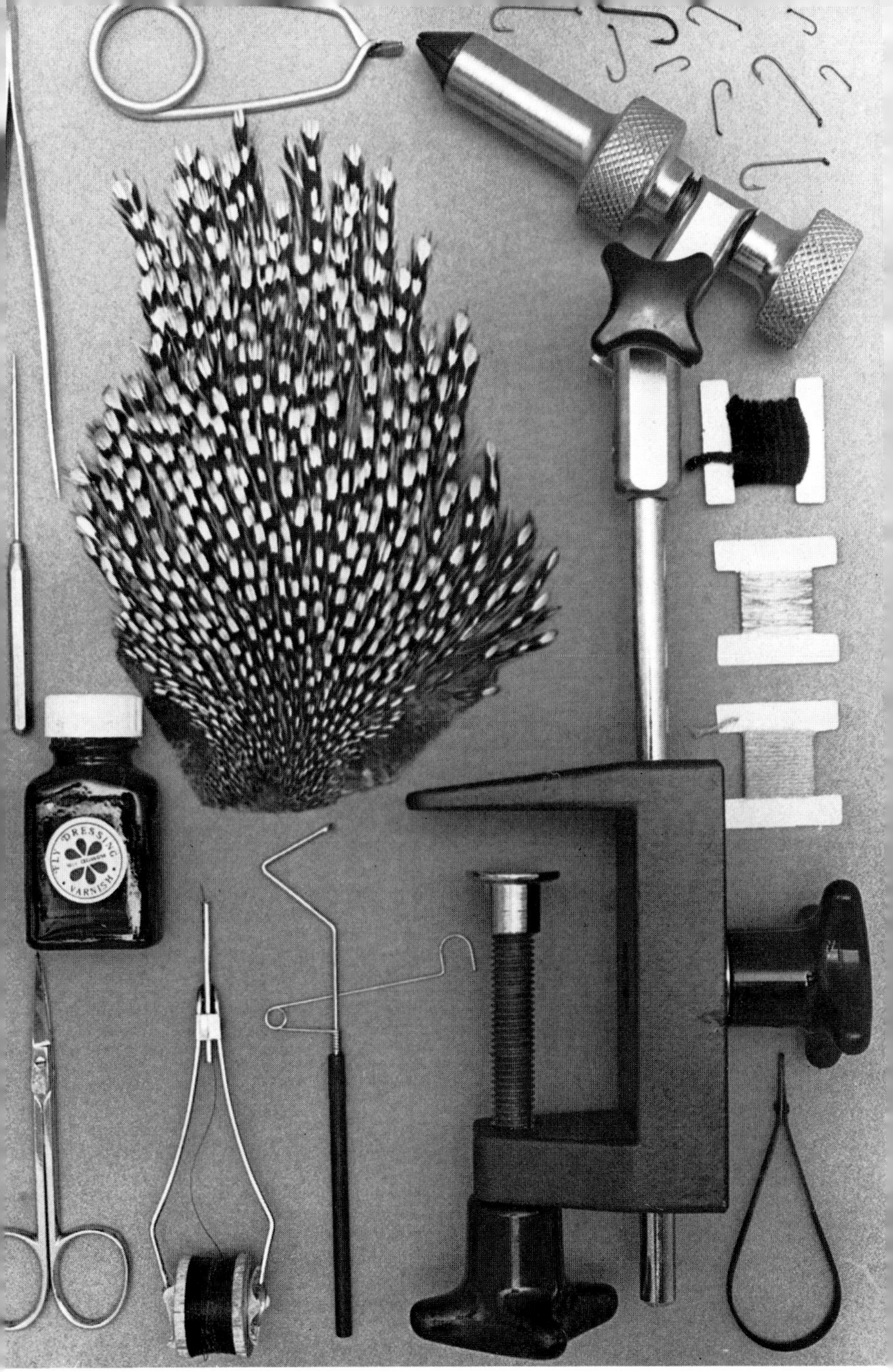

Das wichtigste Fliegenbindegerät und einige Materialien: Bindestock, Hechelzange, Schere, Pinzette, Fadenhalter, Knotenbinder (Whip finisher), Dubbingnadel, Körpermaterial, Rippungsmaterial und diverse Fliegenhaken. Ferner einen Hahnenskalp vom Dschungelhahn (Djungle cock). Der Vogel steht seit einiger Zeit unter Naturschutz, so daß sein Skalp nicht mehr zum Fliegenbinden verwendet werden kann, es sei denn, er kommt noch aus alten Vorräten

So wird eine geflügelte (Trocken-)Fliege gebunden:

1. Der Hakenschenkel ist überwickelt, das Schwänzchen eingebunden
2. Der Körper aus Pfauenfibern ist gebildet
3. Die Flügel sind angewunden
4. Eine Hahnenhechel ist angelegt
5. Mit der Hechelzange wird die Hahnenhechel 3–4mal um die Flügelbasis gewunden
6. Die fertige Fliege

haben nur wenige Queradern. Am Kopf sitzen lange fadenförmige Fühler. Die Beine sind lang und an den Schienen, das ist der Beinteil zwischen Schenkel und Fuß, mit Sporen besetzt. Die vorherrschende Färbung ist düster braun, grau, schwarz. Die Köcherfliegen sehen den Motten ähnlich, haben jedoch keine abreibbaren Schuppen, keine Saugrüssel und sehen in Ruhestellung schlanker aus.

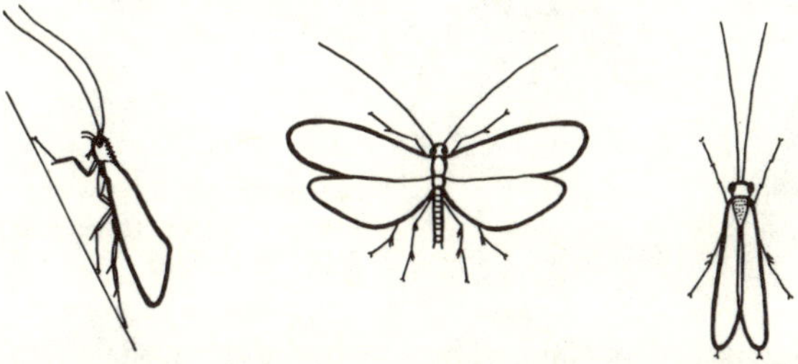

Abb. 7 (links). Köcherfliege, Seitenansicht. – *Abb. 8 (Mitte).* Köcherfliege, Draufsicht. – *Abb. 9 (rechts).* Köcherfliege in Ruhestellung, Draufsicht

Köcherfliegen – Familienübersicht mit Vorderflügel-Spannweite

Die Ordnung der Köcherfliegen wird in 3 Überfamilien unterteilt.
Überfamilie *Rhyacophiloidea* – Flügelspannweite 3–37 mm
mit 3 Familien (Rhyacophilidae, Glossosomatidae, Hydroptilidae)
Überfamilie *Hydropsychoidea* – Flügelspannweite 8–37 mm
mit 5 Familien (Philopotamidae, Psychomyiidae, Ecnomidae, Polycentropodidae, Hydropsychidae)
Überfamilie *Limnephiloidea* – Flügelspannweite 8–68 mm
mit 10 Familien (Brachycentridae, Phryganeidae, Lepidostomatidae, Limnephilidae, Goeridae, Beraeidae, Sericostomatidae, Odontoceridae, Molannidae, Leptoceridae)

Entwicklung

Die Entwicklung der Köcherfliegen vom Ei bis zum fertigen Insekt dauert etwa 1 Jahr. Sie erfolgt schrittweise. Nach etwa ein bis drei Monaten schlüpfen die Larven aus den Eiern. Die meisten Arten entwickeln sich dann in 9 bis 10 Monaten mit 5 Larvenstadien weiter. Bei den Larven unterscheidet man nach der Körperform und Stellung des Kopfes zwei Grundtypen: raupenförmige (eruciforme) Larven und dem Urinsekt Campodea ähnliche (campodeide) Larven.

Die raupenförmigen Larven der Überfamilie Limnephiloidea haben einen walzenförmigen Körper mit nach unten gerichtetem Kopf. Zum

Schutz des Hinterleibes bauen sie aus Steinchen und Pflanzenteilen mit Spinnfäden einen der Körperform angepaßten zylindrischen Köcher, den sie ständig mit sich umhertragen. Bei Gefahr ziehen sie sich ganz in den Köcher zurück. Der gebräuchliche Name Köcherfliegen weist auf diese bizarren Köcher hin. Die köchertragenden raupenförmigen Larven sind

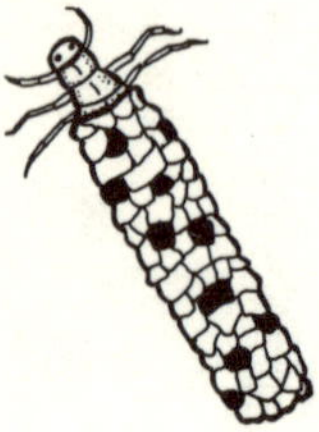

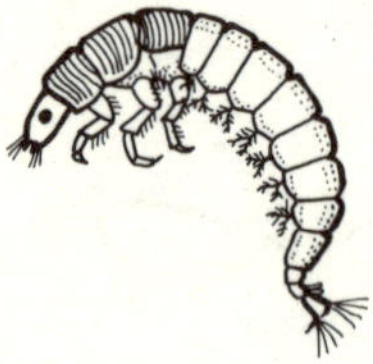

Abb. 10 (links). Köcherfliegenlarve – raupenförmig mit Köcher. – *Abb. 11 (rechts).* Köcherfliegenlarve, campodeid – freilebend

dem Angler unter dem Namen Sprock wohlbekannt. Viele heranwachsende Larven passen den Köcher bei jeder Häutung ihrer Größe an, indem sie den Köcher nach vorn anbauen und den zu engen hinteren Teil abbeißen. Die raupenförmigen Köcherfliegenlarven sind Pflanzenfresser. Die campodeiden Larven gehören in die Überfamilien Rhyacophiloidea und Hydropsychoidea. Kopf und Körperachse bilden etwa eine Gerade. Bei den Rhyacophiloidea leben die Larven frei oder in verschieden geformten transportablen Köchern. Bei den Hydropsychoidea bauen die freilebenden strömungsliebenden Larven Fangnetze. Die Gespinste sind meist trichterförmig, röhrenförmig oder sackartig mit der Öffnung gegen die Strömung gerichtet. Die Larven warten im Wohngespinst auf durch die Strömung angetriebene Nahrung.

Die freilebenden Köcherfliegenlarven der Gattungen Rhyacophila und Hydropsyche sind für den Nymphenfischer von besonderer Bedeutung, da sie in unseren Bächen zahlreich vorkommen und von den Fischen gern gefressen werden. Die Larvennachbildungen Sedge Larva (engl.) oder Caddis Larva (amerikanisch) sollten daher in keiner Nymphenbox fehlen. Die Rhyacophila leben frei im Bach meist unter Steinen. Sie sind Raubtiere, die sich überwiegend von erjagten kleinen Insektenlarven ernähren. Mit dem Hinterleib krallen sie sich am Untergrund fest, zusätzlich sichern sie sich gegen Abtreiben durch einen an der Unterlage festgeklebten Seidenfaden. Die Hydropsyche baut eine Wohnröhre mit einem aus Steinchen zusammengeklebten Vorhof. In dem Vorhof spannt sie regelmäßige Sperrnetze. Die sich dort fangenden kleinen Tiere werden von der lauernden Larve sofort ergriffen und verschlungen.

Bei den Köcherfliegen tritt zwischen das letzte Larvenstadium und das

Endstadium (Imaginalstadium) eine Puppe als Ruhestadium. In der Puppe bilden sich allmählich die Organe der Köcherfliege, z. B. Flügel, behaarte Beine, Mundwerkzeuge.

Alle Puppen haben ortsfeste Köcher. Die Puppenruhezeit dauert maximal einen Monat. Danach öffnet die Puppe mit ihren scharfen Mundwerkzeugen den Köcher und schwimmt an die Gewässeroberfläche. Die Fische fangen viele Puppen als fette Leckerbissen am Grund oder während des Aufstiegs ab.

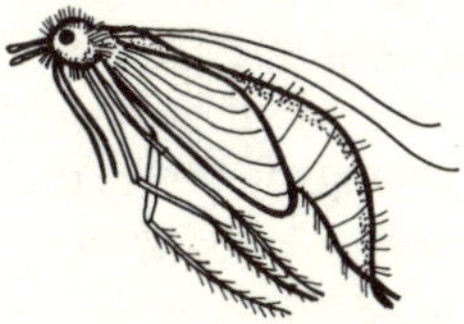

Abb. 12. Köcherfliegenpuppe

Jetzt ist auch für den Nymphenfischer die Zeit gekommen, mit den Puppenmustern Sedge- oder Caddis pupa die Forellen und Äschen zu überlisten. Die überlebenden Puppen klettern an herausragenden Steinen und Pflanzen aus dem Wasser und suchen sich einen geeigneten Platz zum Schlüpfen. Einige Arten schlüpfen auch auf der Wasseroberfläche. Die fertig entwickelten Köcherfliegen, die Imagines, leben bis zu 4 Wochen.

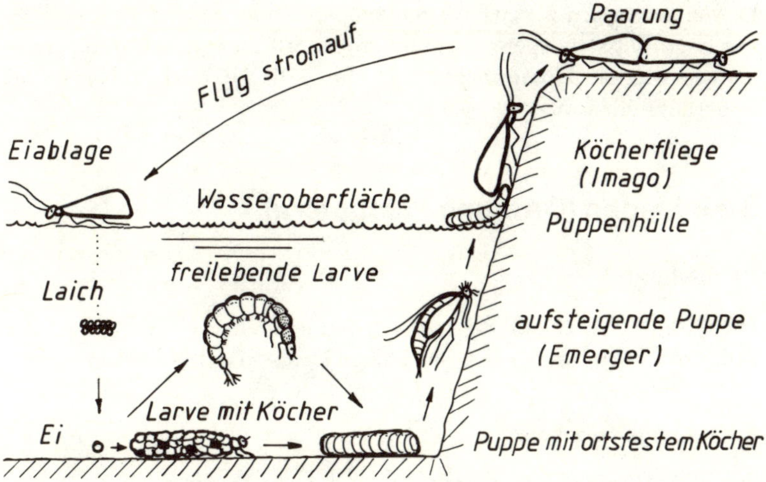

Abb. 13. Lebenszyklus der Köcherfliege

Tagsüber verstecken sie sich meist im Ufergestrüpp, abends und bevorzugt nachts schwärmen die Köcherfliegen aus, um sich zu paaren. Die Paarung findet fast immer auf einer festen Unterlage statt, in dem sich Männchen und Weibchen hinten verbinden, mit den Körpern und Köpfen jedoch in entgegengesetzter Richtung sitzen. Die Eiablage der Weibchen ist je nach Art verschieden. Für den Fliegenfischer sind jetzt die Arten interessant, welche die Eiballen auf der Wasseroberfläche sitzend ablegen oder schwimmend und schreitend zur Eiablage unter Wasser tauchen. Viele Köcherfliegenweibchen werden dabei die Beute aufmerksamer Fische. Die Nachahmung dieses Verhaltens mit den Köcherfliegenmustern Sedge (engl.) oder Caddis (amerikanisch) wird fast immer mit guten Fängen belohnt.

Flugzeit

Die jährliche Hauptflugzeit der Köcherfliegen liegt wie bei den Eintagsfliegen in den Monaten April bis Oktober. Warme, trockene Witterung schiebt die Flugzeit gegen den Frühling vor.

Larven-Ökologie

Köcherfliegenlarven finden wir in Fließgewässern und stehenden Gewässern. In der Salmonidenregion leben etwa 50% der Köcherfliegen. Die Larven passen sich an den Faktorenkomplex – hohe Sauerstoffmengen bei niedrigen Wassertemperaturen und großer Strömungsgeschwindigkeit – ähnlich wie die Eintagsfliegen z. B. durch flache Köcher, Netze und Sicherungsfäden an.

Steinfliegen (Ordnung Plecoptera)

Verbreitung

Die Ordnung der Steinfliegen ist weltweit verbreitet. Heute sind auf der Erde etwa 1700 Arten, in Europa 387, in Deutschland 115 bekannt.

Erkennungsmerkmale

Steinfliegen sind kleine, mittelgroße und große Insekten mit 3–30 mm Körperlänge, die am Körperende 2 manchmal nur sehr kurze Schwanzfäden haben. Am Kopf sitzen 2 lange Fühler. Die 4 Flügel werden in Ruhestellung flach über dem Hinterleib zusammengelegt oder umhüllen diesen teilweise. Sie unterscheiden sich durch diese Ruhehaltung leicht von den Eintags- und Köcherfliegen.

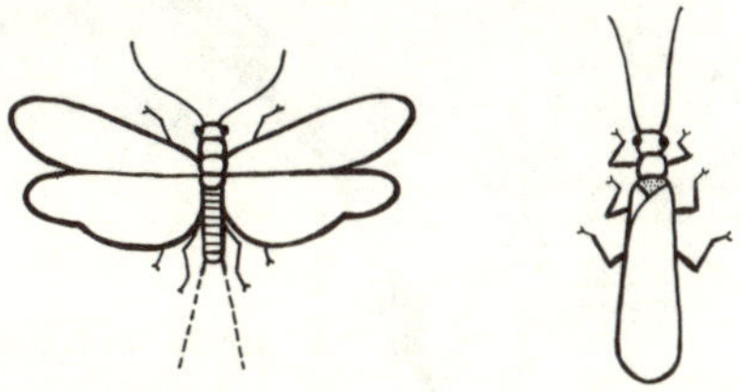

Abb. 14 (links). Steinfliege, Draufsicht. – *Abb. 15 (rechts).* Steinfliege in Ruhestellung, Draufsicht

Entwicklung

Die Entwicklung der Steinfliegen vom Ei bis zum fertigen Insekt dauert bei den kleineren Arten 1 Jahr, bei den größeren Arten 2 (Perlodidae) bis 3 Jahre (Perlidae). Sie erfolgt gleichmäßig schrittweise vom Ei über 12–30 Larvenstadien im Wasser bis zur Imago, dem flugfähigen Vollinsekt. Ein Subimagostadium wie bei den Eintagsfliegen oder ein Puppenstadium wie bei den Köcherfliegen gibt es bei den Steinfliegen nicht.

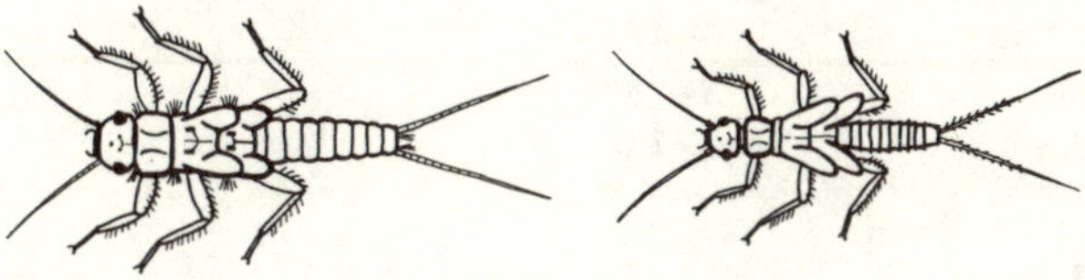

Abb. 16 (links). Steinfliegennymphe, große Art. – *Abb. 17 (rechts).* Steinfliegennymphe, kleine Art

Für den Fliegenfischer ist die Nachahmung der Larven mit künstlichen Nymphen besonders erfolgreich und wird meist viel zu wenig genutzt. Zur Imitation der kleinen Arten eignen sich gut die Sawyer-Nymphen. Die größeren Arten lassen sich mit Maifliegen-Nymphen, eigens entwickelten Steinfliegen-Nymphen oder Naßfliegen, tief gefischt, leicht nachahmen. Die Imagines treten nicht in Schwärmen wie die Eintagsfliegen auf und haben daher keine so große Bedeutung. An Steinfliegengewässern lohnt sich jedoch die Nachahmung der auf dem Wasser eiablegenden Steinfliegenweibchen mit geeigneten Trockenfliegen (engl. Stoneflies).

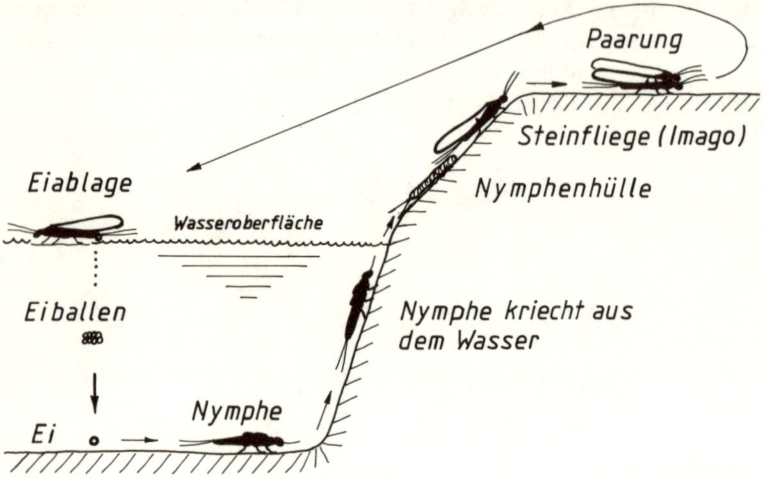

Abb. 18. Lebenszyklus der Steinfliege

Familien	*Körperlänge mm*
Perlodidae	6–25
Perlidae	12–30
Chloroperlidae	6–12
Taeniopterygidae	5–14
Nemouridae	4–12
Capniidae	3– 8
Leuctridae	3–15

Flugzeit

Die Flugzeiten der Steinfliegen verteilen sich von Februar bis November fast über das ganze Jahr.

Larven-Ökologie

Steinfliegenlarven haben meist ein hohes Sauerstoffbedürfnis und sind sehr empfindlich gegen Gewässerverschmutzungen. Sie leben daher überwiegend in sauberen, kalten und sauerstoffreichen Fließgewässern. Verschiedene Arten gelten als Bio-Indikatoren für sauberes Wasser (Güteklasse I). Die Larven sind standorttreu. Die kleineren Arten ernähren sich von Fallaub und angefaulten Pflanzenresten, die größeren leben als gefräßige Räuber überwiegend von Insektenlarven. Kleinere Arten stellen die Masse der Steinfliegenbesiedlung dar.

Mücken (Ordnung Diptera, Zweiflügler) (Unterordnung Nematocera, Mücken)

Die Mücken erleben als Wasserinsekten folgende schrittweise Entwicklung: Ei, mehrere Larvenstadien, Puppe, Imago. Sie haben als Vollinsekt nur 2 Vorderflügel, die Hinterflügel sind zu sogenannten Schwingkölbchen umgebaut. Die Mücken bevölkern unsere Gewässer in großer Zahl. Für den Fliegenfischer sind folgende Familien wichtig.
Familie Chironomidae = Zuckmücken, Körperlänge 6–12 mm
Familie Simulidae = Kriebelmücken, Körperlänge 2–4 mm

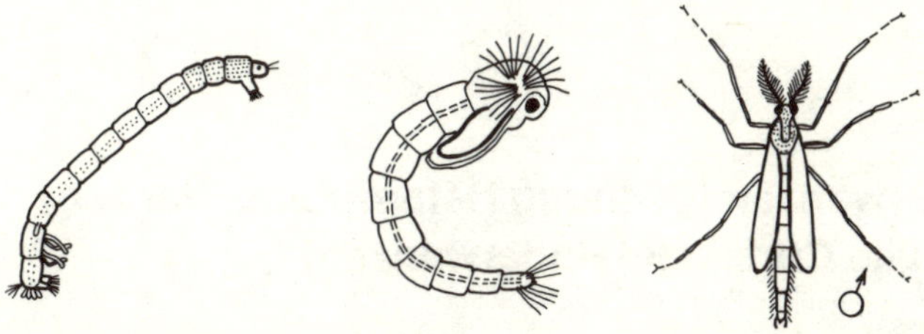

Abb. 19 (links). Zuckmückenlarve. – *Abb. 20 (Mitte).* Zuckmückenpuppe. – *Abb. 21(rechts).* Zuckmücke, Draufsicht

Die einzelnen Entwicklungsstadien der Mücken werden vom Fliegenfischer durch geeignete Muster nachgeahmt. Die Imitation der kleinen Kriebelmücken (engl. Smut = Schmutz) ist schwierig. Die Zuckmückenmuster (engl.) Midge larva, Midge pupa, Midge adult oder die Altière sollten jedoch in keiner Fliegenschachtel fehlen.

Schlammfliegen (Ordnung Megaloptera, Familie Sialidae)

Die Schlammfliege (Sialis) auch Wasserflorfliege oder Erlfliege (engl. Alderfly) genannt, fliegt mit langsamem Flatterflug von Mai bis Juli an unseren Bergbächern. Sie hat keine große Bedeutung für den Fliegenfischer.

Die Larven leben an ruhig strömenden Stellen des Bergbaches im Schlamm, Sand und zwischen Blättern. Sie ernähren sich als gefräßige

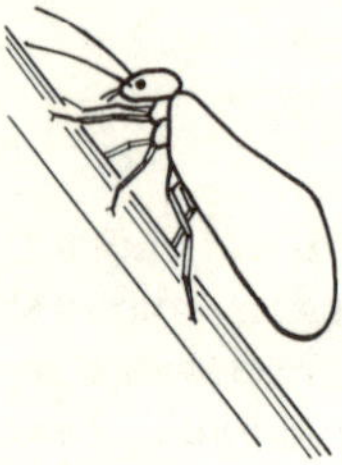

Abb. 22 (links). Schlammfliege, Imago. – *Abb. 23 (rechts).* Schlammfliegenlarve

Räuber von kleinen Larven und Flohkrebsen und können wegen der Ähnlichkeit mit Mustern der freilebenden Köcherfliegenarten oder der Alderfly-larva imitiert werden.

Ruderwanzen (Ordnung Heteroptera, Wanzen) (Familie Corixidae, Ruderwanzen)

Die Ruderwanzen besiedeln fließende und stehende Gewässer. Ihr 2–15 mm langer Körper ist von einer dünnen, glitzernden Luftschicht umgeben. Sie sind vorwiegend Bodenbewohner und ernähren sich von

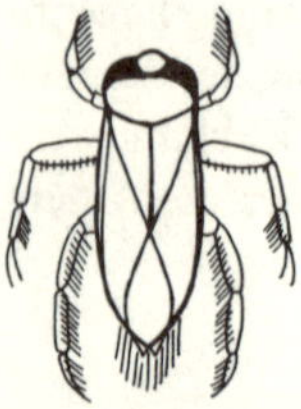

Abb. 24. Ruderwanze, Draufsicht

Algen und angefaulten Pflanzenteilen. Zum Luftholen schwimmen sie regelmäßig zur Wasseroberfläche. Dabei werden sie häufig das Opfer der Fische. Der Fliegenfischer imitiert erfolgreich das Luftholen mit beschwerten Mustern, z. B. (engl.) Corixa Bug oder Water Boatmen, durch Sinken- und Steigenlassen.

Landinsekten

Das Fischen mit Landinsektenmustern hat besonders in Amerika in den letzten Jahren viele Anhänger gefunden. Es lohnt sich an verwachsenen Bächen und kleinen Flüssen, inmitten von Wiesen, überhängenden Büschen und Bäumen, wo die notgewasserten Landinsekten einen bedeutenden Teil der Fischnahrung ausmachen. Folgende Landinsekten sind von Interesse:

deutsch	*englisch/amerikanisch*
Käfer	Beetles
Motten	Moths
Schmetterlinge	Butterflies
Florfliegen	Lacewings
Heuschrecken	Grashoppers
Grillen	Crickets
Zikaden	Jassids
Ameisen	Ants
Bienen	Bees
Wespen	Wasps
Fliegen	Flies
Raupen der Schmetterlinge und Motten	Caterpillers (Wooly Worms)

Der Angler-Entomologe

Sammeltechnik

Das Sammeln von Insektenlarven und Insekten ist verhältnismäßig einfach und erfordert wenig Gerät. Die Larven sind leicht zu erbeuten, indem man Steine, Äste und Blätter des Gewässergrundes aus dem Wasser hebt und die darauf sitzenden oder laufenden Larven mit einer flachen Pinzette abliest. Die Larven sitzen meist an der Unterseite der Steine und Blätter oder im Aufwuchs. Dabei entkommen jedoch leider viele kleine schnellschwimmende Arten. Für genauere Untersuchungen wende ich daher folgendes Verfahren an: Ein halbkreisförmiger – oder dreiecksförmiger kräftiger Wasserkescher mit 30–40 cm Breite und einem Netz aus grober Müllergaze wird stromabwärts unmittelbar hinter dem zu untersuchenden Bereich senkrecht ins Wasser gestellt, so daß der flache untere Rand des Netzbügels auf dem Grunde aufliegt, das Wasser das Netz durchströmt und den Netzbeutel geöffnet hält. Dann wühle ich mit der freien Hand oder einem Stock den vor dem Netz liegenden Bachgrund um, wende die größeren Steine, streife den Aufwuchs ab und schüttele die Pflanzen aus. Alles, was dabei von der Unterlage gelöst wird, treibt mit der Wasserströmung in das Netz. Schließlich hebe ich das Netz aus dem Wasser und lese schnell die größeren Larven mit der Pinzette ab. Danach spüle ich den Netzbeutel in einer weißen, mit etwas Wasser gefüllten Plastikschüssel von etwa 30 cm Durchmesser aus und fische die dort gut sichtbaren kleineren Larven heraus. Die Larven bewahre ich zur späteren Untersuchung in kleinen Gläsern, Durchmesser 5 cm, mit Schraubverschluß auf, welche mit 70%igem Alkohol gefüllt sind. Die mit Etiketten versehenen Gläser beschrifte ich anschließend mit Ort und Datum. Die Gläser und der Isopropylalkohol sind in jeder Apotheke preiswert erhältlich. Den Wasserkescher kann man im entomologischen Fachversand kaufen oder sich billiger und stabiler aus einem alten Angelkescher selbst basteln, indem man das grobe Netz entfernt und einen feinen Netzbeutel einzieht. Für das Sammeln von Insekten während des Schlüpfens und Schwärmens benutze ich einen ca. 15 cm breiten Aquarienkescher. Damit lassen sich die auf der Wasseroberfläche treibenden Insekten leicht einfangen. Zweckmäßig ist es dabei, den Netzbeutel zu straffen und den Kescher schräg ins Wasser zu halten. Die Insekten kleben, durch die Strömung angedrückt, auf dem flachen Netz und lassen sich mit der Pinzette oder den Fingern gut ablesen. Wenn keine Insekten auf dem Wasser schwimmen, suche ich am Gewässerrand die Sträucher, besonders die Unterseite von Blättern, ab oder streife mit einem kräftigen Schlagnetz von etwa 30 cm Durchmesser die Uferpflanzen ab. Die gefangenen Insekten bewahre ich wie die Larven in mit 70%igem Alkohol gefüllten Gläsern auf.

Untersuchungstechnik

Zur Untersuchung lege ich die Larven oder Insekten in kleine mit Wasser oder Alkohol gefüllte Blockschälchen aus Glas oder weißem Porzellan. In der Flüssigkeit bleiben alle Körpermerkmale ohne Schrumpfung gut sichtbar, die Flügel, Beine, Schwanzfäden, Tracheenkiemen usw. lassen sich zur besseren Betrachtung mit feinen Nadeln vorsichtig vom Körper abspreizen, ohne daß sie beschädigt werden. Für die Untersuchung am Wasser reicht eine 10 bis 20fach vergrößernde Lupe aus. Damit lassen sich die wichtigsten Untersuchungsmerkmale schon gut erkennen.

Aquarium für Wasserinsekten

Das Verhalten der Larven, die Schwimmbewegungen und das Schlüpfen der Insekten läßt sich bei vielen Arten zu Hause im Aquarium beobachten. Nach den Beobachtungen im Aquarium kann man sich das Unterwasserleben unserer Bäche viel besser vorstellen. Ich kann daher nur jedem Fliegenfischer empfehlen, sich wenigstens einmal im Frühjahr ein solches Aquarium für Wasserinsekten einzurichten. Damit Mißerfolge vermieden werden, möchte ich einige praktische Tips dazu geben. Gut geeignet für das Aquarium sind alle Larvenarten, die mit kleineren Sauerstoffmengen und wärmerem Wasser (bis max. 20 °C) auskommen, z. B. bei den Eintagsfliegen die Grundgräber, Schlammkriecher, Moosketterer, Schlängler und die kleinen und großen Schnellschwimmer, bei den Köcherfliegen die köchertragenden, raupenförmigen Larven. Die flachen Eintagsfliegenlarven haben ein sehr hohes Sauerstoffbedürfnis und brauchen kaltes Wasser. Sie sterben im einfachen Aquarium trotz intensiver Durchlüftung meist nach einigen Tagen. Das Aquarium steht zweckmäßig an einem schattigen, kühlen Platz, z. B. im Keller, damit die Wassertemperatur möglichst niedrig bleibt. Zur ersten Füllung des Aquariums sollte Bodenmaterial und Bachwasser des untersuchten Bachbereiches benutzt werden. Die gefangenen Larven transportiere ich in größeren, mit Bachwasser gefüllten Einmach- oder Gurkengläsern in einer Kühltasche. Das Bodenmaterial wie Steine, Sand, Blätter, Pflanzen, kleine Äste läßt sich gut in 10-l-Plastikeimern mit Deckel, das Bachwasser in 10–20 l großen Plastikkanistern transportieren. Das Bodenmaterial baue ich dem natürlichen Bachuntergrund ähnlich in das Aquarium ein. Anschließend wird das Aquarium vorsichtig bis zur Hälfte mit Bachwasser gefüllt. Aus dem Wasser müssen einige Steine und kleine Äste herausragen, damit sich die schlüpfenden Insekten darauf niederlassen können. Erst jetzt gieße ich vorsichtig das Wasser mit den Larven aus den Gläsern in das Aquarium.

Es muß ständig mit einer Luftpumpe großblasig gut durchgelüftet werden. Ein Filter ist nicht erforderlich. Auf keinen Fall sollte die Abdeckung vergessen werden, weil sonst die geschlüpften Insekten wegfliegen und sich nur mühsam im Raum einfangen lassen. Die Abdeckung darf wegen der Kohlendioxidabführung jedoch nicht zu dicht schließen. Gut geeignet ist ein mit Fliegengaze bespannter Holzrahmen. Wenn genügend schlüpfreife Larven eingesetzt worden sind, werden die Insekten bald schlüpfen. Mit Freude und Begeisterung kann man dann die im Aquarium auftauchenden Eintags- und Köcherfliegen beobachten und bestimmen.

Das Gerät des Fliegenfischers

Die Voraussetzungen

Die Formen und Materialien der Ausrüstungsgegenstände des Fluganglers und teilweise sogar diese Gegenstände selbst ändern sich im Laufe der Zeit. Dies wird auch in Zukunft so bleiben. Die diversen „Weltraummaterialien“ werden uns mit ihren Superlativen auch weiterhin überrollen und manch heute noch Neues bald vergessen lassen. Bleiben wird aber die prinzipielle Funktion von Rute, Schnur, Rolle etc. Ist sie dem Fischer bekannt, wird es ihm viel leichter fallen, die alles versprechenden Schlagworte der Werbung zu durchschauen und den praktischen Wert neuer Materialien und Erfindungen praxisgerecht einzuschätzen. Die bestzusammengestellte und teuerste Ausrüstung wird aber unbrauchbar, wenn der Fischer nicht den gesunden Menschenverstand, die an jedem neuen Fischertag gemachten Erfahrungen und entsprechendes Einfühlungsvermögen mitbringt und sich nicht jedesmal aufs neue mit geänderten Vorbedingungen auseinandersetzt. Andererseits sind es ja gerade diese Faktoren, die Fliegenfischen zu so einer faszinierenden Tätigkeit machen.

Die Fliegenschnur

Von allen Ausrüstungsgegenständen des Fliegenfischers wird die Fliegenschnur, gemessen an ihrer tatsächlichen Bedeutung, noch viel zu stiefmütterlich behandelt. Dabei ist doch das Primäre jeder Angelei, den Köder zum Fisch zu bringen. Dazu müssen beim Fliegenfischen zwei Dinge auf jeden Fall zusammenpassen: Rute und Schnur. Genauer: Rutenflexibilität und Schnurgewicht. Ist dieses Verhältnis arg gestört, steht auch der beste Werfer auf verlorenem Posten. Eine entscheidende Vereinfachung in der Wahl des passenden Schnurgewichtes vermittelt die AFTMA (Association of Fishing Tackle Makers of America)-Klassifizierung, die längst nicht nur auf jeder Schnurpackung, sondern auch auf fast jeder Rute zu finden ist. Die AFTMA-Klassen 1–15 definieren ein Gewicht zwischen 3,9 und

35,8 g für die ersten 9,14 m der Fliegenschnur, wobei die dünne Spitze, die meist ca. 60 cm lang ist, nicht mitgerechnet wird. Die Frage des Wurfgewichtes erfordert in erster Linie eine Entscheidung zwischen Darbietung und Wurfweite. Für gezieltes Trockenfliegen- und Nymphenfischen in kleinen bis mittleren Gewässern wird der Fischer zweckmäßig mit dem Schnurgewicht so weit heruntergehen, wie es bei der eigenen Wurftechnik nur möglich ist. Je leichter die Schnur, etwa die Klassen 3–5, um so einfacher ist bei klaren und ruhig fließenden oder sehr kleinen Gewässern die sanfte Präsentation. Größere Wurfweiten sind bei dieser Fischerei ohnehin nicht notwendig und z. B. bei Wind mit einer so leichten Schnur nur sehr schwer möglich. Eine gewisse Allround-Stellung für mittlere Gewässer, Wurfweiten und verschiedene Techniken bei durchaus noch akzeptabler Darbietung nimmt die Schnurklasse 6 ein. Schnurklassen von 7 aufwärts wird man bei weiten Würfen, Sinkleinenfischerei und bei Zweihandruten verwenden. Die letzten drei Klassen (13–15) sind für überschwere Schnüre und spezielle Anwendung gedacht, z. B. Meeresfischerei.

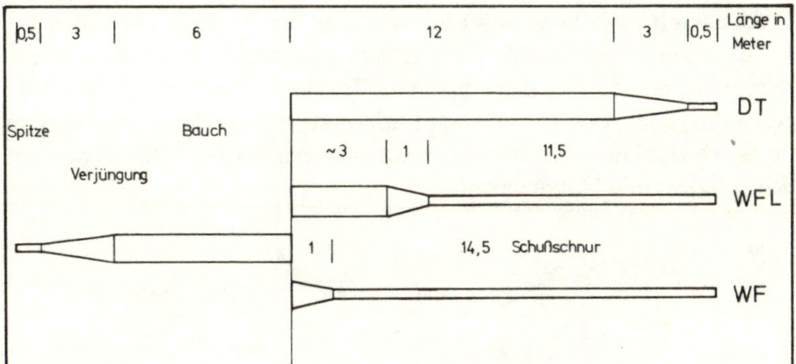

Abb. 25. Die gebräuchlichsten Fliegenschnurtypen

Außer der AFTMA-Klasse interessiert uns das passende Schnurprofil. Von den angebotenen L, DT, WF, WFL und ST (Abb. 25) sollte die Levelschnur sofort gestrichen werden. Ohne jegliche Verjüngung, ist sie ein ballistisches Unding und höchstens in niedrigen AFTMA-Klassen (2–3) als Schußschnur für ST-Schnüre zu gebrauchen. Ebenfalls für unseren mitteleuropäischen Gebrauch ungeeignet sind die WF-Schnüre mit extrem kurzen Keulen, die sog. „Bass-Bug“ und „Saltwater“-Tapers, eigene Konstruktionen für durch den Namen bereits gegebene ganz spezielle Fliegenfischerei. Bleiben noch DT, WF, WFL und ST. Hier ist wichtig zu wissen, ab welcher Schnurlänge, also Wurfweite abzüglich Ruten- und Vorfachlänge, die Profilunterschiede wirksam werden. Bis zur für das AFTMA-Gewicht zählenden Länge (9,14 m und Spitze) sind DT, WF und WFL bei gleicher Klasse im wesentlichen auch gleich in Aufbau und Durchmesser. Mit anderen Worten: bis etwa 15 m Wurfweite unterscheiden sie sich nicht im Wurfverhalten. Erst bei größeren Weiten entwickelt etwa die sich auf die Schußleine verjüngende WF-Schnur gänzlich andere Wurfeigenschaften. Die dünnere Nachschnur, deren Masse, Reibung und Durchmesser (Luftwiderstand) viel geringer sind, ermöglicht einen schnelleren Wurfzyklus, vor allem das sogenannte „Schießenlassen", und damit, wo nötig, leichter größere Weite.

Das gilt in noch verstärktem Maße auch für die ST-Schnur, an die ab etwa der gleichen Länge eine meist noch dünnere Schußleine geknüpft wird. Ab diesen etwa 15 m ist aber nicht nur das Timing, bzw. die allgemeine Handhabung, z. B. mit Doppelzug, viel schwieriger, sondern auch keine Rollwurfmöglichkeit mehr gegeben.

All das gilt für WFL-Schnüre ab etwa 18 m Wurfweite, da bei ihnen erst bei ca. 13 m Länge (bei AFTMA 6 WFL-Schnüren) die dünnere Nachschnur beginnt. Sie sind daher bis 18 m Wurfdistanz im Verhalten den DT-Schnüren gleich, d. h. bis zu dieser Entfernung rollwurffähig und langsam im Wurf. Die Frage des Profils führt also zu einem Kompromiß zwischen Schnelligkeit und Handlichkeit.

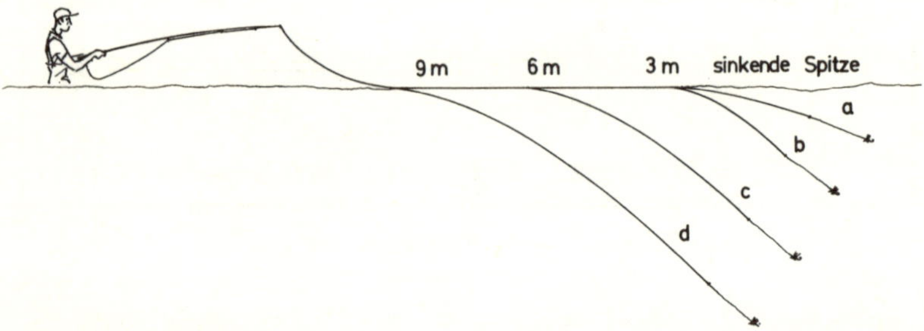

Abb. 26. Unterschiedliche Sinkgeschwindigkeit bei unterschiedlicher Länge der Sinkspitzen

Die nächste Auswahl gilt den spezifischen Eigenschaften der Fliegenschnur. Für schwimmend entscheidet man sich selbstverständlich beim Trockenfliegen- aber auch vielen Arten der Nymphen- und seltener der

Naßfliegenfischerei. Die schwimmende Schnur hat eindeutige Vorteile beim Abheben, in der Kontrolle der Führung und beim Erkennen des Bisses. Demgegenüber stehen Nachteile im Wurf, der größere Durchmesser verglichen mit gleichschweren Sinkschnüren behindert durch größeren Luftwiderstand, und die in gewissen Situationen sehr beschränkte Angeltaktik.

Die Sinkschnüre (Abb. 27) werden in einem breiten Spektrum von den langsam – über die schnellsinkenden – und Bleiseelenschnüre bis zu den verschiedenen Sink Tip Exemplaren mit unterschiedlicher Länge, Dichte und Sinkgeschwindigkeit der sinkenden Spitze angeboten (Abb. 26).

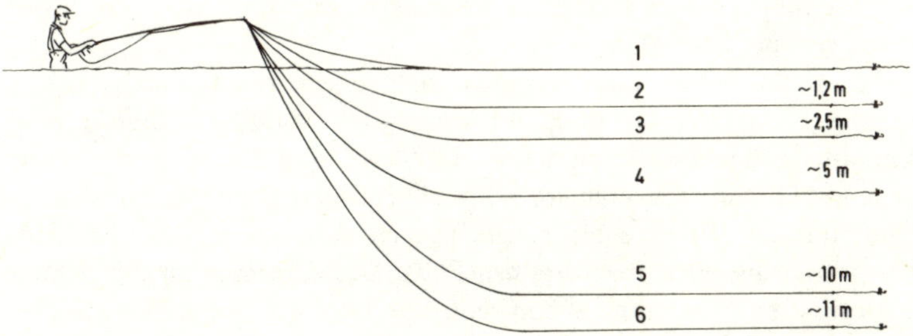

Abb. 27. Übersicht über spezifische Schnureigenschaften (Verhältnis der Sinkgeschwindigkeit der einzelnen Typen): 1. schwimmend (floating); 2. langsam sinkend (slow sinking); 3. schnell sinkend (fast sinking); 4. sehr schnell sinkend (extra fast sinking); 5. hohe Geschwindigkeit – hohe Dichte Schußkopf (Hi Speed – Hi D shooting Head); 6. Bleiseelenschnur (lead core line)

Das letzte Auswahlkriterium, die Farbe der Leine, führt in einen viel schwieriger abzuwägenden Bereich. Bei bewegter Oberfläche oder trübem Wasser ist wohl die Sichtbarkeit für den Fischer am wichtigsten, also eine gelbe oder orangefarbene Schnur günstig. Ist das Wasser ruhig und klar und sind die Fische sehr heikel, ist es sicher kein Nachteil, wenn die Schnur dem für den Fisch sichtbaren Hintergrund angepaßt wird. Ratsam ist es daher, bei bewaldeten Ufern eine dunkle, am besten grüne oder braune, bei offenen Ufern eine weiße Schnur zu verwenden. Ich selbst neige dazu, die Sichtbarkeit für den Fischer über die Unsichtbarkeit für den Fisch zu stellen. Ganz einfach, weil eine kontrollierte Führung der Fliege wichtiger ist als ein in manchen Fällen vielleicht verscheuchter Fisch.

Es zeigt sich bald, daß ein bißchen Beschäftigung mit dem großen Angebot an Schnurvarianten nicht schaden kann. Wer konsequent und logisch vorgeht, kann für jeden Anwendungsfall die passende Wahl treffen.

Die Fliegenrute

Die Rute ist so etwas wie die heilige Kuh des Fliegenfischers. Ein faszinierendes Instrument, aber allgemein übertrieben eingeschätzt in ihrer praktischen Bedeutung für den Fang eines Fisches. Es gibt derzeit Fliegenruten in Längen von ca. 165 cm (5'6") bis ca. 600 cm (20') listenmäßig zu kaufen. Die Auswahl an Rutenmaterialien ist nicht viel weniger umfangreich. Nimmt man dazu noch die unterschiedliche Flexibilität und Aktion von Ruten gleicher Länge und Materialien und die Möglichkeit von Rutenanfertigungen nach eigenen Wünschen, so gibt es praktisch keine Fliegenrute, die es nicht gibt! Um hier nach funktionellen Erfordernissen besser wählen zu können, empfiehlt es sich, „die Rute" etwas genauer anzusehen.

Im wesentlichen unterscheiden sich Fliegenruten durch Länge, Gewicht, Durchmesser und, am wichtigsten, durch Flexibilität bzw. Verlauf der Flexibilität zwischen Rutengriff und Spitze, auch Aktion genannt. Hier interessieren vor allem allgemeinere Dinge im Zusammenhang mit der Wahl einer ausgewogenen Ausrüstung. Die AFTMA-Klassifizierung erleichtert dies erheblich. Das Anpassen an die richtige Schnur ist im Normalfall schon reduziert auf die Kombination gleicher Ruten- und Schnurklasse. Schwieriger wird es beim Anpassen an den Werfer bzw. die Gewässersituation. Jeder Flugangler, der einige Jahre fischt, wird ein seiner Statur, seinem Wurfkönnen und der am häufigsten angewandten Taktik entsprechendes Gerät verwenden. Dies sind meist individuelle Kombinationen, die gar nicht so fixiert sind, sondern sich im Laufe der Zeit und nach weiteren Erfahrungen noch immer ändern. Das alles auf logische Auswahlkriterien zu reduzieren, ist nicht einfach. Was hilft das Postulat der kurzen schnellen Rute, wenn ein kräftiger Mann einfach „etwas in der Hand braucht", um einen ordentlichen Wurf zuwege zu bringen. Da ist andererseits eine zierliche Frau, die trotz großer Vorteile die 305 cm (10') lange AFTMA 5 Kohlefaserrute zum Nymphenfischen nicht verwenden will, weil die nötigen Hebelkräfte ihr die Freude nehmen, auch wenn die Rute vergleichsweise superleicht ist.

Der heikelste Punkt jeder Fliegenrutendiskussion ist die Aktion. Vage unterschieden in steif (schnell, Spitze), mittel (parabolisch) und weich (durchgehend, langsam), entfachen sich darüber wahre Glaubenskriege. Was ein Fliegenfischer verzückt in der Luft schwingt, legt ein anderer als unbrauchbar zurück. Dabei hat jede Rutenaktion, und damit verbunden schnelle und langsame Wurfstile, sowohl ihre Vor- als auch ihre Nachteile. Wer sieht, wie zart und genau auf kurze Entfernungen Fliegen mit

Um ein paar Fliegen zu binden, finden sich überall Platz und Gelegenheit

Der Stolz des Fliegenbinders: Unterschiedlichste Fliegen aus eigener Werkstatt

… eine andere Fliege muß her!

„veralteten" englischen Modellen aufgesetzt werden, dem kommt zumindest der leise Verdacht, daß superschnelle Tempobolzen nicht immer das Wahre sind, so schnell und scheinbar mühelos sie es auch ermöglichen, entfernte Ringe anzuwerfen. Allgemein gilt, daß sich ein Anfänger weder mit kurzen noch mit langen bzw. extremen Ruten, also besonders weichen oder steifen, leicht tut. Der Mittelweg, etwa 240 cm AFTMA 6 mit parabolischer Aktion, wird für ihn am besten geeignet sein.

Es gäbe jedenfalls für jede Gewässersituation, Fischmethode und jedes Wurfkönnen eine optimale Rutenlänge und -flexibilität. Je nach der persönlichen Gewichtung der einzelnen Faktoren wird jeweils eine andere Rute am passendsten sein und meist wird man Kompromisse schließen müssen.

Wie sucht man nun eine Rute aus? Da gibt es nur einen Weg: Am jeweiligen Gewässer mit gewünschter Fischmethode selbst probieren. Am besten mit einer Rute, die von einem erfahrenen Fischer empfohlen wurde und von der man annimmt, daß sie in Länge, Aktion und Preis in Frage kommt. Erst im effektiven Gebrauch ist zu erkennen, ob sie dem Werfer liegt oder nicht, ob sie mehr bringt als eine kürzere oder längere, härtere oder weichere Rute oder nicht. Alles andere ist nicht nur viel teurer, sondern auch ungleich enttäuschungsreicher.

Das Fliegenvorfach

Erstaunlicherweise wird beim Vorfach wenig Gebrauch von den vielen Variationsmöglichkeiten gemacht, obwohl hier durch einfache Änderungen große Auswirkungen für das praktische Fischen zu erzielen sind. Nur eine geringe Anzahl von Fischern verwendet Vorfächer, die sich um mehr als 100 cm voneinander unterscheiden, geschweige denn solche zwischen ein und vier Meter Länge.

Grundsätzlich ist der Einsatz eines speziellen Vorfaches nur in bestimmten Situationen notwendig. So überall dort, wo die genaue und sanfte Darbietung der Fliege unerläßlich ist, also in den meisten Fällen der Trockenfliegen- und unbeschwerten Nymphenfischerei. Dabei ist es oft unerläßlich, nicht nur eine lange und möglichst dünne Vorfachspitze zu verwenden, sondern überhaupt ein Vorfach mit einer ordentlich profilierten Verjüngung, um ein problemloses oder zumindest einfacheres Strekken zu gewährleisten.

All diese Erfordernisse sind nicht mehr gegeben, sobald das Gewicht der

Fliege oder die Strömung selbst die Streckungsfunktion übernehmen, was für fast alle Arten der Unterwasserfischerei mit Naßfliegen, beschwerten Nymphen, Bucktails und Streamern gilt. Sicher, ein verjüngtes Vorfach ist dabei kein Nachteil, nicht aber erforderlich. Dies bedeutet für selbstgeknüpfte Vorfächer den Vorteil einer stark vereinfachten Zusammensetzung bzw. überhaupt die Verwendung gleichverlaufender Vorfächer.

Gewässereigenheiten und Angeltechnik bestimmen zusätzlich die Vorfachwahl. Am wichtigsten ist dabei die passende Länge. Ein kleiner, etwa 2 m breiter Bach erfordert sinnvollerweise ein viel kürzeres Vorfach als ein Fluß. 130 bis 200 cm sind dabei eine vernünftige Länge. Das Vorfach muß gerade so lang sein, daß es die Fische nicht erschreckt. Ein kurzes Vorfach begünstigt zusätzlich den dort wichtigen schnellen Anhieb. In größeren Flüssen wird es beim Fischen mit der Trockenfliege erforderlich sein, auf 250 cm und mehr umzusteigen. Wer in ruhigen, klaren Zügen und vielleicht noch bei Sonnenschein fischt, braucht oft Längen über 3 m, um eine „unsichtbare" Darbietung und Führung gewährleisten zu können. Grundvoraussetzung ist dabei eine Verjüngung, die ein ordentliches Strecken ermöglicht.

Prinzipiell gibt es zwei Formen verjüngter Vorfächer: knotenlose oder geknüpfte. Letztere haben den Vorteil der individuelleren Zusammenstellung, des etwas höheren Gewichtes wegen der Knoten, dafür aber den Nachteil der Furchenbildung beim Führen in ruhigen Wasseroberflächen. Die knotenlosen sind nach wie vor oft unzulänglich in ihrem Verjüngungsprofil. Hauptfehler: ein zu dünner Anfangsteil, nur in wenigen Längen erhältlich, nicht immer von der besten Nylonqualität, teuer.

Es bleiben die anspruchslosen, gleichverlaufenden Vorfächer. Je tiefer gefischt wird, um so unkritischer wird der Fisch. Nun können unbesorgt dickere Vorfachspitzen gewählt werden. Die verschiedenen Methoden, tief zu fischen, erfordern unterschiedliche Vorfachlängen.

Wird mit schwimmender Schnur und beschwerter Nymphe an sehr tiefen Stellen im Fluß oder im See gefischt, so sind Längen von 3–5 und mehr Metern zu empfehlen, obwohl zu bedenken ist, daß extrem lange Vorfächer schon einiges Wurfkönnen voraussetzen. Viel einfacher ist die Handhabung von Sinkleinen. Hier empfiehlt es sich, das Vorfach so kurz wie möglich zu halten, wobei allgemein gilt, je tiefer desto kürzer. Da bei dieser Art der Fischerei, z. B. mit schnellsinkenden Schnüren, jede Bißerkennung sehr erschwert ist, hätte ein langes Vorfach weitere Nachteile. In solchen Fällen genügen oft ein Meter oder weniger, während für dicht unter der Wasseroberfläche gefischte Naßfliegen noch über 2 m günstig sind.

Die Wahl der Vorfachlänge stellt also einen Kompromiß zwischen Gewässerbedingungen, Fischtaktik und Handlichkeit dar. Die Vorfachspitze ist im wesentlichen der Fliegengröße und den Fischbedingungen anzupassen. Man sollte lieber mit einer etwas zu dicken Vorfachspitze beginnen und, falls man auf Ablehnung stößt, schrittweise den Vorfachdurchmesser reduzieren, als schöne Fische mit extrem dünnen Spitzen unnötig zu verlieren. Sehr wichtig ist es, besonders bei der Verwendung beschwerter Fliegen, die Spitze regelmäßig auf Abnützung zu kontrollieren und die Fliege periodisch neu anzuknüpfen. Zurückblickend wird wohl jeder Fliegenfischer feststellen müssen, daß viele und meist schöne Fische durch Verwenden eines unpassenden Vorfaches entweder gar nicht gehakt oder wegen eines fehlerhaften Vorfaches unnötigerweise verloren wurden. Überlegte Vorfachwahl ist ein einfacher und sehr wirkungsvoller Weg, in Zukunft besser und erfolgreicher zu fischen.

Die Fliegenrolle

Sieht man sich die Grundfunktion der Fliegenrolle als Schnurbehälter, -sammler und Drillgerät einmal an, so reicht die Urform der Angelrolle für den Normalgebrauch aus. Es gibt zwei Hauptgruppen von Fliegenrollen: Die einfache und die Automatikrolle. Bei letzterer ist die Spule mit einer Feder verbunden, die durch das Abziehen der Schnur von Hand gespannt wird. Durch das Drücken eines Hebels gelöst, holt sie so lange „automatisch“ Schnur ein, wie der Hebel gedrückt wird. Damit vereinfacht sich das bei der einfachen Rolle lästige Schnureinholen. Mit diesem Vorteil verknüpft ist aber eine Reihe von Nachteilen. Am störendsten erweist sich das große Gewicht.

Die Automatik ist etwa dreimal schwerer und daher unpassend in Verbindung mit leichten Gerten. Aber auch in der allgemeinen Handhabung erwachsen Nachteile. So ist bei der Verwendung zarter Vorfachspitzen bei Hebelbetätigung während oder nach dem Anhieb die Gefahr eines Schnurbruches sehr groß. Außerdem ist der Gebrauchsbereich durch das Fassungsvermögen, kaum Platz für Nachschnur (Backing), begrenzt.

Bei der einfachen Fliegenrolle lassen sich vier weitere Typen unterscheiden, und zwar die seit weit über hundert Jahren gebräuchliche Grundform, die „rimcontrol“-Rolle und die übersetzte Type mit oder ohne „rimcontrol“. Die „rimcontrol“-Rolle hat einen breiten, den Gehäuserand überlappenden Spulenrand, der es ermöglicht, mit einem Finger oder dem Handballen mitzubremsen (z. B. Marquis-, Sunbeam-, Beauliterollen). Das ist jedenfalls eine wirklich feine Sache für den Drill eines größeren Fisches. Übersetzte Fliegenrollen sind mit 1 : 1,5 bis 1 : 2,5 übersetzten Spulen erhältlich. Auf den ersten Blick scheint das recht wenig, bietet aber doch eine gewisse Erleichterung beim Einholen der Fliegenschnur. Das gilt besonders für oft wiederholte weite Würfe. Gute Fliegenrollen für Schnüre der Klasse 6 liegen im Gewicht teilweise deutlich unter 100 g. Die wichtigsten Rollenmaterialien sind Kohlefaser, Magnesium, Alu-Plastikkombination, Aluminium und verschiedene Aluminiumlegierungen. Wichtig für die Wahl einer passenden Rolle ist ausreichendes Fassungsvermögen für die gewünschte Schnurklasse und dazu genügend Backing. Am besten wird hier geflochtene Schnur von 10 bis 15 kg Tragkraft verwendet. Mindestens 30 bis 50 m Nachschnur sind in jedem Fall ratsam, da der Fischer damit nicht nur für einen Kapitalen gerüstet ist, sondern auch die Fliegenschnur geschont wird, wenn sie nicht zu eng aufgewickelt ist. Außerdem kann sie schneller eingeholt werden. Auch die „einfachen" Fliegenrollen bieten also für jeden Geschmack etwas, und bei Bedarf ist es möglich, sich für ganz spezielle Anwendungen auszurüsten.

Technische Vorgänge beim Flugangeln

In herrlicher Umgebung die zerfließenden Ringe eines Abendsprunges anwerfend, interessiert sich der Angler kaum dafür, weshalb die Fische mit einer Kohlefaserrute um einige Sekunden früher zu erreichen wären als z. B. mit einer Glasfiberrute. Viel eher neigt das Interesse dahin, warum die so flockenweich dargebotene appetitliche Fliege beharrlich abgelehnt wird und mit welchem Muster den Getupften eher beizukommen wäre. Während es darauf aber kaum eine immer gültige Antwort gibt, läßt sich die Ablehnung der Fliege oft begründen, so wie viele andere Dinge beim Fliegenfischen, die technischer Natur sind. Die wesentlichsten Elemente wie Freude, Entspannung, Naturerlebnis, Herausforderung etc. bedürfen keiner Erläuterung. Den wichtigsten technischen Zusammenhängen wie dem Prinzip des Fliegenwurfes, den Ruten- und Schnurmaterialien und -eigenschaften, den Rute-Schnurkombinationen sowie der Funktion des Vorfaches dienen die folgenden Zeilen.

Der Fliegenwurf

Das Hauptanliegen: Die Fliege soll möglichst einfach und doch weit und genau ausgeworfen werden. Das ist ein infolge des hohen Luftwiderstandes und der geringen Masse der Fliege ohne Hilfsmittel hoffnungsloses Unterfangen. Benötigt wird eine Wurfmasse, d. h. ein Gewicht, das nicht nur leicht zu werfen ist, sondern dem die Fliege auch anvertraut werden kann. Diese Forderung erfüllt am besten die Fliegenschnur. Da diese allein mit der Hebellänge unseres Armes aber nur für Ausnahmekönner, wie etwa den Amerikaner Lee Wulff, der die Fliegenschnur allein mit der Hand über 10 m wirft und damit auch fischen kann, ausreicht, verwenden Normalsterbliche als Hebelverlängerung und elastisches Bindeglied zum Übertragen menschlicher Muskelkraft auf die Schnur eine Angelrute. Diese gewinnt bei ihrer elastischen Verformung Energie, die bei der Rückbildung dieser Verformung wieder freigegeben wird. Sie ist also Energiespeicher- und -spender in einem. Die zum Wurf notwendige

Energie wird mit Hilfe der Muskelkraft in zwei Phasen, dem Rück- und Vorschwung, in die Rute und die Schnur eingeprägt. Je nach Größe dieser Kraft und, was sicher wichtiger ist, der Geschicklichkeit bei der Lenkung und Kontrolle der mehrfachen Energieumladungen, z. B. Übertragung auf die Schnur, im Laufe eines Wurfes befördert die Rute Schnur und Fliege mehr oder weniger weit bzw. genau ans gewünschte Ziel.

Die mechanische Funktion einer Rute ist primär die einer Feder. Sie wird vom passenden Wurfgewicht gespannt, also der richtigen Schnurklasse und -länge, und sie überträgt ihrerseits Kraft auf diese Schnur. So wie bei jeder Feder ist diese Wechselwirkung nur in einem bestimmten Belastungsbereich optimal.

Für die Betrachtung eines einfachen, aufrechten Normalwurfes sei eine richtig gewählte Rute-Schnurkombination und eine am Rutengriff fixierte Schnur vorausgesetzt. Ausgangspunkt jedes Wurfes soll die gestreckt abgelegte Fliegenschnur sein. Das ist der wichtigste Faktor, denn nur auf eine gestreckte Schnur kann wirksam Energie übertragen werden. Mit dem Heben der Rute aus der 9-Uhr-Stellung beginnt diese sich gegen die Masse (Gewicht) der Schnur, die Trägheit von Rute und Schnur und die Adhäsion (Haftungskraft) Schnur-Wasser zu biegen. Übrigens ist beim Üben auf Gras die Adhäsion Schnur-Gras viel geringer. Die Rute beginnt nun Energie aufzunehmen.

Im Laufe der weiteren Rückwurfphase wird dies durch die beschleunigte Bewegung der Wurfhand, den „Schlag", bis zum Stopp in der Stellung 12 Uhr entscheidend verstärkt. Jetzt beginnt die nächste Energieumladung, die es zu lenken gilt. Die sich entspannende Rute überträgt die dabei freiwerdende Energie auf die Schnur, die am Werfer vorbei nach hinten fliegt und ihrerseits die kurzzeitig entspannte Rute in der Gegenrichtung spannt. Dabei ist es sinnvoll, die Rute nicht über 13 Uhr zu senken, um nicht unnütz Energie, also Rutenbiegung, zu verschenken. Die Grundlage jedes Wurfes ist ein ordentlich abgeschlossener Rückschwung. Dazu gehört eine von der fast vollkommen gestreckten, hinten hoch in der Luft liegenden Schnur vorgespannte Rute. Erst dann kann wirkungsvoll ein zweites Mal Energie in diese Wurfmaschine übertragen werden. Mit dem neuerlichen kurzen und kräftigen Schlag wird die Spannung der Rute durch den Krafteinsatz des Werfers verstärkt und damit eine größtmögliche Beschleunigung der Schnur in dieser letzten Rute-Schnur-Energieumladung erzielt.

Wo liegen nun Ansatzpunkte, um bei diesem doch unnatürlichen Bewegungsablauf möglichst nahe an das gesteckte Ziel heranzukommen? Hier hilft es, sich vor Augen zu halten, daß das Gelingen eines Wurfes allein vom richtigen Timing, sprich Ablauf, der einzelnen Phasen abhängt. Es muß nicht nur vermieden werden, daß Rutenspannung (Energie) unnötig verloren geht, sondern es muß der Rute auch genügend Zeit und Möglichkeit gegeben werden, Energie aufzunehmen, bevor diese auf die Schnur übertragen wird. Den dabei zu beachtenden Einzelheiten ist in diesem Buch ein eigenes Kapitel gewidmet.

Wer die einfachen mechanischen Prinzipien des Wurfes einmal verstanden hat, kann nicht nur schneller werfen lernen, sondern auch seine Fehler besser erkennen und vermeiden.

Fliegenruten und ihre Materialien

Wenige Jahre ist es her (1974), daß mit den ersten in Europa erhältlichen Kohlefaserruten ein Generationsprung in Sachen Rutenmaterial eingesetzt hat. Inzwischen gibt es mit Kevlar, Bor, S-Glas (Silicon- oder Magnesium-Glas) schon wieder eine Reihe weiterer Rutenbaustoffe, wobei in den „composite-rods" bis zu drei dieser Materialien kombiniert werden. Eines darf bei all den, teilweise berechtigten, Superlativen der Werbung nicht vergessen werden: Material allein, und sei es noch so hochwertig und geeignet, macht noch lange keine gute Rute aus. Entscheidend für deren Qualität und Verwendbarkeit wird immer der Aufwand sein, der hinter Entwicklung und Herstellung der Rute steht.

Die grundsätzliche Funktion der Fliegenrute ist im vorhergehenden Abschnitt ausführlich behandelt worden. Es bleibt nur mehr übrig, die einflußnehmenden Materialfaktoren etwas näher zu beleuchten: das Gewicht (Masse), den Durchmesser, die Steifheit (Elastizitätsmodul, Materialdehnung), die Bruchfestigkeit und die Materialermüdung. Die geringste praktische Auswirkung haben, insbesonders bei den modernen Materialien, die Materialermüdung und die Bruchfestigkeit. Sie sind bei allen ausgereiften Ruten so weit entwickelt, daß im normalen Verwendungsbereich kaum ein Versagen droht. Eine Rute aber, die einer zuschlagenden Autotür widersteht, wird es wohl nie geben, denn je bruchfester das Material an sich ist, desto weniger wird ja in der Rute benötigt, sofern das Material auch steifer ist. Eine Gefahr besteht bei fast allen „neuen" Materialien darin, daß die maximale Belastungsfähigkeit bei geringerer Faserdehnung erreicht ist. Darum kann es vorkommen, daß es beim kräftigen Hin- und Herwedeln einer unbelasteten Bor- oder Graphitrute plötzlich Bruch gibt.

Für den Gesichtspunkt des praktischen Gebrauchs sollten die tatsächliche Steifheit des Materials und die zusätzliche „vergleichsweise" Steifheit der daraus gefertigten Rute unterschieden werden. Bevor dies an Beispielen näher erläutert wird, hier ein paar Worte zur tatsächlichen Steifheit und ihrem vor allem in Werbeschriften oft zitierten Maß, dem Elastizitätsmodul, auch E-Modul genannt. Er ist als Druck/relative Dehnung (Längenänderung) definiert, mit anderen Worten, jener Widerstand, den ein Material einer Biegung entgegensetzt. Eine Rute aus Material mit höherem E-Modul wird sich daher bei gleicher Belastung weniger durchbiegen.

Bei der Fliegenrute kommt eine weitere wichtige Eigenschaft, die mit ihrem Durchmesser und Gewicht zusammenhängt, hinzu. Hält der Fischer eine ca. 2,45 m (8') Glasfiber- und dann wieder eine gleichlange Kohlefaserrute in der Hand, die bei einer bestimmten Belastung (z. B. AFTMA 6) die gleiche Aktion aufweisen, so wird ihm die Kohlefaserrute doch steifer erscheinen. Diese vergleichsweise Steifheit beruht einerseits auf dem geringeren Luftwiderstand, der vom Durchmesser der Rute abhängt, und andererseits auf dem kleineren Trägheitswiderstand der dünneren und leichteren Kohlefaserrute. Dieser Trägheitswiderstand wiederum hängt

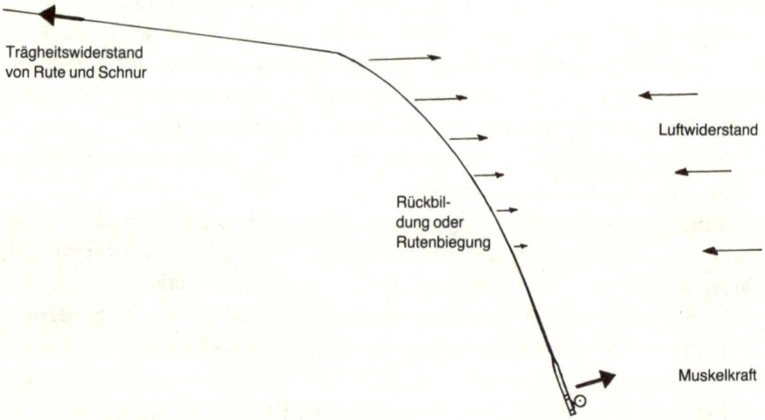

Abb. 28. Kräfteskizze im Vorschwung. Eigene Kraft und Rückbildung der Rutenbiegung gegen Trägheitskräfte von und Luftwiderstand auf Rute und Schnur

vom Rutengewicht, der „trägen" Masse der Rute, und damit von der Menge und dem spezifischen Gewicht des verwendeten Materials ab. Mit der Verminderung dieser im Wurfablauf wichtigen Verlustfaktoren wird der Wurf schneller und der eigene Kraftaufwand geringer (Abb. 28).

Hier liegt der wesentliche Vorteil der „neuen“ Rutengeneration. Es ist nicht die größere Weite, die der Fischer unter Umständen erzielen kann, denn dies ist nach wie vor nur mit ausgefeilter Technik möglich, sondern der geringere Kraftaufwand beim normalen Wurf. Jeder halbwegs geübte Fliegenfischer wird diesen Vorteil schon ab 10 m Wurfweite zu schätzen wissen. Es gelingt schneller und mit weniger Leerwürfen, auf eine bestimmte Weite zu kommen. Damit wird der Alltag erleichtert. Die vielleicht ein, zwei Meter mehr an absoluter Wurfweite sind kaum von Bedeutung. Einen Nachteil gibt es allerdings auch hier. Je schnellere Ruten gewählt werden, um so schwieriger ist die Handhabung. Absolut exaktes Timing ist dann Voraussetzung für einen gelungenen Wurf und jeder Fehler läßt ihn mißlingen. Ein Ausbessern während des Wurfes wie bei den englischen Glasfibermodellen ist nicht mehr möglich.

Die einzelnen Materialeigenschaften hängen eben sehr komplex zusammen und sind daher immer gemeinsam zu sehen. So ist z. B. hoher E-Modul allein uninteressant. Erst mit höherer Bruchfestigkeit und geringerem spezifischen Gewicht gepaart wird ein derartiges Material für den Rutenbau interessant. Rein vom verwendeten Baustoff und der grundsätzlichen Funktion her müßte eine Rute kurz, leicht, dünn, bruchfest und steif sein. Daß dem nicht so ist, liegt an zwei entscheidenden Einschränkungen: der Verarbeitungsmöglichkeit an sich brauchbarer Materialien und der Handlichkeit der Ruten beim praktischen Gebrauch. So ist Bor, obwohl zwei Jahre länger bekannt als Kohlefaser, um so vieles schwieriger zu verarbeiten und so wenig unterschiedlich in den praktischen Eigenschaften, daß entsprechende Fliegenruten längere Zeit auf sich warten ließen. Bezüglich der Handlichkeit ist der einzelne Fischer selbst die letzte Instanz. Da eine Rute ja nicht nur zum Werfen Verwendung findet, wird es immer genug Gründe für „unmoderne“, längere Ruten geben, die das Führen von Nymphen, „mending“ und den Rollwurf erleichtern. Ähnliches gilt für Ruten mit weicheren Aktionen, z. B. Glasfiber, die auf kurze Distanzen Trockenfliegen wunderbar zart aufsetzen lassen.

Doch zurück zu den einzelnen Materialien. Betrachtet man Bambus, das Rohmaterial der Gespließten, so sind es die Schwierigkeiten in der Beschaffung des geeigneten Rohmaterials wie Tonkinrohr aus China sowie die an Erfahrung und handwerklichem Können aufwendige Herstellung, die, trotz recht guter mechanischer Eigenschaften, zusammen mit dem hohen Preis der Rute das Bambuszeitalter nahezu beendet haben. Im E-Modul besser als jedes Glasfibermaterial, in der Bruchfestigkeit immerhin noch besser als HMG (hochmodulierte Kohlefaser), ist es nur das ab 240 cm merkbar höhere Rutengewicht mit den damit verbundenen Eigenschaften, welches materialbedingte Nachteile in der Handhabung mit sich bringt.

Mit der ersten Hohlglasfiberrute im Jahre 1947 hat sich mit GFK (Glasfiber) eine erste künstliche und bald wesentlich billigere Materialalternative ergeben. GFK ist vom spezifischen Gewicht her etwa gleich mit Bor und etwa 20 % über Kohlefaser bzw. 50 % über Kevlar, während es im E-Modul weit unter allen anderen modernen Fasern und Bambus liegt. Nur im Hinblick auf die Bruchfestigkeit kommt manches GFK-Material, längsgerichtet in Epoxiharz, nahe an Bambus heran bzw. sogar über HMG hinaus. Als Materialvorteil bleibt daher geringeres Gewicht als bei Bambusruten, Robustheit, lang bekannte und ausgereifte Verarbeitung und, neben den oft nur gering schlechteren Eigenschaften der Rute am wichtigsten, der günstige Preis!

Wenn auch das revolutionäre Flair inzwischen wieder verschwunden ist, so müssen sich doch alle „Wunderruten und -materialien" an Kohlefaser (KFK) messen lassen. Sie brachte in allen wesentlichen Eigenschaften eines Rutenbaustoffes Verbesserungen. Aufgrund des festeren und steiferen Materials verursacht die leichtere und dünnere KFK-Rute weniger Trägheits- und Luftwiderstandsverluste. Mit der bei gleicher Belastung (AFTMA-Klasse) geringeren Faserdehnung, dadurch geringere Auslenkung im Wurf, bringt sie insgesamt einen schnelleren Wurfablauf. Wer die aufwendigere Wurftechnik beherrscht, kommt leichter auf größere Weite. Bestechend ist in jedem Fall die Kraft- und Zeitersparnis durch weniger Leerwürfe und vereinfachtes Schießenlassen.

Die Materialvorteile von Bor sind nicht allzu groß. Hoher Bruchfestigkeit, etwa 10 % über Kevlar und hochfester Kohlefaser, und Steifheit (E-Modul sogar über HMG) stehen einige Nachteile gegenüber. Es sind dies hohes Gewicht, großer Faserdurchmesser, Preis etwa achtmal so hoch wie Kohlefaser und vor allem die äußerst schwierige Verarbeitung. Ähnliches gilt für Kevlar. Einzelne gute mechanische Eigenschaften verlieren durch geringere Eignung zum Rutenbau. Von den neuen Rutenbaustoffen am einfachsten zu verwerten ist S-Glas. Es ist billig und die Technologie bekannt. Allerdings reicht es, obwohl es das beste Glasfibermaterial ist, mechanisch nicht an Kohlefaser heran.

Ganz allgemein ist festzustellen, daß gewisse technische und physische Grenzen bereits nahe oder schon erreicht sind.

Welche wesentlichen Vorteile sollten noch dünnere, steifere und schnellere Ruten bringen? Die Fliegenrute würde dann ein dünnes, steifes Etwas, auf dem kaum noch Platz für Ringe wäre.

Die wirkliche Eignung einer Rute ist in jedem Fall nur in der Praxis ersichtlich. Ein Vergleich oder eine Bewertung von Wurfeigenschaften, Funktion und Handlichkeit ist lediglich durch Belastung mit Schnüren verschiedener Klassen bei unterschiedlichen Wurfweiten festzustellen. Kenntnisse über die beim Rutenbau verwendeten Materialien und besonders deren möglicher Einfluß auf die Eigenschaften der daraus gefertigten Rute können dabei sicher nicht schaden.

Die Fliegenschnur

Das Zeitalter der heutigen Fliegenschnur begann Anfang der fünfziger Jahre mit den ersten PVC- (Polyvinylchlorid) Schnüren. Was sich seither auf diesem Gebiet alles getan hat, zeigen nun die in den USA erhältlichen weit über 1000 verschiedenen Schnüre in 15 Gewichtsklassen, unterschiedlichsten Profilen, Farben und Sinkgeschwindigkeiten.

Gerade diese letztgenannte, relativ neue Eigenschaft der Flugleine ist uns noch viel zu wenig bewußt und wird darum noch unzureichend genutzt. Dabei bringt dieses Vorstoßen in neue Dimensionen oft ganz erstaunliche Vorteile und Erfolge, sofern der Fliegenfischer die dafür geltenden Eigenheiten kennt und sich danach richtet. So ist es erforderlich für das Fischen in einer gewünschten Tiefe nicht nur die Sinkklasse, sondern auch die Gewichtsklasse zu beachten. Eine schnellsinkende Schnur der Klasse 10 wird rascher absinken als eine sehr schnell sinkende der Klasse 5. Diese Bedeutung der Gewichtsklasse für die Sinkgeschwindigkeit wird meist vergessen (Abb. 27).

Ähnliches gilt für das Wurfverhalten sinkender Schnüre. Je höher die Sinkgeschwindigkeit der Leine einer gleichen AFTMA-Klasse, um so kleiner ist ihr Durchmesser und damit ihr Luftwiderstand. Für den Wurfablauf bedeutet das eine mitunter beträchtliche Erhöhung der Wurfgeschwindigkeit und der Wurfweite, so etwa zwischen DT 6 F und DT 6 Hi D, sofern der Werfer in der Lage ist, die größeren Anforderungen in bezug auf das Timing zu erfüllen. Zu bedenken ist ferner, daß das Führen einer schnellsinkenden Schnur im Vergleich zu einer schwimmenden oder einer mit sinkender Spitze stark beeinträchtigt ist. Eine Korrektur der auf dem Wasser abgelegten Schnur ist nur unmittelbar nach dem Wurf und ein Abheben der ausgefischten Leine erst nach dem Einholen des größten Schnurteiles möglich.

Ein weiterer für die Wurfeigenschaften der Schnur wesentlicher und viel zu wenig beachteter Faktor ist deren Oberflächenbeschaffenheit und

Geschmeidigkeit, d.h. Elastizität. Selbst bei sorgfältigster Pflege verschmutzt mit der Zeit jede Schnur. Durch diese Ablagerungen verliert sie nicht nur ihre Schwimmfähigkeit, sondern mit der erhöhten Reibung verschlechtert sich auch die Wurfeignung.

Von größter Bedeutung für die Tauglichkeit einer Fliegenleine ist deren Elastizität. Erst durch die Beimengung von Weichmachern (Plastifizierern) erhält PVC die für die Fliegenschnur notwendige Geschmeidigkeit. Das ist ein nach wie vor heikler und nicht optimal gelöster Punkt der Schnurherstellung. Alle derzeit verwendeten Plastifizierer lösen sich im Laufe der Zeit aus der Leine, wodurch sie hart, brüchig und leichter wird. Messungen haben gezeigt, daß selbst ordnungsgemäß gelagerte Schnüre in etwa 2 Jahren um eine Klasse leichter werden. Beschleunigt werden diese Weichmacherverluste durch hohe Temperatur, mechanische Beanspruchung und raschen Temperaturwechsel. Für die richtige Behandlung der Fliegenschnur bedeutet das: kühl lagern, auf keinen Fall Schnüre in einem sonnenbeschienenen Auto liegen lassen, und Vorsicht beim Wurf. Die hohe mechanische Beanspruchung bei einem schlechten Wurf beschleunigt nicht nur direkt die Weichmacherverluste, sondern heizt auch die Schnur in den Leerwurfphasen auf. Mit dem Auflegen auf die Wasseroberfläche wird sie abgekühlt, und dieser rasche Temperaturwechsel war ja gerade der dritte Grund für vorzeitige Alterung. Schlechte Würfe sind am sog. „Peitscheneffekt“ zu erkennen, am zu früh angesetzten Vorschwung. Ein Wurf kann daher, obwohl weit, durchaus schlecht sein. Wenn winzige Kunstfliegen Vorfächer mit 2–4 kg Tragkraft brechen können, ist die dabei auftretende Beanspruchung der Leine leicht vorstellbar.

All dies gilt für schwimmende Schnüre mehr als für sinkende, für schwere mehr als für leichte. Die Beanspruchung ist für dickeres PVC größer. Glücklicherweise lassen sich Weichmacher verhältnismäßig einfach wieder zuführen. Seit einigen Jahren gibt es entsprechende Pasten, die bei Beachtung der Gebrauchsanweisung richtige Dosierung garantieren und, rechtzeitig angewendet, die gefürchteten Risse verhindern können. Das Ende so mancher Schwimmschnüre könnte damit bedeutend hinausgeschoben werden. Von entsprechender Vorsicht ist der Fischer damit dennoch nicht entbunden. Erweist sich die Schnur bereits als brüchig oder wird sie gar wiederholt Fußtritten ausgesetzt, so kann kein noch so gutes Mittel mehr helfen. Gegen Unachtsamkeit gibt es weder Pasten noch Pillen.

Die richtige Kombination von Rute und Schnur

Wie schon im Gerätekapitel erwähnt, ist das Um und Auf einer passenden Ausrüstungszusammenstellung die richtige Rute-Schnuranpassung. Beides muß einfach zusammenpassen. Jede Feder arbeitet nur in einem gewissen Belastungsbereich optimal, und so verlangt jede Rutenflexibilität ihre bestimmte Schnurmasse (Gewicht). Es ist klar, daß dies nicht ein exakter Grammwert ist. Aber der Bereich, der von einer Rute halbwegs ordentlich geworfen werden kann, liegt in der Gegend von 2–4 AFTMA-Klassen.

Die AFTMA-Klassifizierung liefert eine genaue Definition: 9,14 m zählen als für die jeweilige Klasse maßgebende Schnurmasse. Eine Rute der Klasse 6 ist also mit 6er Schnur dieser Länge optimal wurffähig. 9,14 m Schnur, dazu Spitze, Vorfach und Rute bedeuten bereits etwa 15 m Wurfdistanz. Bis auf wenige Dezimeter Unterschied und manchmal leicht unterschiedliche Spitzenprofile bei Schnüren verschiedener Fabrikate sind Schnüre gleicher Klasse bis zu dieser Länge im Prinzip identisch aufgebaut (Profil, Durchmesser). Ganz gleich, ob es sich um DT, WF, WFL oder ST-Schnüre handelt. Wir lassen dabei die bei uns nicht gebräuchlichen Kurzkeulenschnüre einmal weg. Da aber die durchschnittliche Wurfweite nicht immer bei 15 m liegen wird, gilt es, die geänderte Rutenbelastung zu beachten, sollen Rute und Schnur weiterhin optimal verwendet werden. Etwa 2 m DT-Bauch – der dicke Mittelteil der Schnur – mehr oder weniger in der Luft bedeuten gewichtsmäßig bereits eine AFTMA-Klasse auf oder ab.

Ein kleines Beispiel. Unsere Ausrüstung besteht aus einer Rute und DT-Schnur der Klasse 6, und wir werfen in einem kleineren Gewässer auf eine durchschnittliche Distanz von 10–11 m. Für die Rute bedeutet das eine Unterbelastung von etwa zwei Klassen. Die 6er Schnur wäre in diesem Fall viel besser mit einer Rute der Klasse 5 kombiniert. Ein anderes Beispiel. Mit derselben Ausrüstung fischen wir in einem größeren Fluß auf meist 18 m Entfernung. Das bedeutet, etwa 13 m Leine sind in der Luft. Die Rute ist damit um mehr als eine Klasse überlastet. Die Verwendung einer 5er Schnur wäre sehr anzuraten. Sie würde den Wurf deutlich erleichtern. Während das erste Beispiel in gleichem Maße auch auf WF- und WFL-Schnüre zutrifft, ist das zweite bei WF-Leinen nicht anwendbar. Die Erklärung ist denkbar einfach. Ab etwa 15 m Wurfdistanz beginnt bei ihnen bereits die dünne Nachschnur den Spitzenring zu verlassen. Eine Überlastung tritt daher, selbst bei fortgesetzten Leerwürfen, erst viel später auf als bei einer DT- oder WFL-Schnur. Für letztere wirkt sich diese profilbedingte Tatsache erst ab etwa 18 m Wurfentfernung aus (Abb. 25). Es empfiehlt sich daher, bei Wurfweiten deutlich unter 15 m (gemessen!) die Schnur eine Klasse höher als die Rute zu wählen, ganz gleich ob DT, WF, WFL, und für häufige Entfernungen über 15 m die Leine eine Klasse leichter (bei DT und WFL) als die Rute zu verwenden.

Das Vorfach

Der Fliegenfischer stellt sehr bald fest, daß das Thema Vorfach bis auf wenige Ausnahmen oft vernachlässigt wird. Meistens beschränkt sich das Interesse überhaupt auf Längen- oder Zusammensetzungsvorschläge. Dabei gibt es einige Zusammenhänge, die zu wissen und zu verwerten sich sicher lohnt.

Die Funktion des Vorfaches ist denkbar einfach. Die Realisierungsmöglichkeiten sind jedoch äußerst zahlreich. Das Vorfach ist das letzte und schwächste Bindeglied zwischen Fisch und Fischer. Es soll gewährleisten, die Fliege nicht nur möglichst unverdächtig, sondern auch fest (haltbar) darzubieten. Dies beinhaltet bereits den ersten Widerspruch. Ersteres verlangt ein dünnes und langes, letzteres ein dickes Vorfach. Dünn und lang führt gleich zum eigentlichen Hauptproblem. Grundsätzlich sollte jedes Vorfach zum Zeitpunkt der Verwendung gestreckt sein. Erstens ist damit der größtmögliche Abstand zwischen der Fliege (Fisch) und der dicken Fliegenschnur gegeben. Zweitens ist die Bißerkennung, besonders wichtig beim Nymphenfischen, sehr vereinfacht, und drittens muß ein Anhieb nicht erst das Vorfach strecken, sondern die direkte Verbindung zum Fisch ist sofort oder zumindest schneller hergestellt. Die Verwendung eines langen Vorfaches zum Trockenfliegen- oder unbeschwerten Nymphenfischen verlangt daher ein entsprechend verjüngtes Vorfach, um eine befriedigende Kraftübertragung von der Fliegenschnur über das Vorfach bis zur Fliege (= Streckung) zu gewährleisten. Im wesentlichen geht es dabei um das Zusammenwirken der Faktoren Durchmesser, Durchmesserverlauf, Steifheit, Länge und um die Fragen, wann, warum und wie ein Vorfach verjüngt sein soll.

Ein verjüngtes Vorfach kann natürlich allemal verwendet werden. Notwendig ist es jedoch nur dann, wenn es unmittelbar nach dem Wurf gestreckt sein soll. Dies ist bei vielen Zweigen der Fliegenfischerei nicht erforderlich. So beim Fischen mit der schweren Nymphe und bei sämtlichen Stromab-Methoden wie Naßfliegen-, Bucktail- und Streamerfischerei, wobei sich das Vorfach von selbst durch die Strömung oder das Gewicht der Fliege streckt. In solchen Situationen reicht ein wenig oder beliebig verjüngtes oder gar gleichverlaufendes Vorfach durchaus, sofern Länge und Spitzenstärke stimmen. Für das Trockenfliegen-, Emerger- (Aufsteiger-) und das Fischen mit unbeschwerten Nymphen ist ein richtig verjüngtes Vorfach dagegen von großem Vorteil. Das Grundproblem stellt die vom Werfer mittels Rute in die Schnur gesteckte Energie dar. Sie muß so weit übertragen werden, daß das Vorfach ganz gestreckt wird. Dies gelingt um so eher, je kleiner die Durchmesserunterschiede der einzelnen Verjüngungsstufen sind. Heikelster Punkt dabei ist der Schnur-Vorfachübergang. Während die Verjüngung der Fliegenschnurspitze der Forderung einer wirkungsvollen und sanften Energieübertragung meist gerecht wird, ist das „dicke Ende“ vieler Vorfächer zu dünn. Es sollte bei Schnüren der Klassen 5–7 mindestens 0,45 mm dick sein. Dieses Maß kann bei längeren Vorfächern, also über 270 cm, und bei schwereren Schnüren auf bis zu 0,60 mm erhöht werden. Die Verjüngungsstufen im Vorfach selbst sollten nicht größer als 0,05 mm sein, bei der Verwendung dünner Spitzen im Endbereich eher 0,04–0,02 mm. Der dickste Vorfachabschnitt muß möglichst lang sein, um die Abroll-(Streckungs-)bewegung der Fliegenschnur so weit wie möglich in das Vorfach hinein zu verlängern, bevor die Bewegungsenergie über die einzelnen Verjüngungsstufen rasch abnimmt.

Beim verjüngten Vorfach unterscheiden wir drei Abschnitte unterschiedlicher Funktion: den dicken Übertragungsteil, der die eingeprägte Bewegung von der Fliegenschnur übernehmen und auf die Vorfachspitze übertragen soll, den mittleren Verjüngungsabschnitt, in dem das Vorfach von etwa 0,50 mm bis auf die Spitzenstärke abnimmt, und schließlich die Spitze, möglichst unverfänglich und doch stark genug, einen Fisch zu landen. Bei der Selbstfertigung verjüngter Vorfächer hat es wenig Sinn, sich sklavisch an detaillierte Vorfachzusammensetzungen zu halten, womöglich auf einzelne Zentimeter genau. Derart „exakte“ Angaben sind wertlos in Anbetracht der in der Praxis so veränderlichen Faktoren wie Nyloneigenschaften (weich – steif), Luftwiderstand, Masse der Fliege und wechselnder äußerer Verhältnisse. Besser ist es, sich für jedes verjüngte Vorfach an ein einfaches und bewährtes Profilierungsprinzip zu halten, welches auch ohne Rechner, nicht wie beim „Barnesvorfach“, für Vorfächer beliebiger Länge, also auch außerhalb der üblichen Angaben für 260–290 cm Länge, leicht festzulegen ist. In Anlehnung an das „Rafale PPP“-Vorfach von Charles Ritz, einem der ersten, die sich ernsthaft mit der optimalen Zusammensetzung verjüngter Vorfächer auseinandergesetzt hat, sind folgende beiden Beispiele entstanden, die sinngemäß leicht auf Vorfächer anderer Längen und Stärken anzuwenden sind (Abb. 29).

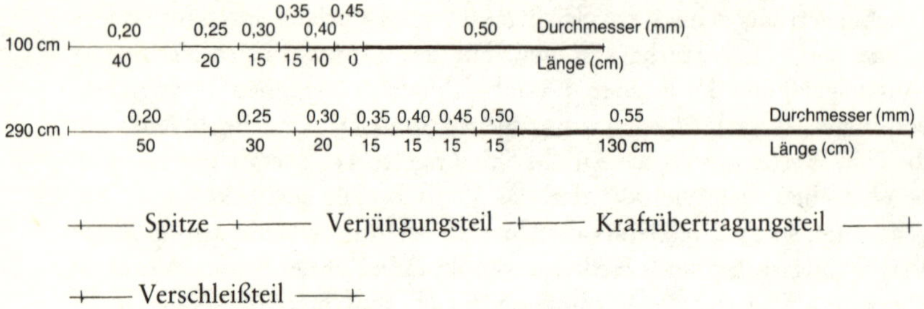

Abb. 29. Zwei Vorfachbeispiele

Es ergibt sich folgende Grundform: an eine lange Spitze, 40–70 cm je nach Gesamtlänge, kommen zuerst zwei etwas längere und anschließend gleichlange Verjüngungsstufen (8–20 cm). Den Rest, etwa 50 % der Gesamtlänge, bildet das dicke Ende. Die länger gelassenen ersten Verjüngungsstufen sind als Verschleißzone für das mehrfache Anbinden einer neuen Spitze gedacht. Dies bietet gegenüber dem minimalen Verlust optimaler Streckungseigenschaften mehrere sehr praktische Vorteile. So kann mit einem Schnitt und Knoten das Ritz-Original wieder hergestellt werden, falls ein besonderer Präzisionswurf notwendig erscheint. Viel wichtiger ist aber die leichte und vor allem wiederholte Änderbarkeit der Vorfachspitze. Die große Beanspruchung des schwächsten Vorfachteiles, z. B. bei Hängern, schlechter Wurftechnik und beim Drill, macht ein regelmäßiges Wechseln der Spitze zur Notwendigkeit, will der Fischer nicht Gefahr laufen, Fisch und Fliege zu verlieren. 15–20 cm Überschußlänge in den letzten beiden Verjüngungsstufen ermöglichen mehrfachen Spitzenaustausch ohne große Änderung des optimalen Profils. Die Beachtung dieses Bauprinzips gestattet die einfache Zusammenstellung praktischer und sich ausreichend streckender Vorfächer unterschiedlichster Längen und Spitzendurchmesser.

Für die Praxis lohnt es sich, der Knotenfestigkeit und Steifheit des Nylonmaterials ebenfalls Beachtung zu schenken. Steifes, dünnes Nylon neigt weniger zu Kringeln als weiches. Sind jedoch einmal Schlaufen vorhanden, ist es schwierig, sie wieder auszuglätten. Sobald ein Vorfach einige Zeit auf der Fliegenrolle aufgespult ist, wird dies unweigerlich der Fall sein. Jedes Vorfach muß daher vor dem ersten Wurf möglichst gut gestreckt werden, sonst wird auch die ausgewogenste Profilierung wir-

Die bekanntesten Fliegenrollentypen *(von links nach rechts): Oben:* Fliegenmultirolle Shakespeare „Fish Hawk"; automatische Fliegenrolle „Mitchel 710". *Mitte:* Hardy „Marquis". *Unten:* Leichtrolle von Berkley (Kl. 3–4, 78 g); Magnesium-Leichtrolle (Kl. 5, 83 g)

Der Stoff, aus dem unsere Ruten sind: *Oben:* Kohlefaser/Boron; – *Mitte:* Fiberglas; – *Unten:* gespließte Rute

In kleinen, klaren Bächen treffen wir den Bachsaibling an. Mit einer Nachbildung des Heupferdchens ist er manchmal gut zu überlisten (siehe kleines Foto unten)

kungslos. Am besten geeignet ist ein kleines Gummifleckchen, durch welches das Vorfach mehrmals vorsichtig hindurchgezogen wird. Es ist von Vorteil, die ersten drei bis vier Spitzenteile des Vorfaches aus an sich steiferem Nylon, denn dünnes, weicheres kringelt schon bei leichtem Zug, und die dickeren Abschnitte aus weicherem Nylon zu knüpfen.

Ein weiterer wichtiger Faktor, der sich aber leider nicht immer richtig beachten läßt, ist das Zusammenspiel von Fliegengröße und Spitzendurchmesser. Je dünner die Spitze ist, desto geringer wird der bis zur Fliege wirkende Rest der Bewegungsenergie sein. Je größer die Fliege, desto größer ist der Luftwiderstand und damit ebenfalls der Verlust von Streckungsenergie. Eine große Fliege verlangt sinnvollerweise eine dickere Vorfachspitze. So dick (steif), daß die Fliegenbewegung beim Abtreiben unnatürlich wird, darf die Spitze aber nicht werden. All das bleibt freilich graue Theorie, wenn der Fisch wohl eine große Fliege verlangt, aber vorfachscheu ist. In diesen Fällen wird der Fischer Einbußen beim Darbieten in Kauf nehmen müssen.

Ein sehr heikler Punkt, besonders bei sonnigem und klarem Wetter, ist das Glitzern des Vorfaches wegen der Lichtreflexe. Hier hilft ein dunkles Vorfach oder eines mit matter Oberfläche. Das Aufrauhen von Vorfachmaterial ist nicht ratsam. Besser und einfacher ist es, das Vorfach mit einem wasserfesten, schwarzen Filzstift zu färben.

Eines darf aber ob all dieser Feinheiten von Profilierung bis Färbung nicht vergessen werden. Sie sind in den meisten Fällen gar nicht notwendig, so z. B. bei vielen Arten der nassen und auch manchen der trockenen Fliegenfischerei, etwa bei schneller Strömung, trübem Wetter und Wasser etc. Das Normalfach kann daher ungefärbt und mittelmäßig profiliert sein, solange nur die Länge passend gewählt wird. Für die viel selteneren heiklen Fälle ist der Fischer mit obigem gefärbten Ritztypus richtiger Länge und Spitze bestens ausgerüstet.

Der Fliegenwurf

Es gibt mehrere Stilrichtungen, die künstliche Fliege zu werfen. Über hundert Jahre beherrschte die englische Schule dieses Metier, aus der sich aber, besonders nach dem letzten Krieg, dank modernerer Rutenkonzeptionen, weitere Techniken entwickelt haben. Wer, wie ich, die Aufgabe hat, den mehr oder weniger erfahrenen Leser an den Fliegenwurf heranzuführen, dem stellt sich sogleich die Frage, welchem Wurfstil in einem so umfassenden Werk wie diesem der Vorzug gegeben werden soll. Am besten erscheint es, gleich zwei voneinander extrem verschiedene Wurftechniken zu präsentieren. Da ist einmal jener etwas bedächtige Stil englischer Schule, der bei entsprechenden Ruten relativ leicht erlernbar ist, der aber dem Werfer, was Wurfweite und Rasanz betreffen, engere Grenzen steckt. Diese Wurfart bietet sich Fluganglern an, die keine allzu großen Forderungen an sich stellen und nur hin und wieder zur Fliegenrute greifen wollen. Wer aber weiteste Distanzen anstrebt, und wer Rute und Leine in jeder nur denkbaren Situation beherrschen will, dem sei schließlich einer der rasantesten Wurfstile eröffnet. Doch schauen wir mal nach Old England, dem Mutterland stilvollen Fliegenfischens und einem jener wundervollen Forellenflüsse, die durch typisch englische Parklandschaft strömen. Die Gestalt des Fluganglers steht fast unbeweglich. Nur Unterarm und Rute arbeiten gleichmäßig vor und zurück. Die Rute ist relativ lang und von gemäßigter Aktion. Gemessen kommen Rückschwung, Timing und Vorschwung. Das ganze Verhalten wirkt fast gravitätisch. Hier nun die einzelnen Phasen des Wurfablaufes (Abb. 30).

Will der Werfer die Schnur in der Luft halten, dann wird die Rute ständig zwischen der 11-Uhr- und der 1-Uhr-Position hin und her bewegt. Hierbei fallen der linken Hand (beim Rechtshänder) verschiedene Aufgaben zu:

1. Sie hat die Schnur strammzuhalten (siehe Abb. 30).
2. Sie zieht während des Rückschwunges etwas Schnur von der Rolle und gibt sie bei jedem Vorschwung frei, indem sie sie durch die Hand gleiten läßt
3. Sollen Fliege und Schnur auf Wasser gebracht werden, zieht die linke Hand beim letzten Rückschwung noch einmal eine bestimmte Länge

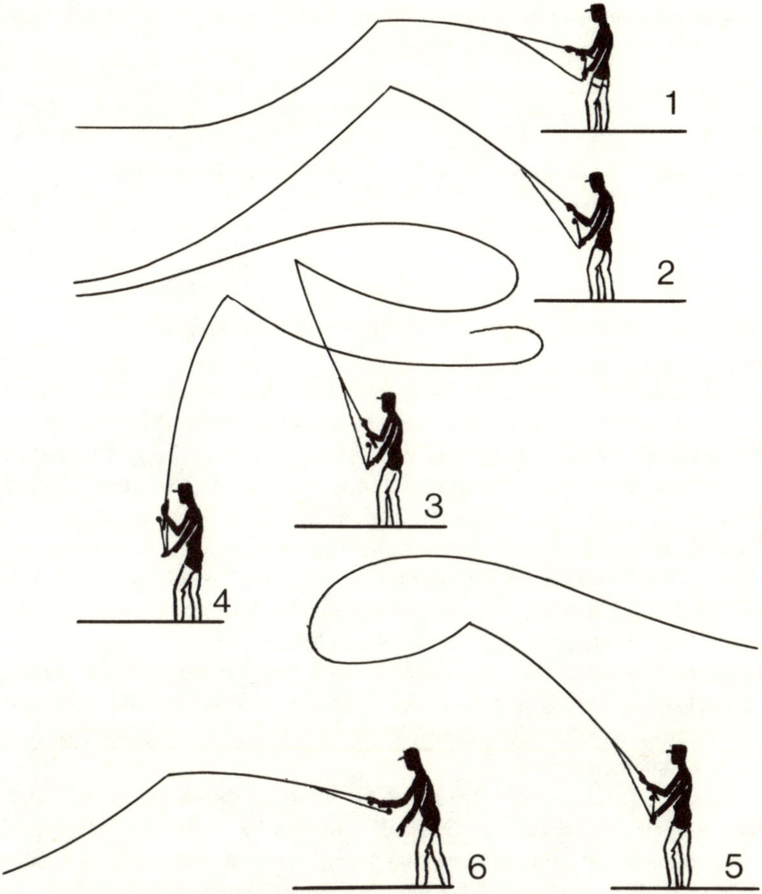

Abb. 30. Der Fliegenwurf. 1. Die Schnur liegt langgestreckt auf dem Wasser, die Rutenspitze zeigt auf die Fliege; 2. Die Rute wird zügig angehoben, die Rute krümmt sich und reißt die Schnur vom Wasser; 3. Die Rute ist, verglichen mit einem Uhrzeiger, bei 12 Uhr abgestoppt worden, und die Schnur fliegt hoch hinter den Werfer; 4. Während die Schnur nach hinten abrollt, legt der Werfer eine kleine Pause ein und neigt die Rute in die 1-Uhr-Position. Die Schnur darf, wenn zum Vorschwung angesetzt wird, sich nicht ganz nach hinten gestreckt haben. Sie muß sich vielmehr in der letzten Phase des Ausrollens befinden. Figur 4 zeigt den idealen Zeitpunkt, mit dem Vorschwung zu beginnen; 5. Der Vorschwung ist ausgeführt und die Rute in der 11-Uhr-Position abgestoppt worden: Die Schnur rollt nach vorn ab; 6. Soll die Schnur aufs Wasser gebracht werden, so wird die Rute nicht bei 11 Uhr gestoppt, sondern bis in die 9 Uhr gesenkt, so daß die Schnur schön langgestreckt auf dem Wasser zu liegen kommt

Schnur von der Rolle und gibt sie beim letzten Vorschwung zum Schießenlassen frei (siehe Abb. 31).

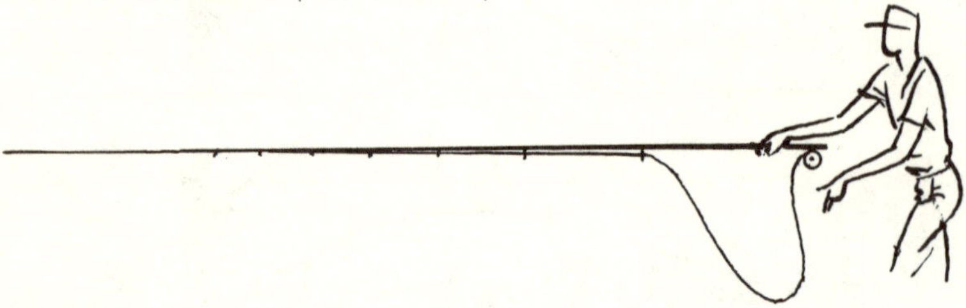

Abb. 31. Die linke Hand gibt die Restschnur zum Schießenlassen frei

Für diesen Wurfstil eignen sich am besten lange bis mittellange Ruten von 2,40 m bis höher hinauf, die also schon von ihrer Abmessung her nicht zu den schnelleren Typen zählen können, denn derartige Ruten sind viel kürzer. Aber auch das Material, aus dem die langen Ruten gefertigt sind, trägt zu ihren gemäßigteren Aktionen bei. Am langsamsten arbeiten Glasfiberruten. Gespließte können ein bißchen schneller sein, und bei den Bor- oder Kohlefaserruten kommt es auf vom Werk in den Blank eingebaute Aktion an, denn bei diesem idealen Material ist vieles machbar. Aber wie schon gesagt: Lange Ruten können aufgrund ihrer Abmessung nicht schnell sein. Sie haben jedoch den Vorteil, daß sie gerade deswegen so manchen Fehler des Anfängers schlucken und auch die Wurfkünste eines weniger guten Werfers in einem halbwegs erträglichen Licht erscheinen lassen.

Ganz anders verhält es sich mit dem nun folgenden Wurfstil. Er wurde vor einigen Jahren von der Scientific Anglers Inc. Midland, Michigan, USA, kreiert und zählt zu den schnellsten Wurftechniken der Welt. Zum Einüben können sogar die zuvor erwähnten längeren Ruten, die ja langsamere Aktion haben, verwendet werden. Das wäre all jenen Fliegenfischern zu empfehlen, die auf diese Technik umsteigen wollen. Denn bei einer kurzen, schnellen Rute besteht durchaus die Gefahr, daß dem Neuling das Konzept im wahrsten Sinne des Wortes aus der Hand gleitet. Darum sollte nur der die nun folgenden Übungen mit einer schnellen Rute beginnen, der diesem Typ auch gut vertraut ist.

Schauen wir nun einmal einem Werfer zu, der diesen modernen amerikanischen Stil wirft. Dem aufmerksamen Betrachter bietet sich sogleich ein auffallend anderes Bild dar. War bei dem zuvor beobachteten englischen Freund hauptsächlich die Rute in Aktion, während der Körper des Fischers nur ein Minimum an Beweglichkeit zu erkennen gab, so ist es jetzt geradezu umgekehrt: Der ganze Mann zeigt Bewegung. Fast jeder Muskel scheint zu arbeiten, während die Rute, was besonders bei einer kurzen, steifen Gerte auffällt, auf einer ruhigen Geraden hin- und hergeschoben wird. Weit nach hinten, mit einer Drehung des Oberkörpers, nimmt der Angler seine Rute zurück und zwar bis über das Schulterblatt hinaus.

Dann, beim Boxen würde man das eine Gerade nennen, schiebt er die Rute wieder so weit von sich fort, daß der Arm fast gstreckt ist, und abschließend wird die Rute wie ein Hammer mit einem Schwipp nach vorn geschlagen. Auch die andere Hand ist über das gewohnte Maß hinaus beschäftigt, denn mit heftigem Ziehen an der Schnur verhilft sie dieser zu zusätzlicher Beschleunigung und Rasanz. Vom Aufnehmen der Schnur bis zu ihrem Ablegen wird hier nun der Weg anhand einer Grafik gezeigt, den die Fliegenrute gemacht hat Abb. 32.

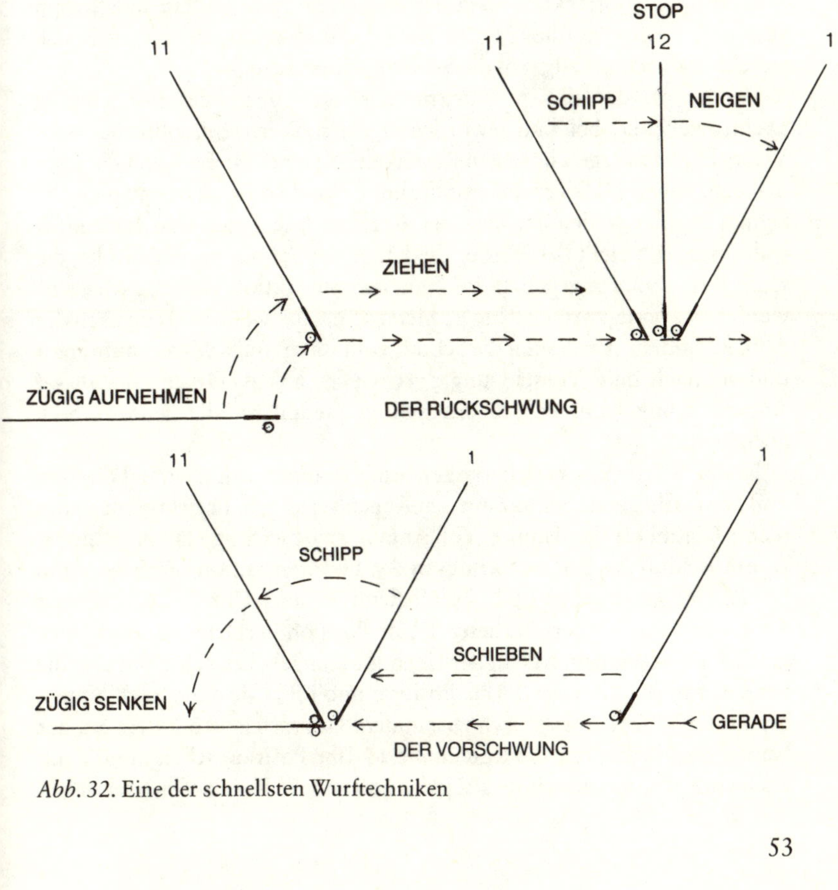

Abb. 32. Eine der schnellsten Wurftechniken

Die Beine des Werfers sind leicht gegrätscht, der Körper befindet sich in etwas schräger Position zur Rute hin, was auch die Beobachtung der Schnur erleichtert. Die Körperhaltung, besonders die Hüftgegend, sei gelockert und entkrampft. Die Rute wird aus der 9-Uhr-Position heraus zügig in die 11-Uhr-Position gerissen, und dann, in der 11-Uhr-Position verharrend, in einer Geraden vom Werfer auf sich zugezogen. Dabei setzt er in der letzten Phase das Schultergelenk mit ein. Der Oberkörper hat sich leicht nach rechts hinten gedreht. Sobald sich die rutenhaltende Hand des Werfers etwas hinter der Schulter befindet, wird die Rute aus der 11-Uhr-Position kräftig in die 12-Uhr-Position geschwippt, hier abgestoppt und dann, während die Schnur nach hintenfliegt, leicht in die 1-Uhr-Position geneigt. Befindet sich der nach hinten ablaufende Schnurbogen in der letzten Phase des Ausrollens, verbleibt die Rute zwar in der 1-Uhr-Position, doch schiebt sie der Werfer in einer Geraden nach vorn. Ist der Wurfarm fast gestreckt, schlägt der Angler die Rute mit einem Schwipp von der 1-Uhr- in die 11-Uhr-Position und senkt sie mit der sich streckenden Schnur zügig in die 9-Uhr-Position zurück.

Der Leser, der diesen Wurfstil, der auch unter der Bezeichnung „Schiebetechnik“ bekannt geworden ist, einstudieren will, sollte die ersten Versuche auf kurzgeschorenem Rasen oder an einem stehenden Gewässer machen. Hierbei läßt er zunächst die linke Hand völlig aus dem Spiel. Die Schnur wird mit den Fingern der Rechten fest gegen den Rutengriff gedrückt. Jetzt zieht der Werfer die Länge der Schnur von der Rolle, die seine Rute erfahrungegemäß in die günstigste Aktion versetzt. Meistens werden das ohne Vorfach 9 bis 12 Meter sein. Nun wirft er streng nach der Abb. 32, indem er jedesmal die Schnur vom Rasen oder Wasser aufnimmt und sie nach dem Vorschwung dort wieder ablegt. Gerade mit dieser Anfangsübung kann er sich das richtige Gefühl für die neue Technik aneignen.

Ist der Werfer etwas sicherer geworden, kann er ruhig einmal die vor- und zurückfliegende Schnur mit den Augen verfolgen. Er bekommt so das rechte Gefühl für das Timing. Von Anfang an ist wichtig, daß die Rute bis zum Abschluß des Rückschwungs in der 11-Uhr-Position verbleibt, dann bis 12 Uhr geschwippt und abschließend in die 1-Uhr-Position geneigt wird, um dann wieder, in dieser 1-Uhr-Position verbleibend, nach vorn geschoben zu werden. Macht der Übende es umgekehrt, schwippt also die Rute erst in die 12- oder 1-Uhr-Position und führt sie dann nach hinten, bricht der Wurf sofort in sich zusammen. Das gleiche stößt dem zu, der beim Vorschwung erst die Rute in die 11-Uhr-Position schlägt und dann nach vorn schiebt. Also bitte auf jeden Fall erst die Rute auf sich zu ziehen und nun der Schwipp. Und beim Vorschwung erst schieben und dann den Schlag aus dem Handgelenk heraus in die 11-Uhr-Position führen.

Erst wenn die vorangegangenen Übungen in Fleisch und Blut übergegangen sind, befaßt sich der Lernende mit den künftigen Aufgaben der bisher noch unbeschäftigten linken Hand. Sie hat nämlich wesentliche Arbeiten auszuführen. So muß sie in erster Linie mit Hilfe des Doppelzugs die Wurfhand entlasten und für zusätzliche Beschleunigung der Schnur sorgen. Außerdem muß sie, genau wie zuvor bei der englischen Wurftechnik, die zum Verlängern notwendige Schnur von der Rolle ziehen. Sie hilft beim Schießenlassen, siehe Abb. 31, S. 52. Sie speichert die eingeholte Schnur und übernimmt den Drill eines gehakten Fisches an der Rollenkurbel. Ohne die linke Hand läuft beim Fliegenfischen also nichts.

Nun aber zu dem so wichtigen Doppelzug. Mit seiner Hilfe wird das Tempo beim Werfen enorm beschleunigt. Diese Beschleunigung erlaubt dem Werfer, extrem viel Schnur sicher in der Luft zu halten. Ferner dient der Doppelzug dem schnellen Trocknen der Fliege.

Der Werfer wird sehr bald ein Gefühl dafür bekommen, wann er die Schnurlänge ausgespielt hat, mit der die Rute allerhöchstens belastet werden darf. Dann wird er noch einmal einen kräftigen Doppelzug machen und anschließend die Schnur schießen lassen, die er zuvor in der Hand, auf dem Boden oder auf dem Wasser deponiert hatte.

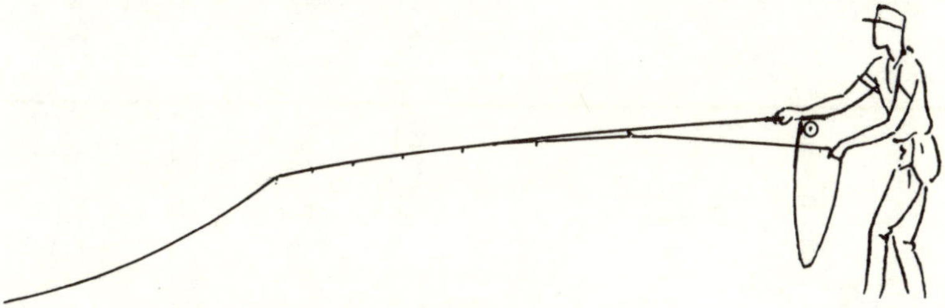

Abb. 33. Ausgangsposition für den Doppelzug

Zum Einstudieren des Doppelzuges legt der Werfer am besten wieder eine entsprechende Länge Schnur, je nach Rutenaktion und Klasse, 9 bis 12 m, vor sich ab. Er hält die Rutenspitze so, daß sie auf die imaginäre Fliege zeigt. Zum Üben eignet sich statt der Fliege ein Wattebausch am Vorfach am besten. Die linke Hand hält, etwa auf der Höhe der rechten, die Schnur schön fest und stramm. Etwa 1½ m Schnur hängen zwischen der Linken und der Rolle als Reserve durch (Abb. 33).

Mit zügigem Anheben der Rute hebt der Werfer die Schnur jetzt von

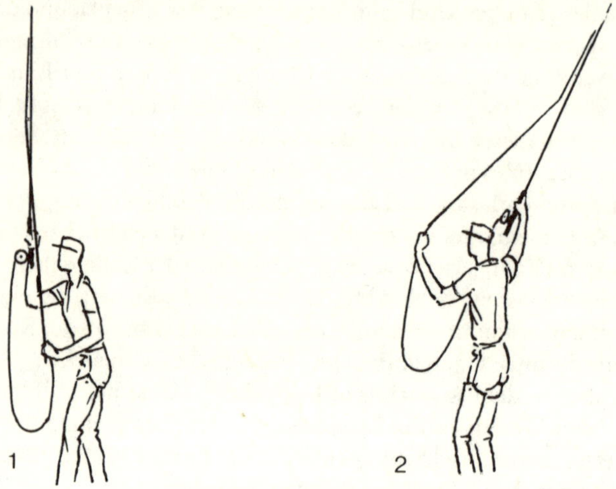

Abb. 34.

Rasen oder Wasser ab. Dabei hält die linke Hand die Schnur stramm und reißt sie, kurz bevor die Rute die 12-Uhr-Position erreicht hat, kräftig nach unten (Abb. 34, Fig. 1). Durch dieses Herrunterreißen gewinnt die nach hinten fliegende Schnur ungeheuer an Geschwindigkeit. Während die

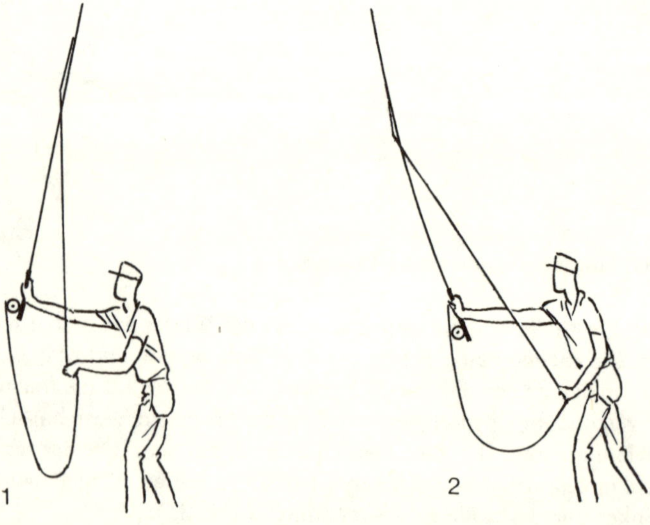

Abb. 35.

Schnur nach hinten saust, neigt der Angler, wie schon weiter oben in diesem Kapitel besprochen, die Rute in die 1-Uhr-Position und hebt gleichzeitig, dem Zug der sich nach hinten streckenden Schnur nachgebend, die linke Hand mit der festgehaltenen Schnur in Gesichtshöhe (Abb. 34, Fig. 2). Auch hierbei ist das Timing genauestens zu beachten: Wenn der Werfer mit dem Vorschwung beginnt, muß die Schnur gerade noch bei der letzten Phase des Ausrollens sein.

Das ist nun geschehen, und der Werfer hat den Vorschwung eingeleitet. Während des Vorschiebens der Rute in der 1-Uhr-Position hat der Werfer begonnen, die Schnur erneut nach unten zu ziehen (Abb. 35, Fig. 1). Ist der Arm fast gestreckt, wird der bekannte Rutenschwipp mit dem rechten Handgelenk in die 11-Uhr-Position ausgeführt und die Schnur gleichzeitig mit der Linken nach unten gerissen (Abb. 35, Fig. 2). Soll der Wurf abgeschlossen werden, senkt der Angler die Rute – er hält sie bei Weitwürfen in Kopfnähe – in die 9-Uhr-Position und läßt die Schnurreserve schießen. Der Doppelzug ist nicht in wenigen Stunden erlernbar. Jedoch sollte sich jeder ernsthafte Flugangler bemühen, ihn einwandfrei zu beherrschen, denn nur der Doppelzug verhilft zu außergewöhnlichen Wurfleistungen.

Hiermit wäre der Teil über die moderne amerikanische Wurftechnik zu Ende. Abschließend sei noch auf ein paar der häufigsten Fehler hingewiesen, die besonders dem Anfänger immer wieder unterlaufen:

1. Die Rute wird beim Rückschwung zu weit hinten abgestoppt. Dadurch berührt die Schnur den Boden oder das Wasser.
2. Der Werfer schlägt schon zu Beginn des Vorschwungs die Rute in die 11-Uhr-Position und schiebt sie erst dann nach vorn. Die Rute muß erst geschoben und dann geschwippt werden.
3. Wenn die Rute beim Rückschwung bei 12 Uhr abgestoppt wurde, muß sie anschließend in die 1-Uhr-Position geneigt werden, ehe sie nach vorn geschoben wird. Vergißt man das, verfängt sich die Fliege an Rute oder Wurfschnur.
4. Der Fischer verfällt besonders anfangs beim Anblick steigender Fische häufig in ein nervöses Wedeln und bringt keinen vernünftigen Wurf zustande. Er sollte sich besser auf die einzelnen Wurfphasen zu konzentrieren versuchen.
5. Wenn die Schnur nicht richtig schießen will, hat der Angler seine Luftwürfe zu lasch ausgeführt und die Rute nicht kräftig genug geschlagen oder zu wenig an der Schnur gezogen.
6. Wenn beim Rückschwung die Fliege abknallt, ist das Timing nicht richtig eingehalten worden.

Beherrscht der Leser die Luftwürfe mit einiger Sicherheit, dann versucht er einmal, die Wurfrichtigung zu ändern. Diese Anforderung wird z. B. die Praxis an ihn stellen, wenn er gerade die Schnur in der Luft hat und plötzlich seitlich im rechten Winkel zu seiner Wurfrichtung ein guter Fisch steigt. Dieses Problem läßt sich ganz elegant lösen: Streckt sich beim Rückschwung die Schnur, ändert der Fischer die Wurfrichtung, indem er beim Vorschwung die Rute geradewegs auf das neue Ziel zuschiebt und -schlägt. Richtungsänderungen bis zu 45° sind auf diese Weise möglich. Sollte sich das neue Ziel gar im Rücken des Werfers befinden, so legt er eben noch ein–zwei Korrekturen dazu.

Mit Hilfe der vorangegangenen Übungen kann der Flugangler die Fliege über gewisse Entfernungen hinweg zu Wasser bringen. Nun wird er aber nicht immer an Gewässern fischen, wo das bisher Gelernte ausreicht. An Fließgewässern muß er sich ständig mit der Strömung auseinandersetzen, besonders beim Fischen mit der Trockenfliege. Aber auch Hindernisse stellen sich in den Weg. Erst wenn der Werfer versteht mit all diesen Schwierigkeiten fertig zu werden, kann er von sich behaupten, den Fliegenwurf zu beherrschen. Nehmen wir uns jetzt einmal der Reihe nach die häufigsten Probleme vor, die es zu lösen gilt.

Im Sommer, besonders während der warmen Stunden, halten sich die Fische gern unter überhängenden, schattenspendenden Zweigen auf. Soll die Fliege jetzt unter diese Blätterdächer plaziert werden, hilft der Seitenwurf am besten. Er ist einfach. Der Werfer verlegt die Rutenhaltung von der Senkrechten in die Horizontale, und führt die Würfe dicht über der Wasseroberfläche aus (Abb. 36). Hat er genügend Schnur ausgespielt, läßt er schießen.

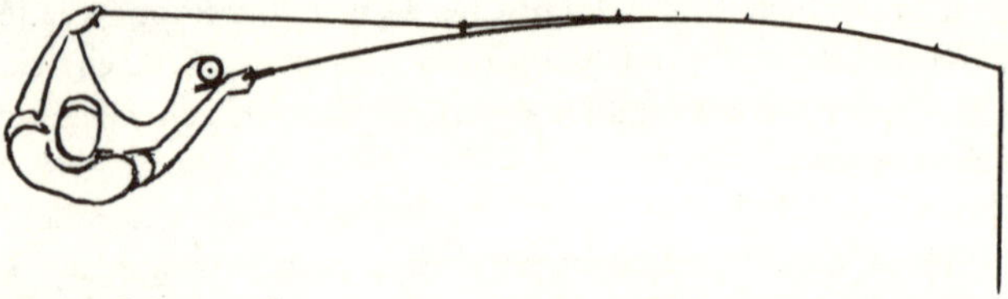

Abb. 36. Der Seitenwurf

Hindernisse im Rücken, die einen normalen Rückschwung nicht zulassen, zwingen zu einer anderen Wurfvariante. Handelt es sich um gut mannshohes Buschwerk, braucht der Angler nur die Gerade, auf der sich die Rute beim normalen aufrechten Wurf bewegt, nach hinten anzuheben und nach vorn abzukippen. Schon beginnt die Schnur nach hinten über das Hindernis hinweg anzusteigen. Handelt es sich aber gar um haushohe Bäume, muß eine Lücke oder Schneise gesucht werden, in die sich die Schnur werfen läßt. Hierbei stellt sich der Werfer quer zwischen diese freie Stelle und das Wurfziel auf dem Wasser. Die Rute wird beim Werfen quer von der Brust hin und hergeführt. Diese Stellung ermöglicht es, den Weg von Schnur und Fliege ständig zu kontrollieren. Der Vorschwung kommt in die Lücke. Der Rückschwung – eigentlich ist das jetzt der Vorschwung – der mit der Rückhand ausgeführt wird, bringt die Fliege über das Wasser. Ist genügend Schnur draußen, läßt der Werfer schießen. Hierzu muß die Rutenspitze, soll die Fliege die Schnur nicht fangen, aus der Rückhand heraus auf das Wasser geschlagen werden: das gilt vor allem für weite Würfe. Dieser Wurf läßt sich übrigens auch dann anwenden, wenn die Gefahr besteht, daß starker Seitenwind die hakenbewehrte Fliege gegen den Werfer drückt.

Oft genug aber türmen sich unmittelbar hinter dem Werfer Hindernisse in Form von Felswänden, Dämmen, Mauerwerk und dergleichen auf, die von vornherein jedweden Rückschwung verbieten. Jetzt bleibt nur noch

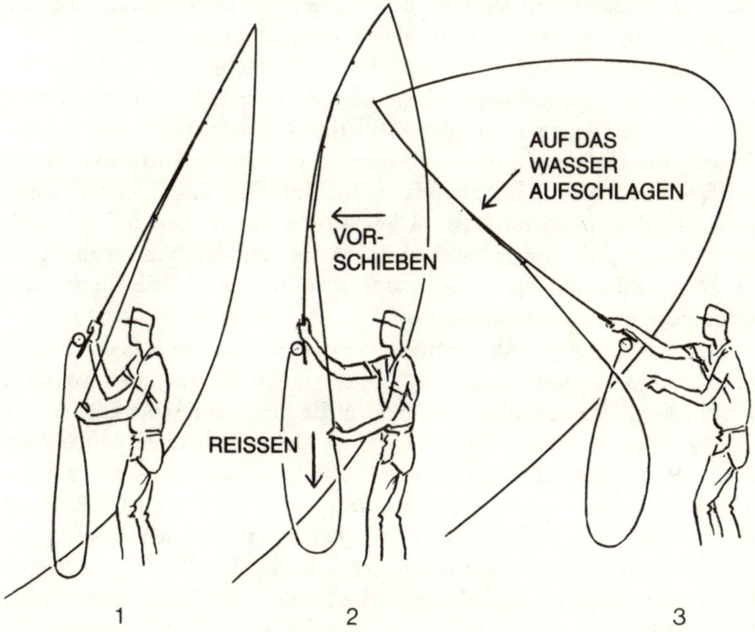

Abb. 37. Der Rollwurf

der Rollwurf (Abb. 37) übrig, der es erlaubt, die Fliege auch ohne Rückschwung über eine gewisse Distanz hinauszuwerfen. Hierzu bringt der Angler durch waagerechte Leerwürfe etwa 5 bis 7 Meter Schnur aus dem Spitzenring, die er vor sich auf dem Wasser ablegt. Etwa zwei zusätzliche Meter hat er von der Rolle gezogen und hält sie mit der Linken fest. Nun nimmt er die Rute in die 1-Uhr-Position zurück, wobei die Schnur in einem vollen Bogen hinter dem Rücken durchhängen muß (Abb. 37, Fig. 1). Dadurch hat sich die vom Angler ausgelegte Schnur gestreckt. Nun wird die Rute beim Vorschieben des Armes aus der 1-Uhr-Position heraus auf das Wasser hinausgeschlagen, während die Linke, durch Ziehen an der Schnur die Geschwindigkeit noch zusätzlich beschleunigt, Fig. 2 und 3. Wenn der Schnurbogen über dem Wasser nach vorn ausrollt, gibt die linke Hand die Schnurreserve zum Schießen frei. Dieser Vorgang kann mehrmals wiederholt werden.

Speziell der Trockenfliegenfischer kämpft ständig mit der Strömung. Das ist meistens dann der Fall, wenn er einen Fluß oder größeren Bach querab zu befischen hat. Besonders in der Mitte wird der Strömungsschub sofort in Schnur und Vorfach greifen und die Fliege zum Dreggen bringen. Dieser Widrigkeit wird begegnet, indem gegen die Strömungsrichtung eine entsprechende Schnurmenge auf das Wasser gebracht wird. Dazu dient der Bogenwurf. Zunächst wird ein normaler Fliegenwurf ausgeführt. Hat der Angler eine ausreichende Länge Schnur in der Luft, läßt er schießen. Während die Fliege nun auf das Ziel zusaust, macht der Werfer mit der Rutenspitze einen mehr oder weniger starken seitlichen Schlenker gegen die Strömungsrichtung (Abb. 38) und nimmt dann in der letzten Wurfphase die Rute in die normale 9-Uhr-Position zurück. Durch den Bogenwurf kommt ein schön gewölbter Schnurbauch auf dem Wasser zu liegen, der nach und nach von der Strömung absorbiert wird. Die Fliege treibt währenddessen ohne zu dreggen ab.

Eine hervorragende Alternative zum Bogenwurf ist der Schlangenwurf. Er kann sogar noch etwas mehr. Man sollte ihn besonders dort anwenden, wo es sehr markante Strömungsunterschiede gibt. Der Fischer führt hierzu wiederum den normalen Fliegenwurf aus. Dabei mißt er mit Luftwürfen die Entfernung ab, die benötigt würde, und gibt etwa ein bis zwei weitere Meter dazu. Der letzte Vorschwung wird sehr kräftig ausgeführt. Dann läßt der Angler, indem er das Ziel etwas höher anvisiert, den Schnurbogen daraufzusausen. Jetzt macht er sehr schnelle, seitliche Wedelbewegungen mit der Rutenspitze, so daß sich in der Schnur eine Anzahl von Wellen bildet, die nach vorn, zur Fliege hin, durchlaufen (Abb. 39). Unterdessen wird die Rute zügig zum Wasser gesenkt. Ist der Wurf abgeschlossen, muß

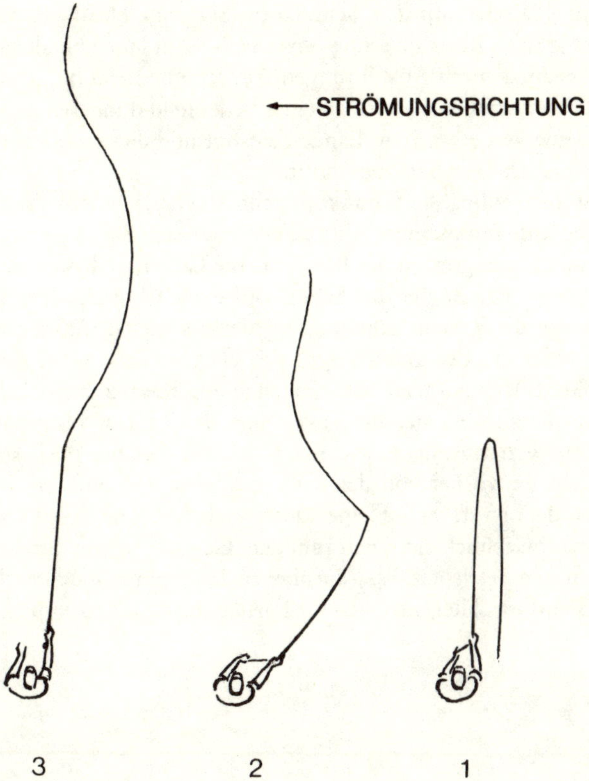

Abb. 38. Der Bogenwurf

die Schnur in regelrechten Schlangenlinien vor dem Angler auf dem Wasser liegen. Die Strömung, ganz gleich aus welcher Richtung sie kommt, wird erst einmal die Schnur glätten, bevor sie in Vorfach und Fliege greift. Der Schlangenwurf kann auch stromauf oder stromab angewandt werden. Ein geübter Werfer beherrscht ihn schon nach ein, zwei Versuchen.

Abschließend noch zu einer Wurftechnik, die in unseren Breiten nicht allzu sehr bekannt ist und deswegen leider nur recht selten verwendet

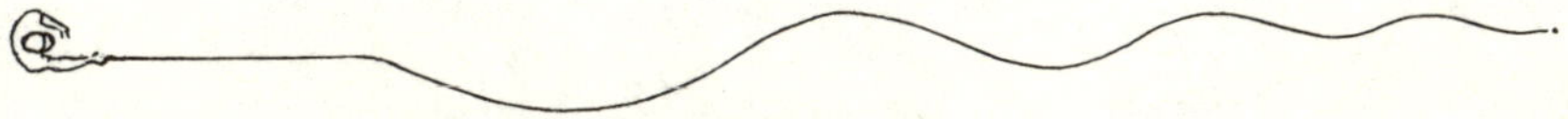

Abb. 39. Der Schlangenwurf

wird: das Werfen mit dem Schußkopf (Shooting Head). Es handelt sich hierbei je nach Klassifizierung um eine 7–12 m lange Flugleine, die es in den verschiedensten Ausführungen von schwimmend bis schnellsinkend gibt. Dieser Schußkopf wird an einer bedeutend dünneren und leichteren Schußleine von etwa 30 m Länge befestigt und diese schließlich an einer ausreichend langen Backingschnur.

Wer als Neuling die Schußkopftechnik versuchen will, greift zunächst zu einer Rute mit mäßiger Aktion, denn der Schußkopf entwickelt schon beim Inbewegungsetzen der Rute enorme Geschwindigkeiten. Bei Wurfbeginn zieht der Angler den Schußkopf etwa 1½ m aus dem Spitzenring und bringt die Rute in Schwung. Er merkt sogleich, daß diese Methode nichts mehr mit der „feinen Art" des Fliegenwurfs zu tun hat. Hat der Schußkopf nach ein paar Schwüngen genug Rasanz entwickelt, läßt der Werfer die Schußleine, die zuvor mit der Linken festgehalten wird, schießen. Jetzt saust der gewichtige Kopf über eine enorme Distanz hinaus und zieht die vorher von der Rolle gezogene und auf dem Boden oder Wasser deponierte Schußleine hinter sich her. Die Schußkopffischerei wird hauptsächlich an weiträumigen Gewässern mit Streamern oder Lachsfliegen betrieben. Wer darüber mehr erfahren möchte, dem ist das Buch Steinfort „Fliegenfischen für Fortgeschrittene" zu empfehlen.

Fliegenbinden

Zum vollkommenen Fliegenfischer gehört auch, daß er sich die für seine Ansprüche notwendigen Fliegen selber anfertigen kann. Wir wissen heute, daß Fliegenbinden, als Hobby betrieben, nicht gerade eine lukrative Beschäftigung ist. Aber der anspruchsvolle Flugangler wird kaum eine Möglichkeit haben, sich die Fliegen, die seinen Vorstellungen entsprechen, in einem Geschäft zu kaufen. Deshalb machen sich auch viele Flugangel-Spezialisten mit dem Fliegenbinden vertraut.

In diesem Kapitel aber möchte ich nicht so sehr auf die Bindetechnik von besonderen Fliegenspezialitäten eingehen, sondern dem Leser einen kurzen Einblick in die Grundkenntnisse der sogenannten „großen Kunst des Fliegenbindens" geben. Es gibt ja genug spezielle Literatur über das Fliegenbinden, und da hier der Rahmen relativ kurz abgesteckt ist, beschränken sich die Angaben auf die wichtigsten Details, die beim Fliegenbinden zu beachten sind.

Da ist zunächst das erforderliche spezielle Werkzeug. Beim Fliegenbinden sollte man nicht knauserig sein und lieber das um ein paar Mark teurere, aber bessere Werkzeug kaufen. Das trifft speziell auf den Erwerb von Scheren und auf den Bindestock zu. Diese Geräte sind für ein klagloses Arbeiten am wichtigsten. Dazu gehören ferner ein oder zwei Hechelklemmen guter Qualität. Alle anderen Hilfswerkzeuge sind von sekundärer Bedeutung. Ob ein Fliegenbinder den Abschlußknoten mit einem Werkzeug machen will oder mit der Hand, was übrigens viel leichter geht, das bleibt ihm selbst überlassen. Das einzige bedeutsame Hilfsgerät, ist ein Fadenhalter, in Fachkreisen Bobbinholder genannt.

Der Hauptzweck des Bobbinholders ist das Halten der Fadenspule, denn es würden viel Bindematerial bzw. Bindefäden vergeudet ohne dieses Gerät. Es verhindert, daß eine Fadenspule unkontrolliert abläuft. Eine weitere Funktion des Bobbinholders ist das Wickeln speziell bei kleinen Fliegen. Zu diesem Zweck wird er mit einem Rohr versehen, durch den der Bindfaden läuft. Der Profi freilich arbeitet lieber mit Fingerspitzengefühl, das heißt, er führt den Bindfaden direkt mit Daumen und Zeigefingern.

Wichtig ist die Auswahl des Bindematerials, vor allem in qualitativer Hinsicht. Das betrifft in erster Linie das Hechelmaterial für Trockenfliegen. Für das Binden von Nymphen und Streamern gibt es weniger Materialprobleme, und so ist es auch bei Naßfliegen.

Zunächst geht es um die Eigenschaften eines idealen Hauptbindezwirns, dann wird über die eigentlichen Bestandsteil-Materialien einer Fliege gesprochen.

Bei konventioneller Bindeweise hat der Hauptbindezwirn oder, einfacher gesagt, der Bindezwirn, mit dem man alle notwendigen Materialien auf den Haken bindet, eine bindetechnisch wichtige Funktion. Dieser sogenannte Hauptbindezwirn muß nach den Vorstellungen des Fliegenbinders, der die Anforderungen an ein gutes Produkt kennt, folgende Eigenschaften haben: Er sollte dünn und trotzdem stark bzw. reißfest sein, weil die Zwischenknoten fest angezogen werden müssen. Wer sich bei allen Knoten nur aufs Lackieren verläßt, arbeitet falsch. Wohl läßt sich beim Endknoten durch eine mehrmalige Lackierung mit einem guten Speziallack eine feste Verbindung der Endwindungen erreichen, aber bei Zwischenknoten kann man nur selten Lack auftragen. Der Bindezwirn soll gezwirnt, also nicht glatt sein. Glatter Bindezwirn hält die Knoten nicht gut. Eine weitere Eigenschaft eines guten Bindezwirns: Er dehnt sich kaum. Andernfalls wäre exaktes Arbeiten erschwert.

Die Zusammenstellung der Materialien hängt von den einzelnen Fliegenmustern ab. Hier eine kleine Darstellung.

Trockenfliegen

Ein sehr guter Hechelbalg, die Farbe hat sekundäre Bedeutung. Auf alle Fälle aber soll er naturfarben sein. Körpermaterial womöglich aus schwimmfähigen Kunststoffen wie Polyband, Polydubbing, Dexion und anderen. Aber auch Naturmaterialien wie Raffia, Kielspan oder Kiele, die von Hechelfedern und Pfaufibern gewonnen werden, eignen sich hervorragend als Körpermaterial für gutschwimmende Trockenfliegen. Rippungsdrähte sollen nur sehr dünn gewählt werden, etwa 0,10 oder 0,12 mm.

Naßfliegen

Ein bis zwei Hennenbälge, die aber auch gefärbt sein können. Ein Sortiment Kreppnylon oder auch Floßseide für den Körper. Div. Rip-

Die Äsche bietet dem Fischer einen harten Kampf, ehe sie besiegt am Ufer liegt

Mit der Trockenfliege: Der zurückgestoppte Wurf stromab. Man erkennt das zurückschnellende Vorfach

Mit der Naßfliege stromab: Der Kontakt mit der Fliege darf nicht verloren gehen

pungsmaterial wie Gold- und Silberdraht. Als Flügelmaterial eignen sich allerlei Schwungfedern von Fasan, Wildente u. a.

Nymphen

Fibern vom Strauß oder besser noch ganze Federn, in der Fachsprache „Platten" genannt, in Natur (braunmeliert, speziell für die Arthofernymphe geeignet) und gefärbt. Fibern vom Fasanenstoß bzw. ganze Stoßfedern. Sehr gut eignen sich die Fibern exotischer Fasanen wie Amherst-Gold- und Königsfasan, nichtschwimmendes Körpermaterial, Latexfolien, verschiedene stärkere Drähte (0,16–0,3 mm) in Leonsilber, Leongold und Kupfer.

Streamer

Sattelhechel in Natur und gefärbt. Man kann auch die großen Hechelfedern von Hahnenbälgen gut gebrauchen, die meistens ohnehin in Überfülle vorhanden sind, Tierhaare, wie Rehfell, Hirschfell u. a. Als Körpermaterial eignen sich vorzüglich Chenille, aber auch Silber- und Goldgespinste sowie Wolle und Floßseide. Diverse Federchen vom Silberfasan, auch vom Ringfasan (Jagdfasan) und einige gefärbte Schwanenkiele dienen zum Aufputz vieler Streamermuster. Für sehr luxuriöse Streamer werden auch Federn vom Dschungelhahn verarbeitet. Der Fliegenbinder sollte aber bedenken, daß dieses Tier unter Naturschutz steht und die Herkunft solcher Federn meist sehr fragwürdig ist.

Das Binden einer Eintagsfliege, trocken

Für den Fliegenfischer ist die Eintagsfliege ein Sammelbegriff für eine Insektenordnung, von der es in Europa etwa 200 Arten gibt. Im Endstadium, als Imago (fertiges Insekt), sehen sie sich alle etwas ähnlich. Auffallend ist die aufrechte Flügelstellung, z. B. abweichend von den Köcherfliegen, die anliegende Flügel haben. Dies ist für den Fliegenbinder entscheidend. Es erfordert jeweils verschiedene Technik, liegende oder hochstehende Flügel einzubinden.

Zuerst zu den wichtigsten Handfertigkeiten, um eine gute Trockenfliege herzustellen. Da ist vor allem der Knoten, mit dem die einzelnen Materialien am Haken fixiert werden. Der sogenannte „Half Hitch", auf deutsch „halber Stich", ist dafür am gebräuchlichsten, Federn und Fäden auf den Haken zu binden. Dreifach gemacht, dient er als Abschlußknoten. Die Abbildung zeigt, wie ein halber Stich aussieht. Man kann ihn mit einem Hilfswerkzeug oder auch nur mit den Fingern schürzen.

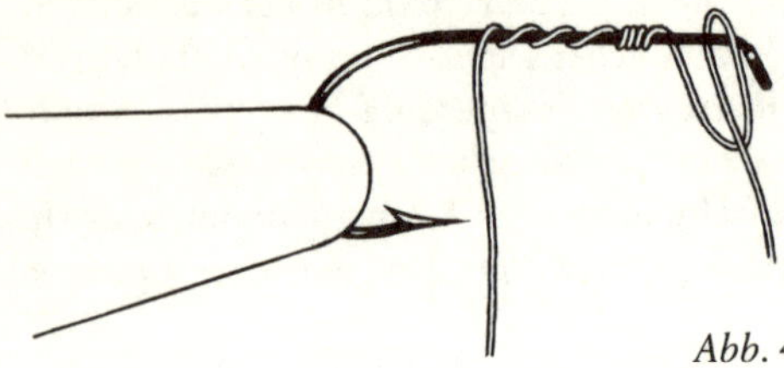

Abb. 40. Hauptknoten (halber Schlag)

Eine Fliege wird in der Regel von hinten nach vorne gebunden. Das heißt, daß man zuerst das Schwänzchen einbinden muß. Eintagsfliegen haben zwar höchstens drei Schwanzfäden, wir aber binden etwa 5–10 Hechelfibern von einer sehr steifen Sattelhechel oder auch von einer Kragenhechel ein. Und das alles allein der besseren Schwimmfähigkeit wegen. Das Schwänzchen trägt auch viel zur Schwimmlage bei, was für Trockenfliegen wichtig ist.

Nachdem mit 2–3 halben Stichen der Bindefaden fixiert wurde, kann das Körpermaterial eingebunden werden. Wie schon vorher erwähnt, eignen sich für Trockenfliegenkörper verschiedene Kunststoffe vorzüglich, die ein leichteres spezifisches Gewicht haben als Wasser. Eines der im Fachhandel erhältlichen neueren Materialien ist DEXION. Die Farbe Grau eignet sich für den Standardtyp einer Eintagsfliege am besten. DEXION läßt sich, in Streifchen geschnitten, sehr gut an den Hakenschenkel winden. Auch nach dem Anwinden des Körpermaterials werden wieder 2–3 halbe Stiche gemacht, die eine feste Bindung gewährleisten.

Obwohl dieses Material gut schwimmfähig ist, empfiehlt es sich, eine Haupthechel von erstklassiger Qualität einzubinden, schon wegen der Imitations-Gerechtigkeit. Sollen doch Hechel die Füßchen des Insektes darstellen, was sie aber nur dann tun, wenn sie nicht zu dicht eingebunden werden. Früher einmal band man sogar mehrere Hecheln ein, um die Schwimmfähigkeit zu fördern, was meistens wegen der negativen Auswirkung auf der Wasseroberfläche das Gegenteil auslöste. Eine gute steife Hechel braucht nur 3–4mal um den Hakenschenkel gewunden zu werden, um der Fliege die gewünschte Schwimmfähigkeit zu verleihen.

Bevor aber die Hechel umgewunden wird, kommt das Aufsetzen der Flügel. Die Imago einer Eintagsfliege hat zartere und durchsichtigere Flügel als die Subimago. Deswegen sind Hechelflügel einzubinden, die ihre Imitationsgerechtigkeit hervorragend erfüllen, wenn man sie aus Hecheln eines Hennenbalges macht.

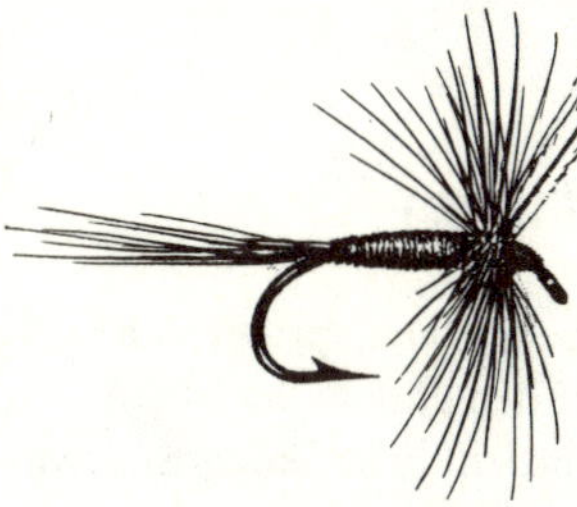

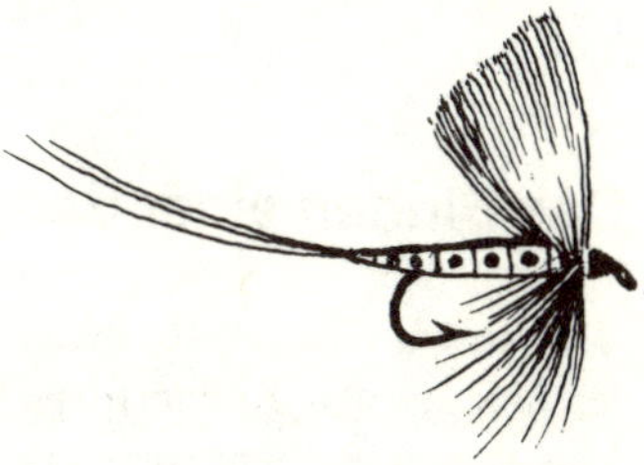

Abb. 41 (links). Standard-Eintagsfliege, gängigste Hakengröße 14. – *Abb. 42 (rechts).* Maifliege, gängigste Hakengröße 10

Ist das Flügelpaar am Hakenschenkel fixiert, läßt sich die vorher angebundene Hechel einwinden, wobei zu beachten ist, daß die meisten Windungen hinter dem Flügelpaar liegen. Nur eine Windung setzt man vor die Flügel. Dadurch steht das Flügelpaar senkrecht. Wenn das übrige Hechelende abgeschnitten ist, wird mit mehreren Windungen noch ein schönes Köpfchen geformt und der Bindevorgang mit 3 Abschlußknoten beendet. Die Lackierung mit Spezial-Fliegenbindelack gibt dem Endknoten noch mehr Festigkeit.

Es ist vermieden worden, eine bestimmte Hechelfarbe anzugeben, weil der Verfasser, wie schon gesagt, der Meinung ist, daß die Farbe der Hechel bei einer Trockenfliege sekundäre Bedeutung hat. Viel wichtiger erscheinen Qualität bzw. Steifheit der Hechelfibern. Da es aber auch zahlreiche Farbnuancen bei ungefärbten Bälgen gibt, ist es nicht schwer, nach eigenem Geschmack eine naturfarbene Hechel zu wählen. Es gibt ja auch naturgraue Hechelbälge, die allerdings sehr teuer sind.

Die jetzt gebundene Standard-Eintagsfliege läßt sich modifizieren und nur durch Verwendung eines andersfarbigen Körper- und Hechelmaterials schon diese und jene Eintagsfliegen-Imitation herstellen. So z. B. eine Maifliege, die die größte Ausgabe der zahlreichen Eintagsfliegen darstellt. Eine Maifliege ist daran zu erkennen, daß sie mit etwa 25 mm Länge nicht nur wesentlich größer als ihre Artgenossen ist, sondern auch daran, daß das Weibchen (female) in gelblichen Tönen erscheint. Also braucht der

Fliegenbinder nur statt eines grauen Körpers einen gelben einzubinden, womöglich aus einem gut schwimmenden Material, und statt eines Paares Hechelflügel aus einem Hennenbalg ein paar Flügel aus gelb gefärbten Erpeldaunen. Die Hechel kann ruhig wieder aus einem naturfarbenen Balg stammen, womöglich aus einem helltönigen. Es gibt viele Variationen, und der Phantasie des Fliegenbinders ist keine Grenze gesetzt...

Das Binden einer Sedge (Köcherfliege)

Bleiben wir beim eingeführten Fachausdruck Sedge. Das spricht sich auch leichter aus als „Köcherfliege". Sedges sind für den Flugangler, der in den klassischen Äschengewässern fischt, unentbehrlich. Eine Sedge ist etwas leichter zu binden als eine Eintagsfliege mit aufgestellten Flügeln.

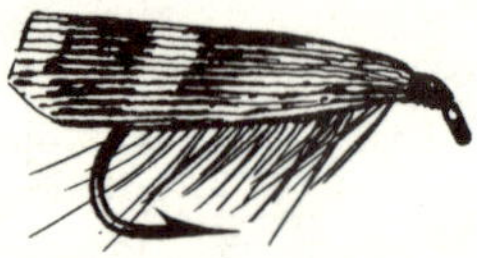

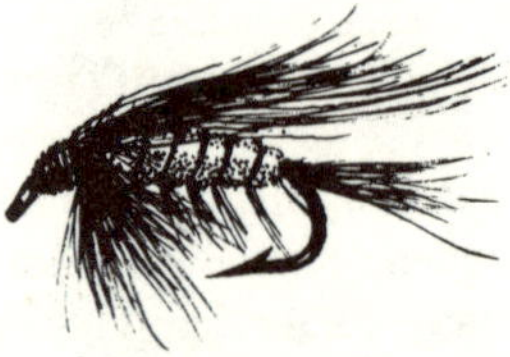

Abb. 43 (links). Sedge nach Eipeltauer. Gängigste Hakengrößen 10–14.
Abb. 44 (rechts). Hairwing-Sedge, gängigste Hakengrößen 10–14

Es ist Ansichtssache, ob eine Hechel palmerartig um den Körper gewunden oder ob eine Kopfhechel eingebunden wird. Eine Körperhechel erhöht die Schwimmfähigkeit. Diese Sedge entsteht folgendermaßen. Auf einem langschenkeligen Haken wird eine Hechel mit der Spitze zuerst eingebunden. Hat der Fliegenbinder einen Haken Größe 12, was eine Allroundgröße für Sedges ist, wählt er eine Hechel, die für einen 14er Haken passen würde. Nachdem der Körper aus Polyband, Dexion oder auch aus Kreppnylon am Hakenschenkel angewickelt worden ist, wird die Hechel in nicht zu knapp aneinanderliegenden Windungen über den Körper gebunden. Nachdem das Ende bzw. der Kielteil abgebunden, abgeschnitten und fixiert ist, werden die Flügel eingebunden, und zwar in der Form, daß sie horizontal zum Hakenschenkel liegen. Als Material für Sedgeflügel eignen sich Federfahnen-Ausschnitte von Schwanzfedern des Fasans, der Wildente, aber auch Ausschnitte von Stoßfedern, etwa vom Rebhuhn, vom Haselhuhn oder von anderen Vögeln. Es ist leichter, die Flügel einzeln einzubinden. Das Flügelmaterial sollte vor dem Einbinden mit dünnflüssigem Cellolack bestrichen werden, damit sich die Flügel nicht gleich bei den ersten Würfen auflösen.

Eine andere, in Amerika sehr beliebte Köcherfliege ist die sog. Hairwing-Sedge, auch Buck-caddis genannt. Die Bindeweise des Körpers ist dieselbe wie bei der vorher besprochenen Sedge, nur werden die Flügel aus Tierhaaren, speziell aus Rehhaaren gefertigt. Diese Sedge-Variante schwimmt sehr gut.

Das Binden von Palmern

Diese recht einfach zu bindenden Fliegen haben an manchem Tage am Wasser gute Wirkung. Ein Palmer ist eine käferartige Fliege. Sie wird vorwiegend an Gewässern verwendet, die starken Uferbewuchs haben. Ein Palmer wird ähnlich gebunden wie der Körper der Sedges, die vorher beschrieben wurden. Unterschied: Die Hechel wird enger eingewunden und auch vorn noch eine zweite in der passenden Größe zum Haken als Kopfhechel.

Nach der folgenden Abbildung wird es nicht schwer sein, diese oft recht fängige Fliege nachzubinden. Die gängigsten Farben sind: schwarzer, brauner und grauer Palmer.

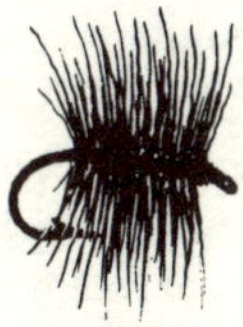

Abb. 45 (links). Palmer, auch Käferfliege genannt, gängigste Hakengrößen 12–16.
Abb. 46 (rechts). Märzbraune naß, gängigste Hakengrößen 10, 12

Das Binden einer Naßfliege

Auch eine Naßfliege ist nicht sehr schwer zu binden, weil beim Einbinden der Hechel nicht so sehr auf Exaktheit geachtet werden muß wie bei einer Trockenfliege. Die „Märzbraune“ ist ein sehr konservatives Muster, das aber heute noch genauso seine Wirkung hat wie vor Jahrzehnten. Zuerst also eine Märzbraune.

Der Haken kann schwer sein. Das ist aber nicht Bedingung. Größe 12 gilt als Standardgröße. Es beginnt mit dem Einbinden eines kurzen Schwänzchens aus drei Fibern vom Fasanstoß. Bevor man das Körpermaterial, das aus dunkelbraunem Kreppnylon besteht, am Haken anbindet, wird ein Stück gelber Faden (starker Bindezwirn, Nähseide) als Rippungsmaterial angebunden. Einen gerippten Körper zu machen, ist ja nicht schwierig. Ist das Körpermaterial eingewunden, wird das Rippungsmaterial in gleichmäßigen Windungen über den Kreppnylonkörper geführt. Nach dem Abbinden und Abschneiden der Reste folgt das Einbinden einer braunen Rebhuhndaune. Erst zum Schluß wird ein Flügelpaar aus Federnausschnitten von Fasanhennen-Schwingen oder auch aus einem Schnepfenflügel eingebunden. Zu beachten ist dabei, daß die Flügel nach hinten stehen und nicht etwa aufrecht wie bei Trockenfliegen. Siehe Abb. Die Federnausschnitte müssen Außenseite zu Außenseite zusammengelegt werden.

Das Binden von Nymphen

Nymphen sind relativ einfach zu binden, sieht man von einigen extravaganten Bindeweisen, die aus dem Lande der unbegrenzten Möglichkeiten kommen, ab. Es ist aber zu unterscheiden, ob Nymphen für die Floating-line-Technik oder für die Sinking-line-Technik gebunden werden sollen, ob sie also unter beschwerte oder nicht beschwerte Muster fallen. In der Regel soll eine Nymphe auf einen schweren Haken gebunden sein, um gute Sinkfähigkeit zu gewährleisten. Wird in tiefen, schnellen Gewässern gefischt, kann eine Nymphe nicht schwer genug sein. Sie sollte mit Draht- oder Bleieinlage gebunden werden.

Eine wohl überall in Europa bekannte Nymphe ist die Arthofernymphe. Sie soll hier beschwert und unbeschwert beschrieben werden. Am besten geeignet ist ein geschmiedeter normallanger Haken etwa der Sorte „Perfekt“ von Mustad (7958). Es gibt Haken schon mit Bleiauflage am Schenkel. Diese sind deswegen nicht zu empfehlen, weil das Bleistück nicht am Haken festgelötet ist und beim Binden verrutscht. Am besten eignet sich ein Streifchen Bleiblech als Beschwerung. Ebenso kann man als Beschwerung dünnen Bleidraht um den Haken wickeln. Vorher aber werden Schwanzfibern aus Spitzen naturfarbener Straußfedern eingebunden. Anschließend 2 oder 3 ganze Fibern vom Strauß binden, dann erst die Beschwerung anbringen. In regelmäßigen Windungen wird nun der

Körper aus den Straußfibern modelliert. Bitte aber beachten, daß der Körper nur bis knapp nach der Hakenmitte gefertigt wird. Ein Drittel des Hakenschenkels bleibt also frei, weil dort noch ein Bäuchlein aus Kupferdraht Platz finden muß.

Abb. 47 (links). Arthofernymphe. – *Abb. 48 (rechts).* Ritz D Nymphe, gängigste Hakengrößen 12, 14

Vor der Fertigung des Kupferdraht-Bäuchleins wird ein schmaler Federnausschnitt von einer Fasan-Sekunda-Feder eingebunden. Dieser kleine Federnausschnitt muß vorher so wie die Sedgeflügel lackiert werden. Eine Sekundafeder ist die dünnere und weichere Feder auf einem Fasanflügel, die also dem Körper näher sitzt. Doch es lassen sich auch beliebige andere Federnausschnitte verwenden. Für das Bäuchlein eignet sich Kupferlitze am besten. Ist dieses Bäuchlein fertig, legt man den Federnausschnitt über die Kupferdrahtwindungen und sichert mit dem Bindezwirn ab.

Schließlich werden noch einige Füßchen aus einer gestutzten Perlhuhndaune eingebunden. Ist keine Perlhuhnfeder zur Hand, kann auch eine Rebhuhnhechel verwendet werden. Wichtig ist es, das Köpfchen stramm zu binden und gut zu lackieren, weil bei dieser Nymphe ja derbes Material eingebunden wurde.

Läßt der Binder hier die Bleibeschwerung weg, entsteht eine normalbeschwerte Nymphe. Allein die Kupferwicklung wirkt als gute Beschwerung.

Manchmal ist es gar nicht erwünscht, daß eine Nymphe superschwer ist. So z. B., wenn nur dicht unter der Wasseroberfläche zu fischen ist oder wenn eine sinkende Schnur verwendet wird. Eine unbeschwerte Nymphe spielt mehr in der Strömung als eine beschwerte, und sie hat so besondere Reizwirkung. Eine dieser „leichten" Nymphen soll nun näher beschrieben werden.

Hakengröße 12 oder 14 ist gerade richtig, am besten ein Haken Type „wide gape", also ein Haken, der einen nicht zu engen Hakenbogen aufweist. Drei Fibern vom Fasanstoß als Schwänzchen genügen. Als Rippungsmaterial bindet man nun ein Stückchen Golddraht in der Stärke von etwa 0,15 ein. Als Körpermaterial sind die langen Fibern vom

Fasanstoß bestens geeignet. Wer davon 4–5 nimmt, sie mit dem dünnen Ende (Spitzen) zuerst am Haken festbindet und in engen Windungen anschließend zum Öhr führt, erzielt einen wunderbar natürlich aussehenden Nymphenkörper. Jetzt folgt das Rippen, das aber in entgegengesetzter Richtung geschieht als das Führen des Bindefadens. Hat der Fliegenbinder also mit dem Bindefaden vom Körper weg gearbeitet, muß die Rippung zum Körper hin angelegt werden. Dadurch löst sich die Nymphe nicht gleich nach dem ersten Biß auf.

Bevor der Angler einen kleinen „Belly", einen Bauch, fertigt, bindet er, wie auch bei der Arthofernymphe, ein Streifchen einer Fasanenfeder ein, das dann über das fertiggestellte Bäuchlein (aus dem Rippungsdach gefertigt) gelegt wird. Das Bäuchlein soll die noch nicht entwickelten Flügeldecken darstellen. Nach der Herstellung des Köpfchens mit dem Bindezwirn und dem Fixieren mit 3 halben Stichen oder einen Whip Finish wird lackiert. Fertig ist eine unter dem Namen „Ritz-A" auch im Handel erhältliche Nymphe.

Werden statt der Fasanstoßfibern zwei bis drei Pfaufibern als Körper verwendet, entsteht die Ritz-D-Nymphe. Läßt man die Rippung weg und nimmt für den Körper entweder einige Fibern einer Graureiherfeder, noch besser verwendet man dunkelgraues Kreppnylon, läßt sich eine Ritz-B-Nymphe produzieren.

Populär geworden sind in letzter Zeit auch Nymphen mit Körper aus Latex oder aus einem ovalen teiltransparenten Kunststoff-Band, das unter dem Namen „Swannundaze" auf den Mark kommt. Eine weitere Neuheit ist ein spezieller Nymphenhaken mit doppeltem Hakenschenkel, mit dem vorzüglich flache Nymphenkörper hergestellt werden können.

Das Binden eines Streamers

Streamerbinden ist zeitaufwendiger als das kleiner Fliegen und Nymphen. Dafür aber kann der Binder seiner Phantasie noch mehr freien Lauf lassen als sonst. Es ist auch nicht so viel Fingerspitzengefühl notwendig wie etwa beim Binden einer kleinen Trockenfliege. Dennoch muß man exakt arbeiten, damit der fertige Streamer auch längere Zeit hält. Ein Streamer wird in der Regel mehr strapaziert als eine Fliege.

Es gibt mehrere Bindearten, von denen hier zwei erklärt werden. Die wichtigste in unseren Landen dürfte der „Matuka-Stil" sein. Diese Streamer erscheinen kompakt, und die Hechelflügel werden größtenteils am Körper angebunden. Bei der typisch amerikanischen Bindeweise sind die Hechelflügel dagegen immer nur an der Basis befestigt. Es klingt zwar absurd, wenn man bei einer Fischchenimitation von Flügeln spricht, und es werden auch keine Flügel imitiert. Aber es ist schon einmal der eingebürgerte Ausdruck „Hechelflügel“ für die Hecheln, die eigentlich den Hauptteil eines Fischchenkörpers darstellen sollen.

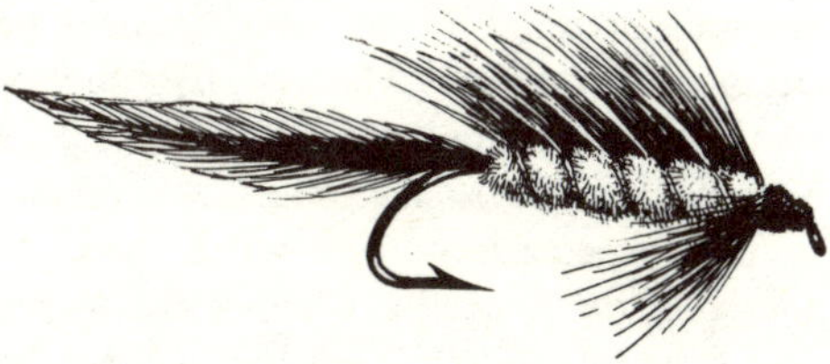

Abb. 49. Matuka-Streamer, gängigste Hakengrößen 2, 4

Für den Matukastreamer bedarf es eines breitbogigen Hakens, weil der Körper vorwiegend aus Chenille gemacht wird. Sehr gut eignet sich hierzu der Mustad 3666, weil dieser Haken auch kräftig ist. Der Angler muß ja damit rechnen, daß auf einen Streamer in der Regel größere Fische gefangen werden als auf andere Federnköder.

Beim Matuka wird zuerst das Rippungsmaterial in Form eines 3-fädigen Silber- oder Goldgespinstes angebunden. Als nächstes Material binden wir ein Stück Chenille, Stärke etwa 3,5 mm bei großen Streamern bis zur Hakengröße 1, bei kleineren bis zur Hakengröße 8 Chenille, Stärke 2 mm, an. Ob Chenille mit oder ohne Drahteinlage verwendet wird, das ist Ansichtssache. Draht-Chenille läßt sich besser verarbeiten, weil dieses Material während des Wickelns ruhig einmal losgelassen werden kann.

Nach dem Aufwickeln des Chenillekörpers werden 2 mit Innenseite zu Innenseite zusammengelegte Sattel- oder große Kragenhecheln angebunden. Die Hecheln müssen so lang sein, daß sie eine knappe Körperlänge über den Hakenbogen hinausschauen. Hat der Binder die Hechelkiele am Hakenschenkel mit 2–3 halben Stichen gut fixiert, legt er die beiden Hecheln direkt auf den Körper und bindet sie mit dem Rippungsmaterial in der Weise an, wie auf der Abbildung ersichtlich ist.

Das wäre eigentlich schon ein fertiger Matuka-Streamer. Es wurden absichtlich keine Farben genannt, weder für den Chenillekörper noch für die Hecheln. Es gibt in einschlägigen Katalogen so viele Abbildungen in den schönsten Farben, daß sich jeder die ihm am besten erscheinende Farbkombination aussuchen kann.

Ein in amerikanischer Manier gebundener Streamer ist z. B. das Muster „Professor“. Es ist aber hier nur als Beispiel herausgegriffen, ohne eine besondere Fängigkeit hervorzuheben. Im Gegensatz zu den schon beschriebenen Streamerarten verwendet man für die amerikanischen Muster in der Regel langschenklige Haken mit Rundbogen. Gut geeignet ist der VMC-Haken Nr. 9283.

Nach amerikanischem Stil wird zuerst ein schmaler Federfahnenausschnitt von einer rotgefärbten Schwanenfeder als Schwänzchen eingebunden. Es kann auch die Spitze einer rotgefärbten Hechelfeder sein. Das Rippungsmaterial besteht aus schmalem, goldfarbenem Lurex. Lurex ist ein nichtoxidierendes Material, hält aber nicht viel aus. Deswegen ist es vorteilhaft, ein 3fädiges Gespinst als Rippung zu verwenden. Dieses Material wird aber nach einigem Gebrauch matt, verliert also den Glanz.

Als Körpermaterial eignet sich starke Floßseide in Dunkelgelb oder aber auch dünnes gelbes Chenille. Ist der fertig eingebundene Körper mit dem Rippungsmaterial versehen, werden die Flügel eingebunden. Wieder sei bemerkt, daß bei einem Streamer die in der Längsrichtung eingebundenen Hechelfedern „Flügel" genannt werden, obwohl diese eigentlich einen Fischkörper darstellen sollen. Die Hechelflügel bestehen aus Sattel- oder Kragenhecheln eines „cree"-gefärbten Hahnes. Cree, das ist eine scheckig hellbraune Naturhechel.

Beim Einbinden der Hechelflügel ist ebenfalls zu beachten, daß Innenseite zu Innenseite gehört und die Lage der eingebundenen beiden Hecheln stets horizontal sein soll. Als „collar", zu deutsch Kragen, dienen zwei Hecheln gleicher Farbe.

Es gibt noch etliche Bindearten und viele, viele mehr oder weniger bekannte Muster. Nun ist es zwar in diesem Rahmen nicht möglich, alles zu beschreiben. Dennoch dürfte dieses Kapitel einen Einblick in die „Große Kunst des Fliegenbindens" vermittelt haben.

Das Fischen mit der Trockenfliege

An vielen Tagen im Jahr bietet die Trockenfliege die einzige Fangmöglichkeit. Denn da die Forellen und Äschen ihre Nahrung von der Wasseroberfläche nehmen, wäre es sinnlos, eine andere Fangmethode zu praktizieren. Über den sportlichen Charakter, den ein Fliegenfischer bei seiner Tätigkeit ausstrahlt, insbesondere beim Trockenfliegenfischen, braucht eigentlich kein Wort mehr verloren zu werden. Alleine schon das Halten der Schnur über Wasser erfordert manche Stunde eines Fischertages ein Höchstmaß an Konzentration, gutes Timing, Körperbeherrschung und Geschicklichkeit. Man hat es hier mit einer ganzen Menge an Material zu tun: Wurfgerät, Schnur, Vorfach, Fliegen, dazu mit äußeren Umständen wie Wind, Bäumen und sonstigen Hindernissen, Wasser und nicht zuletzt mit Fischen, die sich ständig bewegen, aber nicht zu erkennen geben, wohin mit der Fliege und schon gar nicht mit welcher geworfen werden soll. Letztlich scheint es dem Verfasser viel einfacher, einen Fußball ins Tor zu bringen, als mit der Trockenfliege einen guten Fisch zu fangen.

Wie sieht der Fisch die Fliege?

Das Auge des Fisches ist nicht durch Augenlider geschützt. Es liegt in der Augenhöhle und hat große Bewegungsmöglichkeiten in alle Richtungen, oben und unten, vor und zurück. Die Lage der Augen und ihre Größe hängt von der Fischart mit ihren unterschiedlichen Lebensgewohnheiten ab. Bei den Schwarmfischen sitzen die Augen rechts und links seitlich am Kopf, bei den Raubfischen mehr vorne oder oben am Kopf. Die Lage und die große Beweglichkeit der Augen gewährten ein sehr breites Blickfeld, das sich bei den Schwarmfischen mehr auf rechts und links erstreckt. Bei den Raubfischen konzentriert sich das Blickfeld wegen der Lage der Augen auf den vorderen und oberen Bereich um den Fisch herum. Wegen des spezifischen Baues der Linsen sieht der Fisch 10–15 m weit, gut aber nur bis zu 1 m Entfernung.

Es ist bekannt, daß es beim Übergang aus einer dünneren in eine dichtere Schicht, z. B. Luft-Wasser und umgekehrt zu einer Lichtstrahlbrechung kommt. Ein Beispiel: Wenn wir eine Gerte mit einem Winkel von 70° ins Wasser stecken, werden wir einen Teil dieser Gerte nicht sehen können. Das bedeutet zugleich, daß auch der Fisch einen Gegenstand über Wasser nur sehen kann, wenn der Lichtstrahl von diesem Gegenstand mit einem kleineren Winkel als 50° in das Auge des Fisches fällt. Stellen wir uns das Blickfeld der Fische außerhalb des Wassers wie ein rundes Fenster vor, dessen Durchmesser von der Wassertiefe abhängt, so ergibt sich folgendes: Bei einer Tiefe von 15 cm sieht der Fisch 30 cm, bei einer Tiefe von 3 m sieht er 6 m in die Breite. Da dieses Ausguckfenster wie die Basis eines Trichters ist, dessen Spitze sich im Auge des Fisches befindet, können wir uns die Breite seines Blickfeldes leichter vorstellen. Die Lichtstrahlbrechung verringert (visuell) die Entfernung, und die Gegenstände scheinen näher zu sein, worauf die Fische mit Scheu reagieren. Es sei betont, daß die Gegenstände, die in Bewegung sind, und solche, die sich nah an der Wasseroberfläche befinden, oder jene, die durch ihre Höhe näher an der Wasseroberfläche erscheinen, von den Fischen leichter wahrgenommen werden als z. B. ein Fliegenfischer, der sich in geduckter Stellung oder kniend am Ufer aufhält, ja sogar watend anpirscht. Fische können sehr gut Farben unterscheiden. Alle diese Erkenntnisse können bei taktischen und technischen Überlegungen von Vorteil sein. Darauf wird weiter unten eingegangen. An Gewässern mit reicher Fischnahrung, den sogeannten guten Gewässern, sind fast das ganze Jahr über die verschiedensten Arten von Insekten zu beobachten, hauptsächlich aber die Wasserinsekten, die schwärmen oder in größeren oder kleineren Gruppen fliegen. Es sind Insekten in den verschiedensten Farben und Größen, manche auch aufdringlich in Erscheinung und Verhalten. Andere wiederum sind fast unscheinbar und völlig unauffällig. Die farbigen und auffallenden können unseren Augen kaum entgehen, die anderen, grau- olivfarbenen, bemerkt der Fischer kaum, weil sie sich ihrer Umgebung ausgezeichnet anpassen. Daraus ließe sich schließen, daß für Forellen oder Äschen die gleichen optischen Gesetze gelten wie für den Menschen, Fische und Fischer also die farbigen Insekten öfter als die graugetönten nehmen würden. Das ist aber völlig falsch. Auf die äußere Erscheinung der Insekten reagieren die Fische so, wie sie von Natur aus programmiert sind. Seit Millionen von Jahren leben die Insekten in einer Umwelt, in der sie sich nach bestimmten kosmischen Gesetzen rhythmisch abwechseln. Dieser Wechsel findet in einem genau bestimmten, zeitlich-räumlichen Zyklus statt, und die Forelle tut in dieser bestimmten, zeitlich genau begrenzten Spanne einer Saison (Phase), das, was sie zu tun gewohnt ist: Insekten fressen. Wer sich als

Angelmethode das Trockenfliegenfischen ausgesucht hat, der entdeckt unweigerlich die ungeschriebenen Gesetze dieser Programmierung und ergründet sie. Der Fischer muß mit künstlichen Mitteln das gleiche Spiel spielen, das die Forelle gewohnt ist. Hervorgerufen wird dies durch ihre Genetik und millionenfach geübte, entsprechend den Bedingungen unerläßliche Reflexe. Über das Verhalten der Fische gegenüber den Insekten ist, seitdem das Trockenfliegenfischen bekannt wurde, sehr viel geschrieben worden. Ganz sicher zu Recht, denn durch ständiges Beobachten des Lebens in einem Bach oder Fluß gibt es immer neue Erkenntnisse. Der Verfasser dieser Zeilen hat in seiner Praxis als Flugangler mit der Trockenfliege keine zwei Flüsse erlebt, bei denen sich die gleichen Regeln aufstellen ließen, auch dann nicht, wenn diese beiden Flüsse nur wenige Kilometer voneinander entfernt waren. Andererseits bedeutet das nicht, daß mit ein paar Nachahmungen (Trockenfliegen) nicht an beiden Flüssen in gleichem Maße erfolgreich zu fischen wäre. Die genauen Beobachtungen am Wasser beweisen immer wieder, daß die Fische zwischen den verschiedenen Insektenarten sehr wohl unterscheiden können. Die eine nehmen sie, die andere nicht. Anders gesagt, könnten sie die Insekten nicht unterscheiden, würden sie wahllos alle nehmen. Die Trockenfliegenfischerei wäre hiermit zur Sinnlosigkeit verurteilt. Nur, wie groß ist die Auswahl der Fliegen, die sich die Fische merken können bzw. welches ist die Grenze, an der das Vermögen der Fische aufhört, ähnlich aussehende Insektenarten voneinander zu unterscheiden?

Natürliche Vorbilder und ihre trockenen Imitationen

Die Zeit des Erscheinens der Insekten hängt von den allgemeinen klimatischen Bedingungen, vom Breitengrad und von der Höhenlage (über dem Meeresspiegel) des bestimmten Gewässers ab. In unseren kontinentalen Regionen, bei durchschnittlichen Höhen zwischen 200 und 500 m über dem Meeresspiegel, gilt für die Trockenfliegenfischerei eine schon bekannte Unterteilung der Insekten und deren künstliche Nachbildungen in folgende Grundtypen:

1. Eintagsfliegen
2. Köcherfliegen
3. Steinfliegen
4. Schlammfliegen (Erlfliegen)

5. Zweiflügler (Mücken)
6. Landinsekten

Die Ähnlichkeit einzelner Insekten-Ordnungen erleichtert oft die Auswahl der Nachahmungen. Die Landinsekten haben keine direkte oder besondere Beziehung zum Wasser. Sie gelangen durch zufällige Einwirkungen wie z. B. Wind oder Regen aufs Wasser oder fallen von den nahe stehenden Bäumen und Büschen herab.

Entsprechend ihrem Vorkommen gewinnen die verschiedenen Insektentypen je nach Jahres- und Tageszeit oder dem Charakter des Gewässers an Bedeutung. Es ist für uns wichtig, nicht nur die obengenannten Insektentypen voneinander zu unterscheiden, sondern auch durch genaues Beobachten am Wasser festzustellen, welche Insekten die Fische gegenwärtig gerade bevorzugen. Diese Bevorzugung hängt, um es noch einmal zu erwähnen, von der Häufigkeit des Vorkommens der Insekten, von ihrer Größe und von dem Umgang der Fliegenfischer mit dem Gewässer ab; das sind z. B. Überbefischung, Zurücksetzen der Fische, Füttern usw. Im Frühjahr, also zu Anfang der Saison, treten an allen Gewässern Eintagsfliegen, kleine Steinfliegen und Mücken (Zweiflügler) in Erscheinung. Diese Wasserinsekten schlüpfen hauptsächlich mittags. Im Verlauf der Saison mit wärmerem Wetter im Sommer sind die Wasserinsekten häufiger am Abend anzutreffen. Dann erweisen sich die Nachbildungen der Köcherfliegen (Sedge) zum Beispiel oft als am wirkungsvollsten.

Den Landinsekten (z. B. Ameisen) ist bei uns keine große Bedeutung beizumessen. Die Häufigkeit ihres Vorkommens hängt in den Sommermonaten von der Wärme ab. Es gibt allerdings Tage, an denen sich die Fische auf diese Insekten einstellen, und man kann sich dann die berühmte Red Tag gar nicht wegdenken. Von einer Bedeutung der Landinsekten kann man darüber hinaus eigentlich nur an nahrungsarmen Gewässern sprechen. Im Herbst sind es die kleinen Eintagsfliegen, die sich der Fischer genauer anschauen sollte. Oft ist nur um die Mittagszeit oder vielleicht eine halbe Stunde am frühen Nachmittag, wo mit sichtbarer Aktivität der Fische in bezug auf das Vorkommen der kleinen Wasserinsekten zu rechnen ist.

Da sich die hier erwähnten vier Gruppen Wasserinsekten sehr ähneln, genügt eine geringe Anzahl von Nachahmungen durchaus, um erfolgreich fischen zu können. Und das sogar an unterschiedlichen Gewässern. Die Zusammenstellung eines Sortiments künstlicher Fliegen wird jedoch weitgehend von der Beratung desjenigen geprägt, der sie einem anderen Fliegenfischer empfiehlt.

Wohlgemeinte Ratschläge eines Spezialisten können deshalb nur ein Anfang, besser noch eine Anregung sein. Die zahlreichen wissenschaftlichen Analysen über das Leben der Insekten, lateinische Namen, komplizierte Unterteilung der Gattungen, zu viel Theoretisieren, das unglaublich große Angebot an Trockenfliegen-Mustern, all dies sorgt nicht gerade dafür, bei einem Anfänger oder noch nicht versierten Fliegenfischer die Freude am Trockenfischen zu steigern. Es gäbe ganz sicher unter den Sportfischern viel mehr Interessenten am Flugangeln, würde das Fischen mit der Trockenfliege von vielen nicht so überaus kompliziert dargestellt. Dem Verfasser ist eine ganze Reihe hervorragender Werfer bekannt, für die auch die Entomologie kein Neuland darstellt. Uns ist es oft verwunderlich, welche deprimierenden Niederlagen diese Fischer einstecken, trotz der doch ungleichen Auseinandersetzung mit Forellen oder Äschen. Bei ihrem Perfektionismus und ihrer Pedanterie im Umgang mit der Natur vergessen sie sogar oft das Fischen mit der Fliege.

Wie sieht das Sortiment für die jeweilige Jahreszeit aus?

Sind die langen Hungermonate vorüber, ist es mit der Kondition der Fische nicht gerade gut bestellt. Der Nahrungsbedarf ist groß, aber die kalte Witterung, der hohe Wasserstand und das angetrübte Schneewasser lassen oft kein großes Insektenvorkommen zu. Die Fische sind demzufolge nicht allzu wählerisch. Am Anfang der Saison, Ende März, Anfang April, begegnen wir am häufigsten der (grau) olivgrünen Eintagsfliege (Baëtis rhodani). Gleich danach, gegen Ende April bis fast gegen Ende Mai tritt die (grau) olivgrüne Eintagsfliege (Baëtis scambus) in Erscheinung. Sie zeigt sich gleich massenhaft. Ein wichtiges äußeres Kennzeichen ist bei den weiblichen Insekten nach der Eiablage der rote Körper. Die (grau) olivgrüne Baëtis vernus ist von der Baëtis scambus kaum zu unterscheiden. Wenn es um die Nachahmung fast aller Baëtis-Fliegen geht, so könnte der Fischer den Forellen auf alle Fälle die „weltberühmte" Red Spinner servieren, allerdings in verschiedenen Größen. Baëtis schlüpfen hauptsächlich um die Mittagszeit. Sie lassen sich mit verschiedensten Mustern imitieren. Die Schwarzdornfliege trägt den lateinischen Namen Bibio marci, weil sie oft in riesigen Schwärmen um den Tag des heiligen Markus (25.4.) erscheint. Sie gehört zu den Zweiflüglern und ist kein ausgesprochenes Wasserinsekt. In großen Mengen schwärmt sie über die Wasseroberfläche, worauf sie nach der Begattung auch landet. Man kann sie an ihrem spiralförmigen Hochzeitstanz erkennen. Eigentlich ist dieses Insekt nach menschlichen Begriffen häßlich. Dennoch sind die Fische verrückt danach. In kleineren Größen, 18–20, ist sie eine sehr wirksame Äschenfliege.

Einige gute Fischer klagen immer wieder darüber, daß es ihnen nicht gelingt, kapitale Beute zu machen. Aber es muß sich dabei um Schönwetterfischer handeln. Der Verfasser hat seine größten Forellen stets im Frühjahr gefangen, die Maifliegenzeit ausgenommen. Dies ist leicht zu erklären. Zu Beginn der Fischereisaison wird auch die große Forelle aus ihrem Versteck gelockt. Meistens natürlich nicht mitten in die Strömung, denn dazu ist sie noch nicht ausreichend in Form. Sie steht am Rande oder am Ende der schnellen Passagen. Für diese Gelegenheit seien zwei klassische, ja berühmte Fliegen vorgestellt. Die eine, „Hasenohr", engl. Gold Ribbed Hares Ear und ... Hares Ear wird in den Katalogen als sogenannte Phantasiefliege geführt. Sie wirkt sehr anziehend auf Forellen. Man serviert sie als eine der ersten zu Anfang der Saison, dann, wenn am Wasser die Mittlere und die Große (grau) olivgrüne Baëtis schwärmt. Man kann diese Fliege die gesamte Saison über erfolgreich verwenden. Sie gehört selbst für solche Fliegenfischer zu den unentbehrlichen Fliegen, die sich sonst mit nur ein paar Fliegen die ganze Saison über begnügen. Sie werden geflügelt, aber auch ohne Flügel gebunden und trocken und naß gefischt.

Zur Zeit des großen Halford war Hares Ear die Ursache vieler Streitigkeiten und Diskussionen. Die Frage war: Was stellt sie eigentlich dar? Nun Hares Ear ist ein gutes Beispiel für eine Universal-Fliege, die den Forellen und Äschen die verschiedensten natürlichsten Insekten vorzaubert. Eigentlich hat sie in unseren Augen überhaupt keine Ähnlichkeit mit den Insekten, die über dem Wasser schwärmen. Sie ist in der Schlüpfperiode der Fliegen-Gattung Baëtis trotzdem eine der wirksamsten Fliegen. Vermutlich stellt Hares Ear in den Augen der Fische das Insekt Baëtis rhodani im Augenblick seiner Metamorphose dar, d. h. im Augenblick der letzten Häutung an der Wasseroberfläche, bevor die Nymphe zur Subimago (Dun) wird. Hares Ear ist weder Nymphe noch Dun. Sie ist die Silhouette eines im Gang befindlichen Prozesses. Sie war die erste bekannte Haarfliege, denn statt aus Federn, wird sie aus Haaren von der Spitze des Hasenohres gebunden.

Im Jahre 1900 lebte in England ein Mann namens R. S. Austin. Beruflich Tabakhändler, fertigte er nebenbei die unterschiedlichsten Fliegen an. Von Zeit zu Zeit sandte er sie zum Testen an den berühmten

G. E. M. Skues. Eines Tages befand sich darunter auch eine Fliege, die später mit „Tups“ bezeichnet wurde. Die Kreation dieser Fliege bedeutete den absoluten Höhepunkt von Austins Fliegenbindekunst. Die Tups kann man trocken, aber auch naß anwenden. Sie sollte die blaßblaue Eintagsfliege imitieren. Mit minimalen Korrekturen beim Binden läßt sich diese Fliege das ganze Jahr über erfolgreich als Imitation der verschiedenen Subimagines, Imagines und Nymphen verwenden. Ob in schnellen oder langsam fließenden Gewässern, sie ist gleichermaßen erfolgversprechend. Dicht unter der Wasseroberfläche angeboten, wird sie von den Fischen gern genommen, die sich in „bulging“ Position befinden. Dieses englische Wort kann man nicht sinngemäß mit einem Wort übersetzen. Wenn die Forelle eine Fliege im Nymphstadium im Augenblick ihrer Verwandlung (die letzte Häutung auf dem Weg zur Subimago zur halbfertigen Fliege nimmt, dann tut sie das so, daß sie die Wasseroberfläche nicht durchstößt. Sie saugt die Fliege geräuschlos ein. An der Stelle, wo sich das abspielt, ist die Wasseroberfläche nur ein bißchen gekräuselt, ausgebeult. Genau das nennen die Engländer „bulging“.

Für viele Flugangler stellt die Maifliegenzeit die hohe Zeit des Fliegenfischens dar. Von Mai bis Juli ist es ratsam, zwei Nachahmungen der Großen Maifliege (Ephemera danica) bei sich zu haben. Die Hauptschlüpfzeit dieser bekannten Eintagsfliege liegt je nach Gewässer zwischen Mittag und Frühnachmittag bis etwa 15 Uhr. Dann bewährt sich die Verwendung der Subimago. Mehrere Tage danach, wenn nach der Begattung und Eiablage tote Maifliegen dahintreiben, ist es Zeit, die Spents (abgestorbene Eintagsfliege) einzusetzen. Es ist oft ein Geduldspiel, auf das Erscheinen der Maifliege zu warten, denn das hängt sehr stark von der Witterung ab. Der Zeitraum, in dem diese Eintagsfliege vorkommt, ist darüber hinaus oft sehr kurz. Und in so großer Zahl, wie der Fischer es erwartet, erscheint sie meistens nicht. Zudem dauert es oft ein paar Tage, bis sich die Forellen auf die großen Happen eingestellt haben. Gute Nachahmungen sind: Panama und Cahill (bitte die modernen Muster auf der Farbtafel I beachten). Die kleineren Arten der Eintagsfliegen der Gattungen Baëtis, Ephemerella und Caenis haben für den Fliegenfischer größere Bedeutung. Sie kommen häufiger vor und ihr Erscheinen erstreckt sich fast über die ganze Saison.

Die „kleinen Grauen“, wie sie von den Fliegenfischern wegen ihrer Färbung gern genannt werden, haben ihre Hauptschlüpfphase am frühen Nachmittag, meistens nicht später als 15 Uhr. Es ist gut, in der Schlüpfperiode die Nachahmungen der Subimagines parat zu halten. Am Abend erwecken die toten Männchen und eiablegenden Weibchen nicht selten auch das Interesse der kapitalen Fische. Diese machen sich allerdings nur durch ganz unauffällige Ringe bemerkbar. Eine in unseren Regionen wichtige Eintagsfliege der Gattung Ephemerella ist die blaugeflügelte olivfarbene Ignita. Die bewährte Nachahmung der Imago von Ephemerella ignita ist der Sherry Spinner nach Devaux. Diese Fliege ahmt auch die meisten Baëtis Imagines nach. Ein eiablegendes Weibchen wird gut durch die Tups imitiert, die einen etwas dicklichen, wolligen Körper hat. Eine gute Möglichkeit ist die Erpelfliege. Sie ahmt eine in den Oberflächenfilm eingesunkene Eintagsfliege (Imago) nach (full spent). Bei leichtem Wind, das kommt häufig vor, ist die Half Spent (Solohow) sehr gut. Schwimmfähige Hecheln halten sie, für den Fischer gut sichtbar, an der Wasseroberfläche, während die Erpelbürzelhecheln in den Oberflächenfilm einsinken.

Im Sommer, wenn tagsüber die Landinsekten die Szenerie beherrschen, sind gute naturgetreue Nachahmungen der Ameisen und Käfer empfehlenswert. An manchen schwülen Tagen schmecken den Fischen diese geflügelten Landinsekten so gut, daß sie sich für andere Insekten kaum noch interessieren. Die Käfer (Coleoptera) sind mit sehr lebhaften Farben gezeichnet. Die Red Tag und die Hexe lassen sich dann an Wirksamkeit kaum überbieten.

Die Köcherfliegen sind Insekten des Abends. Die „Sedge", wie die Köcherfliege in der Sprache der Fliegenfischer heißt, ist abends und nachts (!) kaum wegzudenken. Man kann sie schon am späten Nachmittag verwenden, selbst wenn keine Köcherfliegen am Wasser sind. Wer mit kleineren Mustern in Ufernähe ruhigere Stellen abtastet, kommt zu überraschend guten Ergebnissen. Eine bewährte Methode ist oft das leichte Dreggen. Selbst große Äschen sind in der Dämmerung nicht mehr so vorfachscheu (Vorfachspitze verwenden) und nehmen mit Vorliebe die hellgraue oder silberne Sedge. Im Spätsommer und im Herbst sind es abends noch immer die Köcherfliegen, die auf der Speisekarte der Fische stehen. Am späten Nachmittag und in der Dämmerung gehen hier die kleineren und bei Einbruch der Dunkelheit die größeren Sedge-Muster, welche auch zu nächtlicher Stunde auf Großforellen sehr erfolgreich sind.

Im Herbst sind es tagsüber die kleinen Eintagsfliegen, die ein Fliegenfischer beachten sollte. Das Fischen auf Äschen am frühen Nachmittag führt nur dann zum Erfolg, wenn ein paar kleinere Muster bereitgehalten werden. Es gibt wenige Fliegen, die beim Äschenfischen im Herbst so viele Fische brachten wie die graue La loue oder die Moskito.

Über sog. moderne Muster ein Urteil abzugeben, ist eine recht undankbare Aufgabe. Es werden immer mehr Erkenntnisse gesammelt über die Einsatzmöglichkeiten der Keel, Parakeel, Parachute und No Hackle, letztere ist schon fast ein Jahrzehnt bei uns bekannt, in den Fachzeitschriften beschrieben. Ständig gibt es neue bindetechnische Möglichkeiten, die immer wieder Freude und Erfolg bieten. Um diese Novitäten unterzubringen, braucht der Fischer aber mehr als eine Fliegenschachtel. Das tagtägliche Angebot für Testversuche wirkt schließlich verwirrend, und das hauptsächlich auf unsere neuen Freunde oder solche, die für ihr schönes Hobby nur wenig Zeit haben ... Jedem Fliegenfischer ist aber trotz der Anzahl verschiedenster Muster zu raten, einen Bindestock bei sich zu führen. Es ist meist viel sinnvoller, auf der Basis seiner durch genaue Beobachtung just erworbenen Kenntnisse eine Nachahmung des im Augenblick von den Fischen bevorzugten Insektes anzufertigen. Dies erweist sich als erheblich einfacher als unter vielen Fliegen aus der prallvollen Fliegenschachtel die richtige Fliege herauszufinden.

Einige der ersten nennenswerten modernen Muster, die von den Amerikanern übernommen wurden, sind die No Hackle Flies (No Hackle – keine Hecheln). Die äußeren Merkmale einer No Hackle sind ein V-förmig eingebundener Schwanz, Dubbingkörper aus Seehundunterwolle und die Flügel. Tatsächlich sieht so eine Fliege einem natürlichen Insekt viel ähnlicher als eine Fliege, die durch dichtgebundenen Hechelkranz zwar gut schwimmt, aber vom Erscheinungsbild eines natürlichen Insektes weit entfernt ist. No Hackles liegen durch den V-förmigen Schwanz ausgezeichnet im Wasserobenflächenfilm.

Es gibt Tage im Jahr, an denen es die Forellen mit der Genauigkeit der Nachahmung offenbar nicht so genau nehmen. Dann kann praktisch jede Fliege fängig sein. Wenn aber die Hochselektivität bei den Fischen einsetzt, sind nicht nur die Größe, die Farbe und die gute Schwimmfähigkeit wichtig, sondern die Art, wie die Fliege auf die Wasseroberfläche gelangt und vor allen Dingen wie sie schwimmt. Ganz abgesehen davon, daß die Fische in erster Linie wahrscheinlich hauptsächlich den Körper beachten. Wer die Trockenfliege, umgeben von natürlichen Insekten, auf dem Wasser abtreiben läßt, kann sie selbst bis auf 20–30 m ohne Schwierigkeiten wegen ihrer Auffälligkeit von den echten Insekten sehr wohl unterscheiden. Daß die Forelle, in unmittelbarer Nähe unter der Wasseroberfläche lauernd, kaum 1 m von der Fliege entfernt, diesen Unterschied sofort merkt, ist doch klar. No Hackles können unter Umständen zu überraschenden Ergebnissen führen, wenn die Fische hochselektiv sind, weil No Hackles in einigen Punkten den traditionellen Standardmustern überlegen sind. Nur noch mit diesen Fliegen zu fischen, das wäre allerdings auch Unsinn. Deshalb seien hier nur zwei ausgesuchte No Hackles auf der Farbtafel I gezeigt. Es gibt zwei Dinge, die bei No

Hackles zu beachten sind. Sie sind komplizierter zu binden, und sie werden relativ schnell „naß“, d. h. sie gehen unter.

Die Idee, den „störenden“ Haken für den Fisch nicht so deutlich erkennbar zu machen, ist so alt wie das Trockenfliegenfischen selbst. Durch die Keel-Stellung von Trockenfliegenhaken ist es tatsächlich gelungen, den Hakenbogen vor dem Fisch zu verbergen.

Wieder war es ein Amerikaner, der mit Spezialhaken die Keel-Bindeweise aus der Taufe gehoben hat.

Der Verfasser benutzt eigentlich nur zwei Muster: Red Quill Keel im Spätsommer und Herbst, Light Chill Keel ohne einen bestimmten Anwendungszeitpunkt. Aus einer Kombination zwischen Keel-Parachute entstand ein neuer Trockenfliegentyp – Parakeel. Einige deutsche Bindespezialisten sind zu unterschiedlichen Testergebnissen gekommen. Eine eindeutige Überlegenheit den klassischen Mustern gegenüber ist nicht festzustellen. Vielleicht werden weitere bindetechnische Versuche und praktische Tests deutlichere Ergebnisse bringen. Parakeels, die lediglich von der Oberflächenspannung getragen werden, kann man als absolut „trockene“ Trockenfliegen bezeichnen. Der günstigste Augenblick der Verwendung der Parakeels hängt deshalb von der Aktivität der Fische in Zusammenhang mit den Vorgängen unter oder auf dem Wasserspiegel ab. Wenn abflugbereite Duns (Subimagines) die Aufmerksamkeit der Fische auf sich ziehen, sind richtig gebundene Parakeels den konventionellen Mustern überlegen. Ein Nachteil bei den Parakeels ist vor allem die Fehlbißanfälligkeit. Je kleiner und leichter gebunden, desto höher schwimmt diese Fliege. Es ist dennoch anzunehmen, daß sich die Parakeels bewähren werden, ohne die herkömmlichen Typen zu verdrängen.

Ich fische auf Forellen mit einer ziemlich steifen 7′ (ca. 2,15 m) Graphite-Rute Salohow von Hardy. Sie hat Zigarrengriff und trägt eine 3 – 5DT – oder WF. Diese Gerte weist semiparabolische Aktion auf, ist ziemlich steif und schnell und im Drill äußerst robust, auch bei sehr großen Forellen. Man drillt allerdings nicht frei aus dem Griff, sondern bockt den Griff auf den Oberschenkel des rechten Beines und hält die Rute mit Daumen, Zeige- und Mittelfinger unterhalb des ersten Ringes, um einen direkten Kontakt zum Gerät herzustellen. Durch diese Haltung ist der Widerstand (Härte, Biegung) der Rute manipulierbar. Diejenigen, die aus dem Griff heraus und mit einem wackeligen Handgelenk drillen, können kaum einen schnellen robusten Drill durchführen. Das lange Hin und Her und das „Spielen“ mit dem Fisch ist nicht gerade ein Fairneßzeichen. Die Spannung unmittelbar vor dem Drill, „nimmt sie, nimmt sie nicht“, und die Art, wie sie das dann tut, sind doch viel aufregender als bloßes Drillen.

Der Wurf ist ein nicht ganz flacher Seitwärtswurf. Bei kurzen Distanzen benutzt der Fischer hierfür das Handgelenk, bei mittleren Entfernungen setzt er das Handegelenk und den Unterarm aus dem Ellbogen heraus ein und beim Weitwurf beteiligt er auch den Oberarm aus dem Schultergelenk heraus, dafür aber weniger den Unterarm. Der Seitwärtswurf hat gegenüber dem Überkopfwurf einige Vorteile. Einer davon: Die in der Schulterhöhe seitlich (horizontal) über die Wasseroberfläche geführte Schnur ist gegen Windstöße weniger anfällig. Beim Waten kann der Fisch eine hochgeführte Schnur und die lange Gerte leichter erkennen. Häufig wird bei langen Ruten eine zu schwere Schnur benutzt, die oft sehr unsanft auf die Wasseroberfläche klatscht.

Übrigens: Das Trocknen der Fliege mit einer langen Rute ist sehr problematisch, denn sie gibt immer nach. Das Trockenhalten der Fliege ist auch ohne Fett und ohne Spray möglich. Beim Anbiß ist es mit einer langen Rute wesentlich schwieriger, wirkungsvoll zu kontern, als mit einer kurzen, schnellen Rute. Viele Fliegenfischer wundern sich, daß sie sehr oft einen Knoten im Vorfach haben. Der Grund ist leicht einsehbar: Wenn die Schnur bei längeren Distanzen etwas nach hinten fällt, ist das Berühren der Fliege mit der Schnur, die unmittelbar vor dem Vorwärtsschwung stehenbleibt, oft nicht zu vermeiden. Bei seitwärts geführter Schnur kommt das dagegen kaum vor. Und noch etwas: Es ist viel leichter, die Schnur seitlich vom Körper aus dem Wasser zu ziehen, ohne daß das Vorfach oder die Schnur mit der Rutenspitze in Berührung kommen. Dabei ist es eigentlich ganz gleichgültig, ob die Rute mit Daumen oder mit Zeigefinger geführt wird.

Ein gut geformter Zigarrengriff ist deshalb den anderen Formen vorzuziehen, weil der Fischer beides, Daumen- und Zeigefingergriff anwenden (Abb. 50) kann. Viele raten dazu, ohne Einsatz des Handgelenks

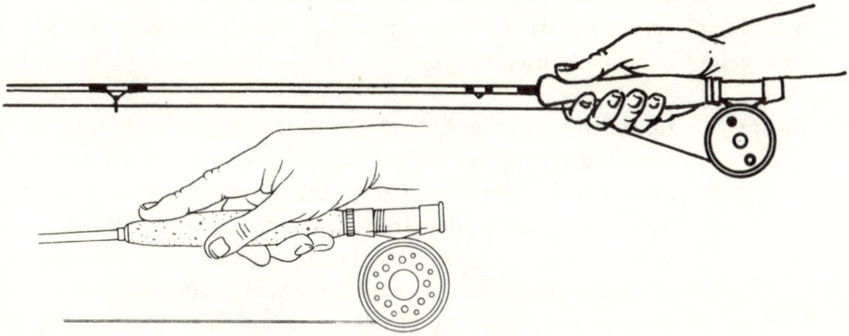

Abb. 50. Die Daumen- und Zeigefingerhaltung beim Werfen mit der Fliegenrute

zu werfen. Doch überwiegend sind Flugangler heute der Anischt, daß ein guter Wurf ohne Handgelenk gar nicht ausgeführt werden kann. Die kurzen Krafteinsätze des Handgelenks beschleunigen beim Rückwurf die Schnur. Sicherlich kann man mit steifem Handgelenk ebenfalls weit werfen, aber bis die Schnur plaziert ist, dauert es wesentlich länger, denn die Bewegung des ganzen Arms ist relativ langsam. Daher hat die Schnur keine Geschwindigkeit, und wer dann nicht ganz vorsichtig und stufenweise die Schnur von der Rolle gibt, verfällt ins „Wedeln", bei dem die Schnur nach hinten oder unten fällt. Mindestens so wichtig wie das Handgelenk ist die Schnurhand. Hier macht mancher Fliegenfischer vermeidbare Fehler. Er hält die Schnur nur fest, ohne dabei einen Gegenzug zu erzeugen. Andere wiederum setzen sie zwar ein, aber meistens zu früh und zu tief nach unten.

Zum Äschenfischen benutzt der Verfasser daher eine 7½′ (ca. 2,30 m) Graphite-Rute mit semiparabolischer Aktion. Sie ist im letzten Drittel im Gegensatz zur 7′ (ca. 2,15 m) etwas weicher. Die 7′ (ca. 2,15 m) dient ausschließlich zum Forellenfischen. Meistens wird auf Äschen mit einem 0,12 oder 0,14 mm Vorfach gefischt. In der Strömung oder beim Stromabfischen ist beim Äschenfischen mit einer zu steifen Rute die Bruchanfälligkeit der sehr dünnen Vorfachspitze extrem hoch. Die Vorfächer sollten deshalb nur spärlich geknotet und nicht länger als 180 cm sein. Hier einige Regeln: Nach dem Fischen, wenn die Fliege schon entfernt ist, sollte der Angler das Vorfach noch einmal stromab treiben lassen, bevor es auf die Rolle kommt. Nach dem langen Drillen schwerer Fische und dem unvermeidlichen Verdrehen des Vorfachs reicht es nicht aus, nur den Knoten zu überprüfen. Er sollte wie oben behandelt oder durch den Gummi-Vorfachstrecker gezogen werden. Beim Einhängen der Fliege in die Fliegenöse darf das Vorfach auf keinen Fall gespannt werden, da es sich sonst an seinem dünnsten, empfindlichsten Teil ringelt. Es ist manchmal ratsamer, statt der Fliege das zu dicke und nicht gestreckte oder geringelte Vorfach auszuwechseln.

Beispiel 1: Inspizieren einzelne Äschen nach mehreren guten Präsentationen die angebotenen Fliegen kritisch, ohne sie zu nehmen, ist entweder die Vorfachspitze erkennbar oder das angebotene Muster stimmt von der Größe her nicht. Es empfiehlt sich, das gleiche Muster in kleinerer Ausführung an einer tadellosen, vielleicht dünneren Vorfachspitze anzubringen. Es kommt seltener vor, daß das gleiche, aber größere Muster Erfolg bringt.

Beispiel 2: Sind mehrere Äschen nach einer tadellosen Präsentation absolut nicht ansprechbar, verlassen aber ihren Standort nicht, ist ein Fliegenwechsel kaum vermeidbar. Mit nachlassender Schwimmfähigket der Fliege läßt auch das Interesse der Äschen nach. Oft ist das sogar die einzige Ursache von Mißerfolgen. Das Fetten, Quetschen und Behandeln mit Spray ist nicht das richtige. Steigen mehrere Äschen hintereinander in der Reihe, ist es beim Stromabfischen am besten, den ersten Fisch anzuvisieren. Zeigt dieser keine Reaktion, bedeutet das nicht, daß der nächste ebensowenig Interesse an der Fliege haben muß. Zu frühes und unsanftes Schnurabheben nach dem erfolglosen Versuch beim ersten Fisch wirkt sich negativ auf die Bereitwilligkeit der anderen Fische aus, die Fliege zu nehmen. Es ist ein Fehler, gleich am Anfang der Steigeperiode alle Möglichkeiten voll ausschöpfen zu wollen. Die Äsche prüft zuerst das Angebot an Naturinsekten gründlich. Wenn sie sich dann im Verlauf der Steigeperiode darauf eingestellt hat, nimmt sie die Fliege automatisch. Große Äschen brauchen eine bestimmte Anlaufzeit, bis sie intensiv steigen. Es sind vorwiegend die kleineren, die von Anfang an innerhalb einer Steigeperiode voll „hinlangen".

In einem Gewässer, in dem Regenbogenforellen und Äschen gleichermaßen vorkommen, können sehr oft große Äschen inmitten vieler Regenbogenforellen überlistet werden. Stromauffischen auf Äschen hat sich indes selten bewährt.

Die Forelle ist nicht so vorfachempfindlich wie die Äsche. Auch mit dem Fliegenwechsel darf man sich nicht zu sehr überstürzen. Häufig lehnt eine Forelle die Fliege ab und die andere, nur ein paar Meter weiter, nimmt sie ohne Bedenken. Andererseits reagiert die Forelle auf Bewegungen am Ufer oder im Wasser mit sofortiger Flucht. Im Gegensatz zum Äschenfischen pirscht sich der Forellenfischer gern von hinten an und überwirft den Fisch halbrechts oder halblinks stromauf. Oft scheint sich die Forelle zu verrechnen, denn nachdem sie sich stromab gedreht hat, eilt sie durch den geringeren Wasserwiderstand zu schnell hinter der Fliege her und nimmt sie voll. Es sieht so aus, als ob die Forelle beim Stromauffischen auf das Dreggen, wenn die Fliege also mit der Strömung furcht, positiver reagiert als beim Stromabfischen und Dreggen der Fliege gegen die Strömung.

In der Praxis als Instrukteur der Hardy-Fliegenfischerschule hat der Autor stets aus praxisnaher Situation heraus versucht, die werferischen Fähigkeiten seiner Schüler zu steigern. Sich auf eine einzige Wurftechnik

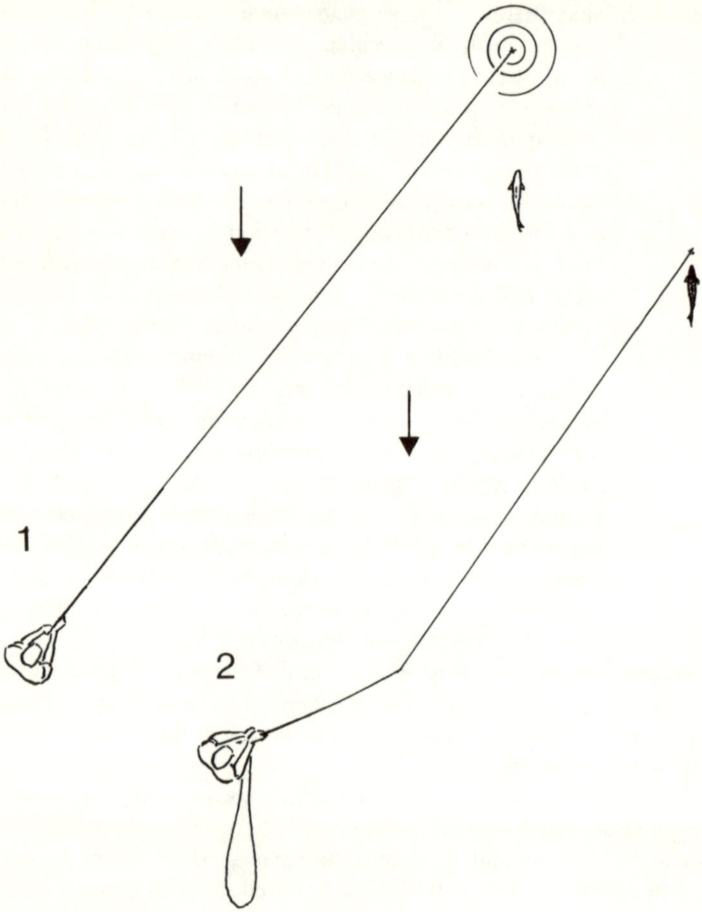

Abb. 51. Das Anbieten der Trockenfliege schräg stromauf

zu versteifen, ist falsch. Es soll hier weder der englischen noch der amerikanischen oder sonst einer bestimmten Schule der Vorzug gegeben werden. Oft vermischen sich bei einem guten Werfer die Elemente verschiedener Stilrichtungen miteinander. Es wäre falsch, jemandem stur und hartnäckig nur eine bestimmte Wurftechnik als die einzig wahre beizubringen. Wie auch sonst im Leben oder bei anderen Sportarten soll die Individualität und das Bedürfnis zur eigenen Kreativität unangetastet bleiben. Wirft ein Fliegenfischer zum Beispiel sehr viel aus dem Handge-

arbtafel I
rockenfliegen nach Solohow: *1. Reihe:* Baëtis Olivgrüne, Sherry Spinner Spent, Sherry pinner, Hasenohr. – *2. Reihe:* Light Cahill, Bibio Marci (Schwarzdornfliege), Red Tag, anama. – *3. Reihe:* Hexe, Light Cahill, Kleine Graue, Para Keel (*Baëtis scambus fem.*). – . *Reihe:* Tups, Grey Silver Sedge, Half Spent Solohow, No Hackle Dun. – *5. Reihe:* andem-Streamer nach Steinfort

Farbtafel II

Naßfliegen nach Dr. Voljč: *1. Reihe:* Märzbraune, Hasenohr, Royal Coachman, Pet Ross. – *2. Reihe:* Hardy's Favourite, Snipe & Orange, Snipe & Purple, Greenwell Glory. – Nymphen nach de la Porte: *3. Reihe:* Palaretta, Hasenohr, BWO, Pheasant Ta (Fasanenschwanz-Nymphe). – *4. Reihe:* Sedge Emerger, Diptera, Märzbraune, Arthofer. *5. Reihe Mitte:* Steinfliegen-Larve (Perla). – Naßfliegen und Nymphen nach B. Wigan *5. Reihe links:* Dick Walker-Nymphe, *rechts:* Sawyer-Nymphe. – *6. Reihe:* Ventilgumm Köcherfliege, Rotspinner, Major Kite's Imperial, Eric's Beetle

Farbtafel III

Streamer nach N. Eipeltauer: *1. Reihe:* Leslie Lure, Taupo Tiger. – *2. Reihe:* Golden Demon, Mallard & Yellow. – *3. Reihe:* Professor, Polystickle. – *4. Reihe:* Grey Ghost, Muddler Minnow. – *5. Reihe:* Matuka, Fuzzy Wuzzy

Farbtafel IV
Lachsfliegen nach Brehmer: *1. Reihe:* Jock Scott (traditionell), Stoats Tail. – *2. Reihe:* Silve Blue, Thunder & Lightning. – *3. Reihe:* General Practitioner, Stoats Tail (tube fly). – *4. Reihe:* Shrimp Fly, Hairy Mary

lenk heraus, und beansprucht es ein anderer dagegen nur ein wenig, kann das aufgrund seiner körperlichen Voraussetzungen oder Konstitution völlig normal sein. Man sollte eben das Beste daraus machen.

In den letzten Jahren vollzieht sich eine Wandlung auf dem Gebiet des Gerätebaus und damit zusammenhängend auch eine Änderung der Wurftechnik. Immer mehr neigt man zu den kurzen, schnellen Ruten mit absolut sportlichem Charakter. Gewiß kann hier auch übertrieben werden. Materialien wie Boron ermöglichen den Bau supersteifer ultraschneller Ruten. In jahrelagen Tests und beim Umgang mit den Geräten einiger Weltfirmen kamen wir zu folgenden Erkenntnissen: Die Rute zum Trockenfliegenfischen muß ohne Schwierigkeiten eine 3–6 DT oder WF werfen können. Sie sollte einen Zigarrengriff haben. Der Fischer muß diesen aber auch mit dem Zeigefinger ebenso gut wie mit dem Daumen führen können. Die Aktion soll semiparabolisch sein. Die Länge muß kaum 7½′ (ca. 2,30 m) überschreiten. Eine Rute dieser Länge kann mit Zugunterstützung mühelos Distanzen von 14–18 m bewältigen. Eine gute Gerte muß so sensibel sein, daß sie einen Anschlag (Anhieb) ermöglicht, ohne den Fisch zu verreißen. Ein schneller und druckvoller Drill muß trotz der Sensitivität der Rute gewährleistet sein. Bevor sich ein Fischer zum Kauf einer Fliegenrute entschließt, können ein paar Tips eines erfahrenen Fliegenfischers oder Instrukteurs wertvoll sein. Am besten ist es, gleich mehrere Gerten zu testen. So verschafft sich der Käufer Vergleichsmöglichkeiten und findet leichter das passende Gerät.

Nymphenfischen

Von G. E. M. Skues bis Ted Niemeier

Das Nymphenfischen in der heute praktizierten Form geht auf den Engländer G. E. M. Skues zurück, der an den Kreideflüssen Südenglands und später Europas mit großem Erfolg eine Technik entwickelte, auf der das gesamte Nymphenfischen bis in die heutige Zeit beruht. Obwohl Skues fast gleichzeitig mit dem legendären Trockenfliegenadvokaten Halford lebte, mußte sich seine Nymphentechnik doch schließlich ebenfalls durchsetzen, weil er und seine Anhänger immer wieder durch Erfolge belegen konnten, was damals schon ausgesprochen war und in alle Zukunft gelten wird: daß nämlich die Nymphe nicht nur fängiger ist beim Fischen auf kapitale Salmoniden, sondern regelmäßig auch dann noch Erfolg hat, wenn mit der Trockenfliege schon lange nichts mehr gefischt wird. Heute kennt jeder Fliegenfischer die Wahrheit, die in diesem Satz steckt, denn es ist nun einmal unstrittig, daß Großfische kaum noch steigen, um Oberflächennahrung aufzunehmen und sich viel lieber am Speiseplan orientieren, den Bodennähe, Mittel- und Oberwasser bieten.

Was ist eine Nymphe? Wo findet man sie und wann fängt sie? Und zu welchem Zeitpunkt schließlich erkennt der Fliegenfischer, wann er sie einsetzen muß? Diese Fragen erfordern gute Beobachtungsgabe und eine elementare Kenntnis der Insekten, ihrer verschiedenen Formen und Verhaltensweisen. Ich habe jahrelang ausschließlich mit der Trockenfliege gefischt und nichts für so reizvoll gehalten wie zuzuschauen, wie meine treibende Trockenfliege in einem gierigen Fischmaul verschwand. Doch bietet mir heute die Nymphenfischerei weitaus mehr. Sie fordert den Fischer noch mehr und verlangt Dinge, an die ein Trockenfliegenfischer selten gedacht hat. Sie versetzt ihn in eine Lage, aus der heraus er aufgrund der vielen notwendigen Beobachtungen ein Gewässer besser zu lesen vermag, Verhalten und Freßgewohnheiten besser erkennen kann und in der Köderauswahl noch gezielter vorgeht. Der Nymphenfischer ist sozusagen gezwungen, das gesame Leben im Wasser zu beobachten und zu deuten. Er kann es sich nicht leisten, nur auf die Ereignisse am Ufer und über der Wasseroberfläche zu achten.

Wie bereits im Kapitel „Entomologie" ausführlich angeführt, handelt es sich bei einer Nymphe um das aquatische Larvalstadium einer Fliege. Je nach Form, Größe und Farbe liefert sie das Vorbild für das künstliche Insekt und es gilt, das entsprechende Gegenstück mit allen wichtigen Kriterien verfänglich anzubieten. Doch nun zunächst zum Äußeren der Nymphe. Die Gegenüberstellung auf Abb. 52 zeigt, worauf es ankommt.

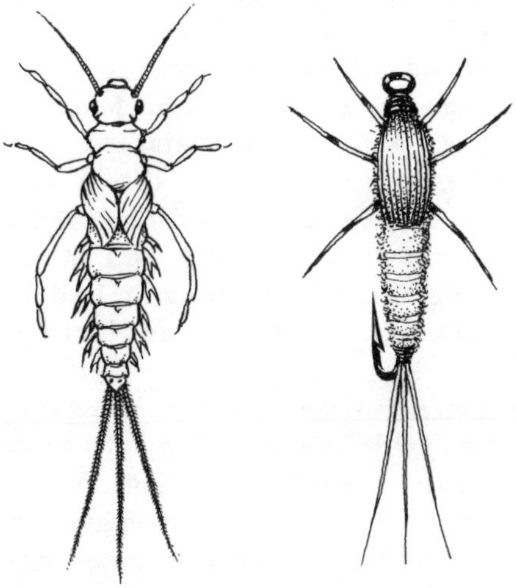

Abb. 52. Links: Natürliches Insekt; *rechts:* Künstliches Insekt

Typisch für die Nymphe ist zunächst die Torpedoform des Körpers. Er besteht aus dem vorderen Teil Kopf und Brust, darüber die Flügelscheiden und dem Hinterleib, der stark segmentiert ist und etwa ⅔ der Gesamtlänge ausmacht. Die wichtigen Extremitäten umfassen die drei Beinpaare und die Schwanzborsten. Diese Anordnung und Proportion der einzelnen Körperteile muß auch maßgebend für die Imitation sein, und tatsächlich lassen sich Nymphen hervorragend auf einem Fliegenhaken kopieren. Die Brust aus mehreren Lagen Kupferdraht gebunden, darüber die Flügelscheiden aus Fibern der Fasanen-Schwanzfeder, der Hinterleib sowie die Borsten ebenfalls aus Fasanenstoßfibern gebunden, und die weltberühmte, bis zum heutigen Tag unentbehrliche Fasanenschweifnymphe von G. E. M. Skues ist fertig. Sicherlich fehlen als Imitationsmerkmal die Beine, doch erscheinen sie entbehrlich, wenn die Nymphe als Aufsteiger angeboten wird (s. unten).

Seit Skues' Fasanenschweifnymphe hat die Nymphenbinderei eine enorme Entwicklung erlebt. Sie gipfelt in einer Periode der äußerst realistisch dargestellen Nymphe. Diese Form wird nicht von den traditionellen Schulen englischer Herkunft vertreten, sondern stammt aus den USA, wo schon in den letzten Jahren immer mehr Kreativität und die möglichst genaue Umsetzung von Beobachtetem das wesentliche Motiv der Fliegenbinder ist. Sicherlich kann man sich fragen, ob eine so peinlich genaue Imitation wirklich mehr fängt als ein Standardmuster, und auch die Frage nach dem Wert solcher, mit ihrerseits vielseitigen Material- und vor allem Zeitaufwand gebundener Nymphen darf nicht übersehen werden. Indes, die Antwort derer, die diese Binderichtung vertreten, wird einhellig bejahend sein, weil sich ihre Motivation von der nicht Fliegen bindender Fischer markant unterscheidet. Diesen Nymphenfischern in den USA, von denen Ted Niemeier wohl der bekannteste ist, kommt es nämlich nicht nur darauf an, daß gefangen wird, sondern in erster Linie darauf, wie der Erfolg zustande gekommen ist. Und bei der Frage nach dem Wie muß an der möglichst naturgetreuen Nachahmung festgehalten werden.

Der eigentliche Reiz liegt aber in einer Verkettung ethischer Werte. Das „Drumherum", nicht nur der eigentliche Fang oder gar der Drill, wird zur Herausforderung. Diese amerikanische Superfischerei setzt genaue Grundkenntnisse über das Gewässer und seine Insektenwelt voraus. Sie fordert, genauestens zu beobachten, das Beobachtete zu deuten und zu identifizieren, und auf eine exakte, nicht nur vage und eingrenzende Köderauswahl zu kommen. Und schließlich muß nach dem beobachteten Schlupfverhalten der Insekten einerseits und dem als Reaktion darauf erfolgenden Freßverhalten der Fische andererseits die richtige Anbietetechnik gewählt werden. Diese Art der Nymphenfischerei fehlerlos zu beherrschen und erfolgreich zu praktizieren, das verspricht wirklich Befriedigung, denn sie stellt unzweideutig die ausgereifteste, mit höchster Intelligenz betriebene Art des Fliegenfischens dar. Welcher erfahrene Fliegenfischer, der mehr als die Grundtechniken beherrschen will, kann dieser Herausforderung widerstehen?

Die Technik des Nymphenfischens

Zwingendes Erfordernis, ja die grundsätzliche Voraussetzung für das Fischen mit der Nymphe, einerlei ob in perfekter Manier der amerikanischen Spezialisten oder zum Hausgebrauch für eine Stunde nach Feierabend, ist die richtige Technik des Anbietens. Die beste Kopie kann nichts nützen, wenn sie nicht verfänglich genug vorgeführt wird, und vor die Bindekunst muß die Fähigkeit der Köderführung gestellt werden.

Die Anbietetechnik ist vielseitiger als beim Fischen mit der Trocken- oder Naßfliege. Beim Nymphenfischen wird grundsätzlich die Technik stromauf, wie die Skues propagiert hat, von der Technik stromab unterschieden.

Die stromauf angebotene Nymphe

Sie ist die kompliziertere der beiden Methoden und unterliegt starken Einschränkungen bzgl. der Gewässer. Der Beschreibung Skues folgend geht der Angler am Ufer stromauf und versucht, nymphende Fische auszumachen. Hat er einige entdeckt, die im Mittelwasser stehend aufsteigende Nymphen bis zur Oberfläche verfolgen oder in Grundnähe Nymphen jagen, wird eine entsprechende Kopie oberhalb des Fisches angeboten. Die mit der Strömung abtreibende Nymphe sinkt sodann ab, bis sie in der richtigen Wassertiefe das „Sichtfenster" des angeworfenen Fisches erreicht hat. Dabei muß der Fisch stets im Auge behalten werden, denn nur sein Verhalten zeigt, ob er die für den Angler nicht mehr sichtbare Nymphe nimmt. Packt er sie und macht er sogleich eine Kehrtwendung, um an seinen Ausgangspunkt zurückzukehren, muß angeschlagen werden. Sehr oft zeigen dabei Fische durch das blitzschnelle Abdrehen „Weiß", ein sicheres Zeichen um anzuschlagen.

Fließgeschwindigkeit und Wassertiefe machen dem Nymphenfischer bei dieser Technik zu schaffen. Sinkt die Fliege nicht ausreichend ab, muß sehr weit stromauf geworfen werden, um die Sinkphase zu verlängern, indem der Nymphe mehr Zeit zum Absinken gegeben wird. Das erfordert dann allerdings manchmal Würfe von über 20 und 25 m, womit auch der routinierte Werfer am Ende seiner Künste angelangt sein dürfte. Dies vor allem, wenn die Nymphe obendrein windfängig oder beschwert ist.

In vielen Fällen wird aber nur eine extreme Beschwerung mit Kupfer oder Bleidraht die gewünschte Sinkfähigkeit garantieren können. Dies führt aber nicht nur zu Kompromissen hinsichtlich der Wurfweite, sondern hat zusätzlich den Nachteil, der Nymphe Eigenaktion und damit Spiel zu nehmen. Ungeachtet dessen wird durch die Beschwerung ein konstantes Absinken die Folge sein mit der Wirkung, daß die Nymphe nur für eine wesentlich kürzere Zeit in der richtigen Wassertiefe das Sichtfeld des Fisches passiert. Durch ihr hohes Gewicht sinkt sie nämlich weiter ab als gewollt und kann im Kraut, an Geäst oder an Steinen hängenbleiben.

Eine weitere Schwierigkeit, für die es bis dato keine Lösung gibt, ist das Einholen der Schnur bei hoher Fließgeschwindigkeit. Beträgt sie mehr als etwa 0,2 m/sec., treibt die Schnur so schnell auf den Angler zu, daß er Mühe hat, sie einzuholen und gleichzeitig anschlagbereit zu sein.

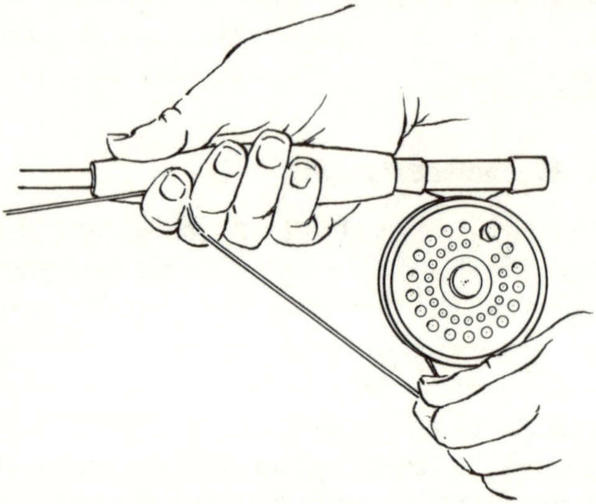

Abb. 53. Die Technik des Schnureinholens: Um stets anschlagbereit zu sein, wird die schon eingeholte Schnur immer durch Zeigefinger und Mittelfinger der Rutenhand geführt. Das garantiert die Kontrolle, wenn man mit der Schnurhand umgreifen muß

Der Hauptgrund aber, warum Skues Methode heute nur noch als eine Alternative zur Technik stromab bzw. schräg zur Strömung betrachtet wird, ist die Schwierigkeit, den Biß zu erkennen. Fischten Skues und seine Anhänger noch in unbelasteten, klaren Kreideflüssen mit mäßiger Fließgeschwindigkeit, dürfen wir Angler heute nicht wählerisch sein und müssen überall dort fischen, wo nur Gelegenheit dazu ist. Daß wir dabei nicht immer beste Wasserverhältnisse erwarten können, sondern in angetrübten und verschmutzten Gewässern sozusagen blind fischen müssen, macht die Sache sicherlich nicht leichter. So wird die Skues-Methode zunächst einmal insofern abgewandelt, als die Nymphe nicht auf Sicht, sondern an verheißungsvollen Stellen blind angeboten werden muß. Daraus folgt, daß der Biß nicht beobachtet werden kann und nur die Bewegung an der Fliegenschnur den Anbiß erkennen läßt. Inwieweit dabei die Turbulenz des Wassers oder etwa das Hängenbleiben einer treibenden Nymphe am Kraut oder ein zaghafter Biß Ursache für jenes „Rückchen“ an der Schnur ist, das richtig zu beurteilen, hängt weitgehend von der Fähigkeit und Routine des Anglers ab. Die Mehrzahl aller Nymphenfischer jedenfalls wird auch in Zukunft erhebliche Schwierigkeiten bei der Ausübung dieser

Technik haben, vor allem dann, wenn mit zunehmendem Alter die Sehkraft nachläßt.

Als Notbehelf kann man schwimmfähige Materialien oder eine stark gefettete Fliege an das dicke Ende des Vorfaches binden und hat somit eine Erkennungshilfe in Form eines Schwimmers.

Die stromab angebotene Nymphe

Weitaus populärer, einfacher und vor allem erfolgreicher ist das Präsentieren der Nymphe stromab. Da ein wesentlicher Teil dieser Technik darin besteht, die Nymphe selbsttätig fischen zu lassen, hat vor allem auch der Neuling eine echte Chance, „seinen“ Fisch zu fangen.

Hier die einzelnen Phasen dieser Methode:

Die Sinkphase In aller Regel wird die schwimmende Leine schräg stromab und, soweit möglich, bis an das gegenüberliegende Ufer geworfen. Um zu verhindern, daß die Nymphe zuviel Auftrieb erfährt und im Oberwasser verbleibt, legt man „Leerschnur“ gegen die Strömung (Line Mending, siehe auch im Kapitel „Der Fliegenwurf“, Seite 61, Abb. 38). Dadurch wird der Strömungsdruck auf die Schnur eliminiert, so daß die Nymphe ohne Auftrieb absinken kann. Während des Sinkens gibt man ständig Schnur nach, bis die Nymphe die gewünschte Wassertiefe erreicht hat. Dann beginnt die Driftphase.

Die Driftphase Das Treiben der Nymphe und ihr selbsttätiges Fischen wird durch Spannen der Schnur erreicht. Dabei hält man die Schnur mit der Schnurhand fest, führt sie aber zwischen Zeigefinger und Mittelfinger der Wurfhand, um während des Umgreifens anschlagbereit zu sein (Abb. 2). Die Rute sollte dabei etwa in einem Winkel von 90° zur Schnur gehalten werden.

Während der Driftphase wird die Schnur durch den Strömungsdruck in Richtung des eigenen Ufers gedrückt, bis sie unterhalb des Anglers angelangt ist.

Einholphase Der Nymphe wird durch Bewegung mit der Rute, etwa durch Heben und Senken oder durch Rucke mit der Rutenspitze, Leben verliehen. Ist sie erfolglos eingeholt worden, wird sie erneut ausgeworfen.

In der Sink- und Driftphase hat die Nymphe Imitationswert. Das heißt, daß sie während des Absinkens eine tote oder erschöpft dahintreibende Nymphe imitiert, während sie in der Driftphase eine aufsteigende oder durch die Strömung in Flußmitte abgetriebene Nymphe darstellt.

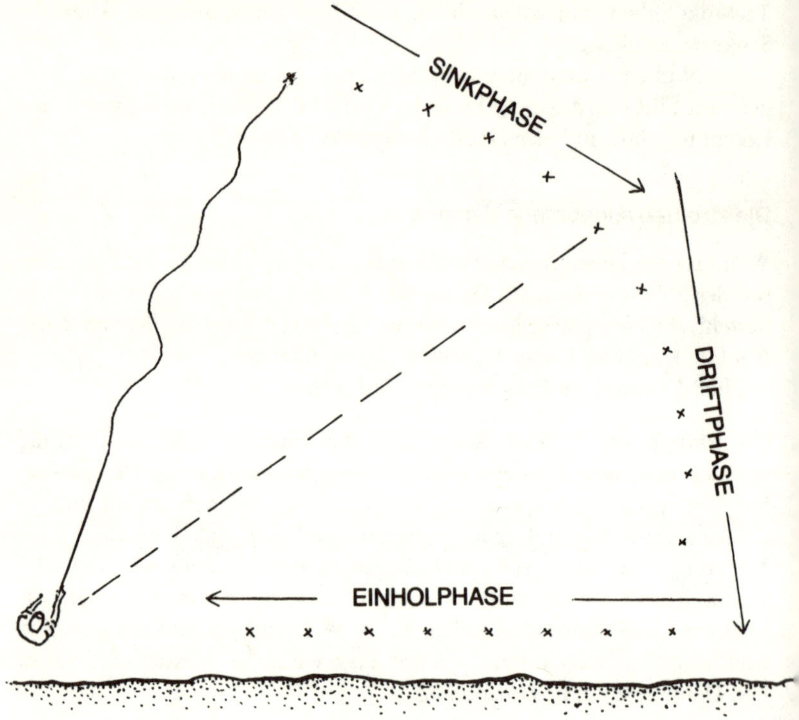

Abb. 54. Nymphenfischen stromab. Die Nymphe wird schräg stromab abgelegt und Schnur nachgeführt. Das ermöglicht das Absinken bis in die gewünschte Wassertiefe. Wird die Leine festgehalten, drückt die Strömung gegen die Schnur und treibt die Nymphe über die gesamte Flußbreite an das eigene Ufer (Driftphase). Dort holt man sie ein, indem man sie an Unterständen entlang führt (Einholphase)

Für die Bewegungen in der Einholphase gibt es kein vergleichbares Verhalten in der Natur. Die auf die Nymphe übertragenen Bewegungen können aber starke Reizwirkungen ausüben und damit zum Anbiß verleiten.

Eine äußerst erfolgreiche Spezialtechnik beim Fischen stromab ist die Imitation aufsteigender Nymphen durch den Leisenring-Lift. Der deutschstämmige Amerikaner James E. Leisenring war der erste Fliegenfischer, der die Bedeutung der zum Zweck des Schlupfes aufsteigenden Nymphen erkannte und dieses die Freßgewohnheiten bestimmende Verhalten der Fische nachzuahmen versuchte.

Man läßt die Nymphe bis auf den Gewässergrund absinken und senkt

Hecht und Barsch: zwei dankbare Objekte für den Streamer

Fliegenfischen mit der Nymphe

... eine gute Bachforelle, herrlich gezeichnet, nahm die Nymphe

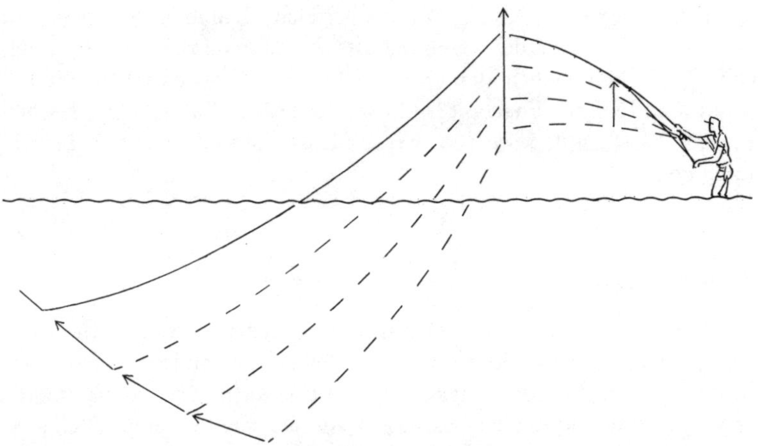

Abb. 55. Der Leisenring Lift. Um die aufsteigende Nymphe verfänglich anbieten zu können, läßt man sie vom Gewässergrund zur Oberfläche aufsteigen. Dabei wird die Rute hochgehoben, um Auftrieb zu erzeugen

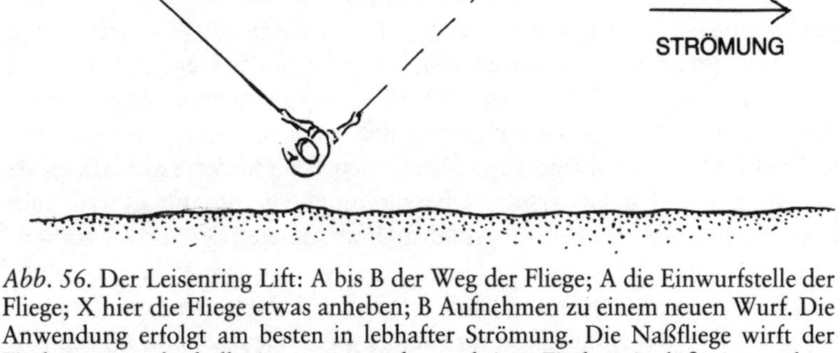

Abb. 56. Der Leisenring Lift: A bis B der Weg der Fliege; A die Einwurfstelle der Fliege; X hier die Fliege etwas anheben; B Aufnehmen zu einem neuen Wurf. Die Anwendung erfolgt am besten in lebhafter Strömung. Die Naßfliege wirft der Fischer etwas oberhalb eines ausgemachten, aktiven Fisches ein, läßt sie ungehindert auf ihn zutreiben und hebt (liftet) sie, kurz bevor sie ihn erreicht, mit einer kleinen Bewegung nach oben. Bleibt der Biß aus, läßt man die Fliege hinter den Fisch treiben und setzt dann zu einem neuen Wurf an

dabei die Rutenspitze bis zur Wasseroberfläche. Durch leichtes Anheben der Rute erfährt dann die Nymphe Auftrieb und steigt zur Wasseroberfläche. Reicht das Heben der Gerte nicht aus, wird zusätzlich mit der Schnurhand Schnur eingeholt (Abb. 55). Siehe auch Kapitel „Das Fischen mit der Naßfliege", Seite 108, wo der Leisenring-Lift ebenfalls Erwähnung findet.

Die Nymphenrute

Die typische Nymphenrute für alle Gelegenheiten gibt es nicht. Diese Ansicht mag zwar im Widerspruch zu vielen Lehrmeinungen und Ausführungen in der Literatur stehen, der Autor sieht aber keine andere Möglichkeit der optimalen Ausrüstung als die auf ein bestimmtes Gewässer und vor allem die Nymphentypen abgestimmte Rute.

An kleinen Gewässern wie Wiesenbächen und verwachsenen, aber bewatbaren Flüßchen kann die Nymphenrute englischer Tradition (klassische Länge 2,70 m, Schnurklasse 5) niemals befriedigen. Gerade verwachsene Gewässer erfordern eine wendige Rute, mit der man sich zwischen Büschen und Sträuchern bewegen und unter überhängenden Ästen hindurchwerfen kann. In solchen Situationen benötigt eine lange Rute viel zu viel Platz und ist daher unbrauchbar. Eine Rutenlänge von 2,00 m bis 2,25 m erscheint hingegen bestens geeignet.

Flüsse von 15 bis 20 m Breite grenzen die Rutenwahl nicht mehr so stark ein und gestatten mehr Länge. Man sollte jedoch berücksichtigen, ob watend gefischt werden kann oder nur vom Ufer aus (oder beides!), ferner, ob Böschung vorhanden ist oder andere Hinderenisse das Werfen erschweren. Schließlich spielt auch die erforderliche Wurfweite eine entscheidende Rolle. Eine gute Empfehlung für solche Gewässer ist in der Regel eine Rute mit 2,30 m bis 2,60 m Länge. Die kürzere gestattet noch das gelegentliche Watfischen, ohne daß man sich allzu schwer tut, während 2,60 m ideal sind zum Überwerfen von Hindernissen, für einen extrem hohen Rückwurf zur Überwindung von Böschung und zum Distanzfischen, da jetzt ein Übermaß an Bodenfreiheit der Schnur vorhanden ist.

An stehenden Gewässern und an großen Flüssen wie der Drau in Österreich sowie einigen Donauzuflüssen in Süddeutschland sei schließlich zu einer Gerte von 2,60 bis 2,75 geraten. Diese Länge empfiehlt sich allein schon aus der Notwendigkeit, möglichst große Wasserflächen abzufischen und verheißungsvolle Strömungskanten zu erreichen.

Gewässertyp	max. Tiefe	max. Breite	Hindernisse	Strömung	Hakengröße	beschwert	Rutenlänge	Aftma
Bäche, kleine Flüsse, bewatbar	1,5 m	8 m	Büsche, Geäst	mäßig	10–16	ja	1,80–2,10 m	5, 6, 7
						nein	1,80–2,10 m	4, 5
Kleine Flüsse, unbewatbar	2–3 m	15 m	Büsche, Geäst	mäßig	10–16	ja	2,20–2,60 m	5, 6
	2–3 m	15 m	Büsche, Geäst	schnell	8–16	ja	2,20–2,60 m	6, 7
mittlere Flüsse, unbewatbar	2–4 m	25 m	Büsche, Böschung	mäßig u. schnell	8–16	ja	2,40–2,70 m	6, 7
						nein	2,40–2,70 m	5, 6
Größere Flüsse, bewatbar	1–2 m+	30 m+	—	mäßig	8–16	ja	2,00–2,30 m	5, 6
				schnell	8–16	ja	2,00–2,30 m	6, 7
Größere Flüsse, unbewatbar	1–10 m	30 m+	Böschung, Büsche	mäßig	8–16	ja	2,60–2,80 m	6, 7
				mäßig	10–16	nein	2,60–2,80 m	5, 6
				schnell	8–16	ja	2,60–2,80 m	7, 8
Stehende Gewässer	1–2 m	—	Büsche, Böschung	—	10–16	nein	2,60–2,80 m	5, 6
						ja	2,60–2,80 m	6, 7
	3 m+		Büsche, Böschung		10–16	ja	2,60–2,80 m	6, 7, 8

Bei Verwendung von sinkenden Schnüren ist die jeweils schwerere der angegebenen Klassen zu empfehlen.

Die Schnur

Zu der Notwendigkeit, die Länge der Rute dem Charakter des befischten Gewässers anzupassen, kommt die Erfordernis der richtigen Schnurwahl. Gerade die Frage nach der Schnurklasse, also dem zur Rute passenden Gewicht der Schnur (Aftm-Klasse), hat zu heftigen Diskussionen bis in die heutige Zeit geführt. Der wichtigste Faktor bei der richtigen Auswahl kann nur das Gewicht und die Größe der Nymphe sein. Danach sind Wassertiefe und Strömungsgeschwindigkeit zu berücksichtigen. Es leuchtet ein, daß eine mit Blei stark beschwerte Nymphe der Hakengröße 10 nicht mit einer Schnur der Klasse 4 auf kurze Distanz geworfen werden kann. In solchen Fällen zieht die gewichtige Nymphe die leichte Schwimmschnur hinter sich her, statt sich von ihr tragen zu lassen. So muß dann paradoxerweise der Watfischer, der seine Nymphe in schnellem Wasser tief anbieten will, eher eine Schnur der Klasse 6 oder 7 fischen als eine der Klasse 4 und 5. Der Seenfischer hingegen kann die unbeschwerte Emergernypmhe ohne weiteres mit einer Schnur der Klasse 5 präsentieren, wird aber nicht umhin kommen, auf Klasse 7 umzurüsten, wenn er die Tiefe mit einer Sinkschnur abfischen will.

Rute und Schnur

Eine Aufstellung über Empfehlungen von Rute und Schnur geht aus der Tabelle auf S. 99 hervor.

Sicherlich werden die Anfänger der langen Nymphengerte stets das Argument des längeren Hebels bei Köderführung und Anhieb anführen. Letzteres ist allerdings unrichtig, weil eine kurze Rute immer schneller ist als eine lange. Sie kann daher nur Vorteile bringen, vorausgesetzt, daß nicht ein Überschuß an Leerschnur auf dem Wasser liegt und die Fliegenschnur erst einmal gestrafft werden muß, um den Anhieb durchzubringen.

Das Argument der Köderführung ist hingegen stichhaltig, doch muß schließlich die Nymphe erst einmal richtig angeboten werden, wobei die Länge der Rute nicht hinderlich sein darf. Beide Erfordernisse zugunsten der Köderführung zu umgehen, hieße sicherlich, das Pferd von hinten aufzuzäumen.

Nymphenmuster – eine kleine Auswahl für Neulinge und Fortgeschrittene

Traditionelle Muster (siehe Farbtafel Nr. II)

1. Pheasant Tail Nymphe (Fasanenschweifnymphe nach Skues)
   Ein Gruppenmuster, mit dem sich fast alle braunen Eintagsfliegennymphen kopieren lassen. Hakengrößen 8 bis 16, Fangzeit Mai bis Oktober.
2. Blue Winged Olive (die blaugeflügelte Olive), kurz: BWO.
   Überwiegend als Nachbildung der Ephemerella ignita angesehen, steht sie doch für alle olivfarbenen Nymphen. Ein unentbehrliches Gruppenmuster für die gesamte Saison. In den kleinen Größen im Winter auch auf Äschen zuverlässig. Hakengrößen 10 bis 18.
3. Hasenohrnymphe (Hares Ear), der Name kennzeichnet das verwendete Material zur Bildung des Dubbing-Körpers.
   Wie die BWO, jedoch das Gegenstück in grau-braun (blue dun). Zur Steigerung der Reizwirkung ist das Schwänzchen rot gefärbt.
4. Palaretta, Köcherfliegenimitation nach Ch. Ritz.
   Wahrscheinlich verdankt sie ihre Erfolge der Tatsache, daß sie als aufsteigende, köcherlose Sedge genommen wird. Hakengrößen 10 bis 16. Fangzeit: April bis Oktober. In Größe 18 auch im Winter auf Äschen geeignet.
5. Arthofernymphe. Nach dem Österreicher Arthofer benannt.
   Ein Gruppenmuster, das alles und nichts imitiert. Farblich sehr variabel und damit universell für die ganze Saison geeignet. Bevorzugt als Imitation großer Maifliegennymphen zu verwenden. Hakengrößen 6 bis 14. Fangzeit: März bis Oktober.
6. Märzbraune, als Kopie der Rhitrogena entwickelt.
   Sie gilt heute als die Frühjahrsnymphe schlechthin. Von den mittlerweile etwa 25 Variationen, die es im Handel gibt, hat kaum eine Ähnlichkeit mit dem Originalmuster. Dennoch, eine unentbehrliche Nymphe für den Saisonbeginn. Hakengrößen 10 bis 16. Fangzeit: März bis September.

Realistische Nymphen (Siehe Farbtafel Nr. II)

1. Steinfliege
   Diese Kopie bereitet beim Binden Freude. Je nach Vorhandensein der natürlichen Vorbilder sind die Farben zu variieren. Der Körper besteht aus Swannundaze, einem ovalen Kunststoffaden, der Schwanz aus

Grannen (Biots) der Gänsefeder; die Flügelscheiden wurden aus Hennenrückenfedern geformt und die Beine schließlich bestehen aus Fibern der Truthahnfeder, in die zur Nachahmung der Gelenke jeweils ein Knoten gemacht wird. Der Haken hat einen doppelten Schenkel (Draper Nymphenhaken). Größen: 8 bis 14. Fangzeit: Mai bis September.

2. Sedge (Aufsteigerform der Köcherfliege)
   Diese mit einem Körper aus Latex geformte, madenartige Nymphe stellt die verpuppte und schlupfreife Form dar. Die Flügelansätze werden aus Kielfedersegmenten gebunden, und für die Beine dienen Rebhuhnfedern. Zur Imitation des natürlichen Insekts wurde ein eigener Haken entwickelt, der Buckelhaken. Größen: 10 bis 14, Fangzeit: März bis November.
3. Diptera, die mückenhaften Zweiflügler
   Ein Geheimrezept, vor allem auf Äschen in der kälteren Jahreszeit. Diese Nymphe wird als schlupfreifer Aufsteiger im Oberflächenfilm angeboten. Hakengrößen 18 bis 22. Fangzeit: September bis März.

Fischen mit der Naßfliege

Und darum die Naßfliege...

Das Angeln mit der Naßfliege ist die älteste Methode des Fliegenfischens. Bis ins vorige Jahrhundert hinein wurde fast ausschließlich diese Fliege verwendet. Zudem war zu früheren Zeiten auch die Technologie noch nicht so weit fortgeschritten, solch kleine und dünndrähtige Haken zu fertigen, wie sie bei der Trockenfliege Verwendung finden. Die damaligen Fliegen waren im Vergleich zu heute groß und schwer. Dennoch fingen sie hervorragend, obwohl sie, aus heutiger Sicht, mit kümmerlichem Gerät geworfen wurden.

Es ist eigentlich recht seltsam, daß sich ein Teil der Fliegenfischerwelt, von der Naßfliege distanziert hat. Seitdem Halford die Theorie der Trockenfliege und die Bedeutung guter Imitationen hervorgehoben hat, ist die Naßfliege unbeliebt geworden. Man wirft ihr bisweilen vor, unsportlich zu sein, und manche Puristen versteigen sich zu der Behauptung, Naßfischen sei eine „Auf-gut-Glück-Methode". Damals jedenfalls, zu Halfords Zeiten, fischten seine Anhänger ausschließlich mit der Trockenfliege. Doch da trat plötzlich Skues mit seiner wissenschaftlich basierten Nymphe in das Licht der Fliegenfischerwelt und erweckte das Unterwasserfischen zu neuem Leben. Die exakte Imitation bleibt nicht länger auf die Oberfläche beschränkt (Trockenfliege), sondern erstreckt sich heute auf sämtliche Bereiche bis zum Grunde des Gewässers.

Wahrscheinlich paßt die klassische Naßfliege deshalb nicht in das Konzept vieler Fliegenfischer, weil sie sich nur selten mit einem natürlichen Vorbild vergleichen läßt. Dennoch fängt sie Fische, sehr viele sogar! In geübten Händen kann sie zur fängigsten Methode des Fliegenfischens werden. Wie läßt sich das erklären? Es ist ganz einfach der Beweis dafür, daß irgendetwas mit unserer Vorstellung von den Sinnempfindungen der Fische nicht stimmt, und daß unsere Theorien mehr der Welt außerhalb des Wassers angepaßt sind. In solchem Licht betrachtet, erscheint die strenge Einteilung mancher Fliegenfischer in die einzelnen Bereiche Trokken-, Naß- oder Nymphenfischen etwas naturfremd.

Was stellt die Naßfliege für den Fisch dar?

Ein geflügeltes Insekt unter Wasser, gibt es das überhaupt in der Natur? Ja, aber nur sehr wenige. Befruchtete Weibchen einiger Köcherfliegen legen ihre Eier am Boden der Flüsse ab, und einige Eintagsfliegen erscheinen für sehr kurze Zeit im geflügelten Zustand unterhalb der Oberfläche. Diese Tatsachen aber können die großen Erfolge der Naßfischerei bei weitem nicht erklären. Obwohl Fliegenfischer schon eine Menge über die Entomologie wissen und inzwischen auch schon für fast jedes Insekt eine künstliche Nachahmung entworfen haben, besitzen sie offenbar nur ungefähre Vorstellungen über die geflügelte oder ungeflügelte Naßfliege.

Um welches Wesen aber handelt es sich? Ist es ein Fischlein, eine Larve oder was sonst? Nehmen wir z. B. die berühmte Hardy's Favourite. Auf einen langschenkeligen 12er Haken gebunden, ließe sich fast schon von einem kleinen Streamer sprechen. Die gleiche Fliege, auf einen normalen Haken Nr. 16 gebunden und tief am Grund geführt, könnte den Fischen eine Köcherfliegenlarve oder aufsteigende Nymphe vortäuschen. Aber diese Vorstellungen entspringen doch eigentlich nur menschlicher Phantasie. Aus dieser Sicht erscheint die schon erwähnte Einteilung in verschiedene Bereiche eher dem „nachdenklichen Manne" angepaßt als dem natürlichen Empfinden der Fische. Um diesen Verdacht noch zu untermauern, ist auf einen großen amerikanischen Fliegenfischer hinzuweisen und zwar auf James E. Leisenring aus Pennsylvania. Er entwarf Kreationen, die sein Freund Vernon S. Hidy treffend als „Flymphs" bezeichnete, eine Vermischung also aus „Fly" und „Nymph". Unsterblich in den Annalen der Fliegenfischens aber wurde J. E. Leisenring durch die ganz spezielle Technik in der Führung seiner Naßfliegen, den berühmten „Leisenring-Lift" (siehe Abb. 56).

Die Anwendung erfolgt am besten in lebhafter Strömung. Die Naßfliege wirft der Fischer etwas oberhalb eines aktiven Fisches ein, läßt sie ungehindert auf ihn zutreiben und hebt (liftet) sie, kurz bevor sie ihn erreicht, mit einer kleinen Bewegung nach oben. Bleibt der Biß aus, läßt man die Fliege hinter den Fisch treiben und setzt zu einem neuen Wurf an.

Vermutlich täuschen Naßfliegen, wie z. B. die Peter Ross oder die Royal Coachman, überhaupt keine Lebewesen irgendwelcher Art vor, von den entfernt verwandten Lachsfliegen ganz zu schweigen. Indessen sind alle fängig. Es ist zu vermuten, daß der Fisch nicht nur etwas Freßbares in ihnen erkennt. Seine animalische Seele verfügt offenbar über Empfindungen, die wir als Neugier, Spieltrieb, Wut und letzten Endes auch als Erfahrung bezeichnen.

Ebenso ist es fraglich, ob eine durch unterschiedliche Strömungen und Lichtverhältnisse geführte Fliege für alle Fische das gleiche bedeutet. Nach neuesten Untersuchungen, die der Amerikaner Garry La Fontaine unter Wasser angestellt hat, ist klar geworden, daß die bisherigen Ansichten über das Verhalten der Insekten im Wasser in vielerlei Hinsicht falsch sind. Gerade beim Naßfischen ist manches, zum Glück, noch mit dem geheimnisvollen Nebel des Unwissens umwoben. In diesem Schleier wartet auch noch die Antwort auf die Frage, was der Fisch nun wirklich in der Naßfliege erkennt.

Historische und moderne Naßfliegen

Es gibt freilich noch alte Naßfliegenmuster, die noch heute bekannt und beliebt sind. Da sind z. B. die Namen wie Gold Ribbed Hares Ear, Snipe und Purple, Greenwell's Glory, die berühmte March Brown usw. Diese Muster stellen für jeden aufgeklärten zeitgenössischen Fliegenfischer einen Begriff dar wie eh und je. Schon die alten Muster waren in geflügelte und ungeflügelte unterteilt. Obwohl man sich nun heute eine Naßfliege meist geflügelt vorstellt, wußten die alten Meister schon damals alle Vorteile einer flügellosen Hechelfliege mit einem weichen, geschmeidigen Grannenkranz zu schätzen. Aber neben diesen sog. „Soft Hackle Flies", die gerade wieder ganz groß in Mode sind, gibt es auch steif geflügelte Typen, die wegen ihrer Konsistenz im Wasser kaum Eigenbewegung zeigen. Die heutigen Naßfliegen aber weisen einen eindeutigen Trend zu einem weichen, ja schon fast flaumigen Aufbau von Körper und Hechel auf. Die neueren Naßfliegen werden, seien sie beschwert gebunden oder nicht, den Nymphen immer ähnlicher, während das moderne Nymphen-Styling eine leichte Tendenz zur Naßfliege aufweist. Die einst streng gezogenen Grenzen scheinen zu zerfließen.

Wie sieht der Fisch die Naßfliege?

Das ist eine alte Frage, für deren Beantwortung theoretisch wie praktisch viel geleistet worden ist. Der Fisch kann trotz seiner Kurzsichtigkeit die Fliege aus geringer Entfernung sehr wohl erkennen und betrachten. Je weiter sie aber von ihm entfernt ist, desto verschwommener erscheint sie ihm. Aber aus Gewohnheit und Instinkt glaubt er in ihren Umrissen und Bewegungen sein natürliches Futter wiederzuerkennen. Fällt seine meist sekundenschnelle Beurteilung positiv aus, wird er sich beeilen, das vermeintliche Insekt zu erhaschen. Im Falle einer geschickt angebotenen Naßfliege tut er das auch fast immer. Natürlich spielen hier die verschiedensten Licht- und Strömungsverhältnisse eine entscheidende Rolle, die der „Nassen" Leben und Farbe verleihen. Auch der Fliegenfischer ist an ihrem Effekt maßgebend beteiligt. Denn nicht nur graue Theorie und bindetechnisches Können sind für den Erfolg ausschlaggebend, sondern auch die Gabe der Täuschung, ja, des Einfühlens in jene so nahegelegene und doch so unbekannte Welt unter Wasser.

Anbieten der Naßfliege und das Führen im stehenden und fließenden Gewässer

Die Naßfliege muß unmittelbar nach dem Einwerfen ins Wasser tauchen. Deswegen sollte der Wurf so ausgeführt werden, daß auch eine unbeschwerte Fliege sofort untergeht. Dies läßt sich erreichen, indem der Rückwurf streng bei 12 Uhr abgestoppt wird. Jetzt steigt die Leine hinter dem Werfer nach oben an. Den Vorschwung setzt der Werfer etwas schräg nach unten und schlägt die Fliege, ehe sich das Vorfach vollends gestreckt hat, mit einem kleinen Rückwärtsruck der Rute ins Wasser. Dieser Trick läßt sich sehr sanft und unverdächtig ausführen.

Die Naßfliege wird stromauf, querab oder stromab gefischt. Die Stromabfischerei ist besonders Anfängern zu empfehlen, denn die Strömung korrigiert fast alle Fehler beim Servieren, und so mancher Fisch tut dem Neuling den Gefallen, sich selbst zu haken. Aber ein Meister der Naßfliege fischt auch in diesem Fall äußerst subtil. Er wirft die Leine quer stromab zum anderen Ufer und läßt die Fliege ziemlich hoch zum eigenen Ufer gleiten, siehe Abb. 57. Dabei korrigiert er, falls nötig, die Leine (sog. „Mending the Line") durch Umlegen in der Strömung, damit er mit der Fliege in direkten Kontakt bleibt. Dabei werden die Bewegungen des Insekts so gut wie möglich imitiert, lediglich bei mäßiger Strömung wird die Fliege schon während des Abtreibens ruckweise eingeholt. Letzteres geschieht auch dann, wenn er die Fliege am eigenen Ufer entlangführt. Die Forellen stehen ja, wie bekannt, in unmittelbarer Ufernähe. So untersucht der Fischer den Fluß Meter für Meter, wenn die Fische keinerlei Aktivität

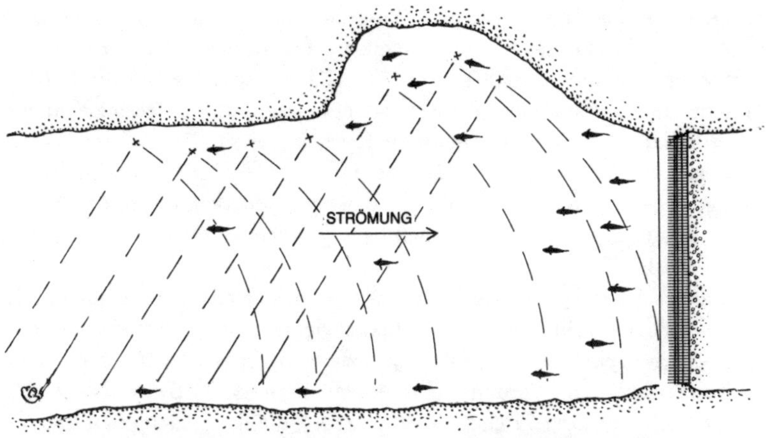

Abb. 57. Stromabfischen. Die Zeichnung verdeutlicht (gestrichelte Linien) wie der Angler mit der Naßfliege, Schritt für Schritt, auf großem Raum fast jeden Fisch erreichen kann. Verheißungsvolle Partien sind das jenseitige Ufer, ruhige Pools, beschleunigte Strömung vor einem Wehr oder Wasserfall, und das eigene Ufer, das mit ruckweisem Einholen der Fliege abgefischt wird. Am besten ist es, bei jedem schräg stromab gelegten Wurf einen Schritt stromab zu machen. Wenn die Fische aktiv sind, soll sich die Länge der Würfe den ausgemachten Fischen so anpassen, daß ihnen die Strömung die Fliege an der Nase vorbeiführt

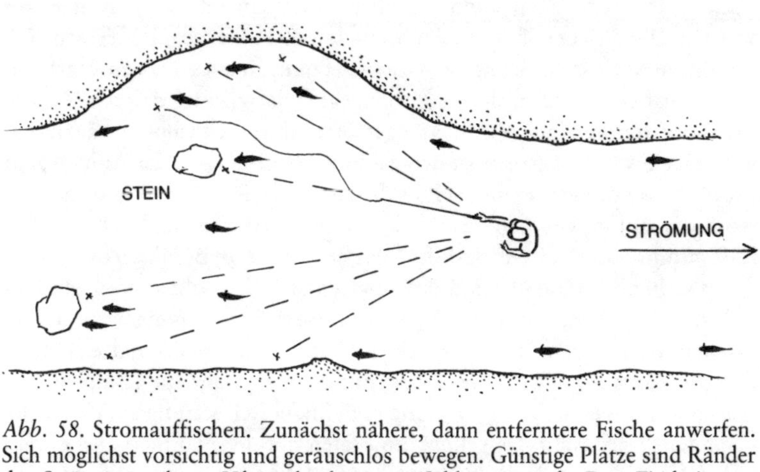

Abb. 58. Stromauffischen. Zunächst nähere, dann entferntere Fische anwerfen. Sich möglichst vorsichtig und geräuschlos bewegen. Günstige Plätze sind Ränder der Strömungen bzw. Uferausbuchtungen (Schlangenwurf). Den Fisch immer etwas schräg anwerfen, damit er die Leine nicht wahrnimmt.

zeigen. Im Fall guten Steigens hingegen sind seine Würfe auf ganz bestimmte Fische ausgerichtet, denn die Fische werden auch dann die Naßfliege nehmen, wenn sie auf Oberflächennahrung aus sind. Beim Fischen mit der Trockenfliege hat man es ja schon öfter erlebt, daß ein Biß erst dann kam, wenn der Angler die Fliege mit einem Ruck unter Wasser gezogen hat. Richtig gefischt muß die Naßfliege etwas oberhalb des ausgemachten Fisches ins Wasser tauchen. Um den Raubinstinkt des Fisches auszulösen, soll sie manchmal regelrecht durchs Wasser fliehen. Diese Technik will freilich gelernt sein.

Noch schwieriger ist das Fischen stromauf, siehe Abb. 58. Der Kontakt mit der Fliege ist hierbei nicht so direkt wie beim Stromabfischen, und es gehört schon ein bißchen Erfahrung dazu, beim Einholen der Schnur einen Biß zu registrieren. Während selbst ein fachmännischer Beobachter nichts merkt, schwippt der Fischersmann plötzlich die Rute nach oben und hat einen Fisch am Haken. Die Stromauffischerei mit der Naßfliege gehört zu den anspruchsvollsten Techniken des Flugfischens.

Die Würfe bei der Stromauffischerei sollten zunächst den näheren Bereich, erst später die weiter entfernten Zonen bestreichen. Der Flugangler, der im Nahbereich mehrere Fische gehakt hat, muß hier mit einer „Schreckenszone" rechnen und sie, nachdem er dort eine Art Panik ausgelöst hat, mit den folgenden Würfen überwerfen. Würde er mit einem weiten Wurf einen entfernten Fisch sofort haken, so wäre die Chance hernach geringer, denn die Warnsignale der Fische pflanzen sich stets flußabwärts fort. Man kann die Fliege auch ein wenig quer stromauf werfen. Der Fischer läßt sie dann auf seiner Höhe vorübertreiben und nimmt sie, sobald die Schnur zu ziehen beginnt, zu einem neuen Wurf auf. Hierbei ist die Strecke, die sie zurücklegt, relativ kurz, da weite Würfe nicht notwendig sind. Nur das ungestörte Abtreiben muß gewährleistet sein. Der Fischer spürt sofort den zaghaftesten Biß, und der Anhieb geht problemlos vor sich. Haben wir es dagegen mit einem schon ausgemachten Fisch zu tun, bei dem das Vorübertreibenlassen nichts fruchtet, dann hilft mitunter der Leisenring-Lift. Meistens schnappt der Fisch dann zu.

Im stehenden Wasser muß der Angler der Fliege selbst jenes Maß an Leben einhauchen, was im Fließgewässer sonst die Strömung besorgt. Das Fischen mit der Naßfliege in einem See oder Stausee bedeutet eigentlich ihre Renaissance. Denn die Trockenfliege verspricht hier, mit einigen Ausnahmen, wenig Erfolg. Der Angler befindet sich ständig auf der Suche nach dem Fisch, und das gelingt am besten mit der Naßfliege, sei es nun vom Ufer oder vom Boot aus. Seit jeher sind die Engländer ungeschlagene Meister dieser Kunst.

Für den Erfolg im stehenden Wasser ist es bedeutsam, wie tief die Naßfliege geführt wird, denn der Angler muß sich ja nach den Fischen richten. Sind sie oberflächenaktiv, so wählt er eine unbeschwerte Naßfliege. Stehen sie tiefer, greift er zu den beschwerten Mustern oder sinkenden Schnüren. Jede Fischart, ja, manchmal sogar jedes einzelne Gewässer, verlangt vom Angler spezielle Anpassung. Vielfach ist er auf eigene Erfahrungen angewiesen.

Sinn- und anspruchsvolles Fischen mit der Naßfliege erfordert ein hohes Maß an Können. Abgesehen vom simplen Stromabfischen ist die Naßfliegen-Technik oft schwieriger als das Angeln mit der Trockenfliege.

Das Gerät für die Naßfliegenfischerei

Die Rute fürs Naßfischen muß ziemlich lang sein. Denn korrektes Führen der Fliege auf einen weit entfernten Fisch ist mit kurzer Rute kaum möglich. Darum liegt hier die ideale Rutenlänge zwischen 2,40 m und 3,00 m.

Was die Fliegenschnüre betrifft, so reicht für hohe Fliegenführung eine Schwimmschnur aus. Sie ist auch für flache Gewässer zu empfehlen. Der gut ausgerüstete Flugangler hat für die Naßfischerei aber mindestens noch eine langsam- und eine schnellsinkende Schnur bei sich, die auf zwei zusätzliche Rollen gespult sind. Diese Schnüre finden dann Verwendung, wenn tiefe Pools oder der Gewässergrund abgefischt werden sollen.

Das Vorfach an der Schwimmschnur wird etwa 3 Meter lang sein, denn nur diese Länge gewährleistet ein lebendiges Spiel der Fliege unter Wasser. Für die tiefere Fischerei genügt ein 1,50 m langes Vorfach. Wäre es viel länger, würde die Strömung die Fliege in unerwünschte Höhe heben. Fischt der Angler an einem Gewässer mit sehr unterschiedlichen Tiefen- und Strömungsverhältnissen, so ist er mit seinem Gerät viel beschäftigter als der Trockenfliegenfischer, denn nur stete Anpassung an die jeweiligen Verhältnisse verspricht bei der Naßfliegenfischerei ein Maximum an Erfolg.

Einige bedeutsame Naßfliegenmuster

Beim Plaudern über künstliche Fliegen, speziell Naßfliegen, ist eine gewisse subjektive Einstellung nicht von der Hand zu weisen. Darum wollen wir uns hier hauptsächlich mit ein paar jener klassischen Berühmtheiten befassen, die schon wegen ihrer klangvollen Namen mit der großen Tradition der Naßfliegenfischerei unlöslich verbunden sind. An erster Stelle steht hier Greenwell's Glory. Was ihren Erfinder Greenwell angeht, könnte die Geschichte dieser Fliege auch die Greenwell-Story heißen. Sie ist ein eklatanter Beweis dafür, daß im Leben eines Menschen oftmals ein winziges Ereignis in bezug auf den angestrebten Erfolg bedeutsamer sein kann als die Mühe jahrelanger Arbeit. Mit der Kreation dieser Fliege, die es wie alle guten Muster, in trockener und nasser Ausführung gibt, wurde der Name Greenwell in Fliegenfischerkreisen weltberühmt.

In der Veteranenserie darf auch die gute alte Märzbraune (March Brown) nicht zu kurz kommen. Sie ist uralt und dennoch ewig jung. Kein noch so umwerfendes Ereignis in der Fliegenbinderwelt, kein einziges der über Tausenden von registrierten Fliegenmustern konnte ihrem Ruhm Abbruch tun. Was sie eigentlich imitieren soll, darüber streiten sich noch heute die Experten. Der Fischer verschließt vor diesem Hader am besten beide Ohren und gibt sich mit der Erkenntnis zufrieden, daß mit dieser Fliege ein vieltausendfach erprobtes Muster zur Verfügung steht.

Ein Beweis dafür, daß alles schon einmal dagewesen ist, sind die Yorkshire-Fliegen aus der Serie „Snipe and ...", zu deutsch: „Schnepfe und ...". Als Beispiel seien nur die Snipe and Purple und die Snipe and Orange erwähnt. Mit den Körperfarben kann übrigens der Fliegenbinder nach Belieben experimentieren. Diese Fliegenmuster sind schon sehr, sehr lange bekannt, obwohl ihre Konzeption nach den heutigen Gesichtspunkten als modern zu bezeichnen ist: weich und geschmeidig im Aufbau und in der Führung den neueren Nymphen- und Aufsteigertypen ähnlich. An kühlen, bedeckten und windigen Frühlings- und Herbsttagen sind die „Snipes" kaum zu schlagen. Wird es aber warm und sonnig, versagen sie meist. Leisenrings Fliegen waren ihnen sehr ähnlich. Nur gestaltete er ihren Körper dicker und flaumiger. Außerdem hielt er sich nicht allein an die Federn der Schnepfe, sondern wählte sorgfältig zwischen dem Gefieder noch vieler anderer Vögel aus.

Abschließend sei noch ein neuerer Naßfliegentyp erwähnt, der Aufsteiger, auf englisch: Emerger. Dieses Imitat soll die Zwischenstufe zwischen Larve und geflügeltem Insekt darstellen, und zwar zu jenem Zeitpunkt, da das Tier, vom Grund aufsteigend, im Begriff ist, die Wasserhaut zu durchstoßen. Der Vorgang bedarf oft einiger Anstrengung und braucht manchmal seine Zeit. Gar nicht selten sind die Fische auf nichts anderes aus als gerade auf eben diese Insekten.

Bemerkenswert ist nun, daß der natürliche wie künstliche Aufsteiger unter Wasser deutlich erkennbare Flügel trägt. Unentwickelte zwar, aber doch Flügel. Das gilt für Eintagsfliegen, Köcherfliegen und z. B. Zuckmükken. Bei all diesen Tierchen handelt es sich also um geflügelte Insekten innerhalb des Wassers. Wer will jetzt noch ernsthaft bezweifeln, daß ein großer Teil unserer klassischen Naßfliegen seine Aufgabe genauso gut erfüllt wie ein modern gebundener Emerger? Indes, der kluge Mann hält sich wohlweislich aus dem immer wieder neu aufbrandenden Expertenstreit heraus und denkt bei sich: Nichts Neues unter der Sonne.

Streamerfischen

Der Streamer stellt die Nachbildung eines Fischchens, eines größeren Wasserinsektes oder auch eines für die Fische in Frage kommenden anderen Nahrungstieres dar. Dadurch ist der Umfang des Imitationseffektes sehr weit ausgedehnt. Real gesehen läßt sich allerdings nicht behaupten, daß etwa das Muster Fuzzy-Wuzzy, das aus Neuseeland stammt, nun unbedingt ein Fischchen oder gar eine Wassermaus imitiert. Entscheidend ist es, daß ein Streamer im Wasser bewegt wird und mit Hilfe der Führung ein lebendes Nahrungstier vortäuscht.

Es lassen sich weiterhin unterscheiden: Nachbildungen von Nahrungstieren und Fantasiemuster. Hier gibt es viele Überschneidungen, und es bleibt dem Fisch überlassen, für was er den Streamer hält bzw. warum er darauf beißt.

Grundsätzlich unterscheidet sich das Streamerfischen vom Fliegenfischen mit Trocken- und Naßfliege oder Nymphe durch eine vollkommen verschiedene Anbietetechnik. Ein Streamer muß geführt werden. Das ist das Entscheidende! Ein Streamer fängt, von einigen Ausnahmefällen abgesehen, eben nur dann, wenn er richtig geführt wird. Einen Streamer richtig zu führen, um ihn dem Fisch am wirkungsvollsten anzubieten, erfordert Übung.

Weil der Streamer in der Regel ein Nahrungstier vortäuscht, sollte eher eine sinkende als eine schwimmende Schnur verwendet werden.

Zunächst aber wollen wir das Fischen auf Salmoniden, speziell Forellen, näher betrachten. Bach- und Regenbogenforellen sowie auch Bach- und Seesaibling sind nicht nur Insekten-, sondern auch Fischfresser, und sie machen auch vor ihren Artgenossen nicht halt. Gerade große Forellen sind dem Kanibalismus ergeben, und Streamerfischen dürfte eine sehr gute Angelmethode sein, um kapitale Forellen, die fast nie mehr nach Trockennahrung steigen, an den Haken zu bekommen.

Streamerfischen auf Salmoniden wird mit sinkender Schnur ausgeübt. In langsamfließenden Gewässern genügt eine normalsinkende Schnur, etwa der Klasse I oder II. Für schneller- und schnellfließende Gewässer braucht der Fischer aber eine Sinkschnur Klasse III oder gar IV. Es ist nämlich unmöglich, den Streamer mit beschwertem Vorfach allein und

Kampf vom Ufer einer Talsperre aus

Talsperrenforellen besitzen ungewöhnlich energische Kampfeskraft; hier blieb der Fliegenfischer Sieger, was keineswegs die Regel ist

Das Schicksal der Eintagsfliege: Die Subimago kurz vor der Häutung. Ihre Farben sind noch blaß und matt

Die kraftvoll gefärbte, geschlechtsreife Imago. Sie ist auch an den stark geäderten Flügeln zu erkennen

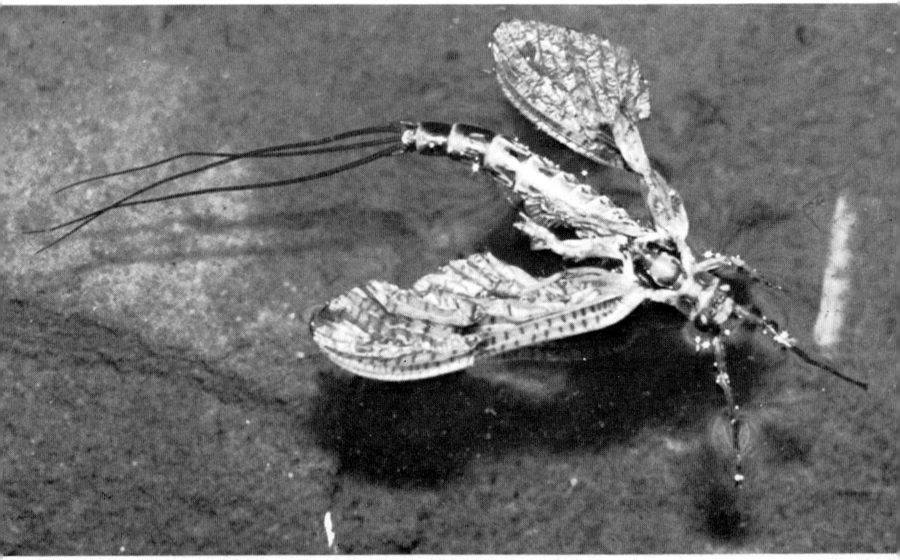

Das Ende: Nach der Eiablage treibt das Eintagsfliegenweibchen sterbend vor die Mäuler der Fische

schwimmender Schnur in Grundnähe anzubieten, weil sich beim Führen des Streamers, d. h. bei jedem Zug an der Schnur, der Köder zur Oberfläche hin bewegt.

Anbieten und Führen des Streamers

Beim Fischen in fließenden und in stehenden Gewässern unterscheiden sich Führungstechnik und Anbietungsmöglichkeit erheblich. Im fließenden Gewässer hat der Angler weit mehr und bessere Möglichkeiten, den Streamer reizvoll anzubieten als im stehenden Wasser. Erstens sind Standplätze großer Fische leichter zu finden und zweitens spielt der Streamer im strömenden Wasser besser als im stehenden. Es liegt also viel daran, wie der Angler den Streamer führt.

Normalerweise läßt der Fischer den Streamer zu einer vermeintlich guten Stelle hintreiben und führt ihn dann durch Bewegen der Rutenspitze unter gleichzeitigem Einziehen der Schnur. Sie wird in Achterschlingen in die linke Hand aufgenommen, bei Linkshändern in die Rechte. Beim Wiederholen eines Wurfes, der beim Streamerfischen in der Regel querstromab vor sich geht, gleitet die Schnur wieder aus der Hand.

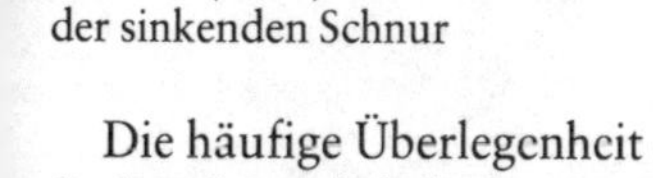

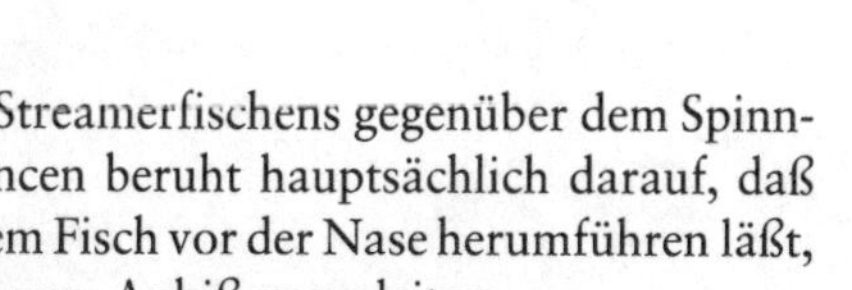

Abb. 59 (links). Streamer an der Schwimmschnur. – *Abb. 60 (rechts)*. Streamer an der sinkenden Schnur

Die häufige Überlegenheit des Streamerfischens gegenüber dem Spinnfischen hinsichtlich der Fangchancen beruht hauptsächlich darauf, daß sich der Streamer längere Zeit einem Fisch vor der Nase herumführen läßt, um ihn schließlich um so gewisser zum Anbiß zu verleiten.

Der Angler kann den Streamer vom Standplatz auch seitlich wegziehen, was der Bewegung eines flüchtenden Fischchens ähnelt. Weiterhin kann er den Streamer abtreiben lassen und ihn mit unregelmäßigen Bewegungen wieder am Standplatz des Fisches vorbeiführen. Er kann auch eine Fluchtbewegung nach oben vortäuschen, was manchmal für einen Anbiß besonders wirksam ist. Ein Streamer, der ja fast kein Eigengewicht hat, läßt sich eben viel reizvoller führen als andere Kunstköder.

Ein Problem ist es, den Streamer in der notwendigen Tiefe vorzuführen. Wie schon gesagt, wird mit sinkenden Schnüren gefischt, die es in vier verschiedenen spezifischen Gewichten gibt. Dazu gehört auch eine Bleischnur, die als Schußkopf dient und noch schneller sinkt als eine Schnur der Klasse IV. Der Streamerfischer kommt in der Regel mit diesen Sinkhilfen aus. Wenn nicht, so kann er in etwa 30 cm Entfernung am Vorfach ein kleines Bleischrot anbringen. Dadurch spielt der Streamer noch besser im Wasser, weil das Bleischrot wie ein Exzenter wirkt. Eines ist aber ganz falsch: Den Streamer eigenschwer zu binden! Ein eigenbeschwerter Streamer spielt längst nicht so gut wie ein unbeschwerter. Viele Fliegenbinder winden, bevor sie das Körpermaterial einbinden, Bleidraht oder Bleiblech als Beschwerung an den Hakenschenkel an. Das ist vom Prinzip her falsch. Ein eigenschwerer Streamer wirkt im Wasser wie ein toter „Hund", ganz abgesehen davon, daß es erhebliche Schwierigkeiten beim Werfen gibt.

Im stehenden Wasser ist es ratsam, eine Schnur der niederen Sinkklasse, etwa Klasse II oder gar I zu verwenden, weil der Streamer beim Benutzen einer schnellsinkenden Schnur auch schnell eingezogen werden muß, damit die Schnur nicht rascher zu Boden sinkt als der Streamer. Ideal wäre eine „neutrale" Schnur, die es nicht am Markt gibt. Dies wäre eine Schnur, die ungefettet langsam sinkt, und die sich gefettet als Schwimmschnur verwenden läßt. In der sogenannten alten Zeit, in der es ja noch keine Schwimmschnüre gab, wurden ausschließlich Seidenschnüre verwendet,

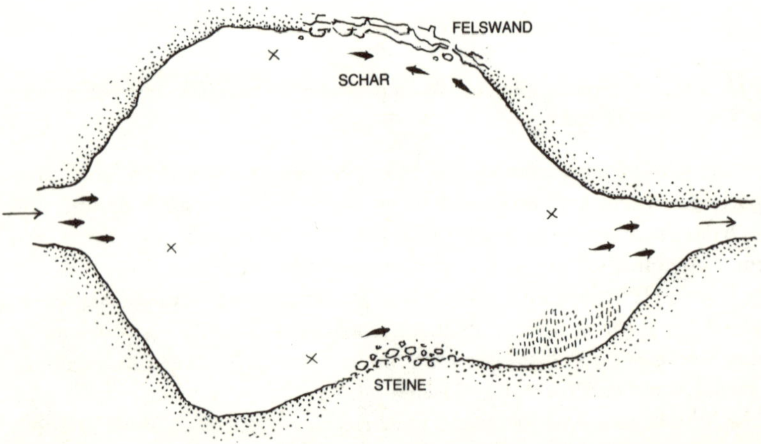

Abb. 60. Schema zur Befischung eines kleinen Gebirgssees. X: Standplätze für den Angler

die gefirnißt waren und ungefettet die wunderbare Eigenschaft hatten, langsam unterzugehen, was dem Trockenfischer gar nicht recht, dem Naßfischer aber sehr erwünscht kam.

Im stehenden Wasser kommt der Streamerführung noch mehr Bedeutung zu als im fließenden, da sich auch die Fische anders verhalten als im Fließwasser. Wenn in einem Bach oder Fluß die Standplätze in der Regel leicht erkennbar sind, so ist es ohne Ortskenntnis schwer, gute Fangplätze etwa in einem See zu finden. Anders ist es in künstlich angelegten Weihern, wo meistens auch künstlicher Besatz vorhanden ist. In einem derartigen Gewässer herrschen schon vielfach wegen eines Überbesatzes schlechtere Nahrungsbedingungen als in einem Natursee.

Das folgende Beispiel vom Etrachsee darf sicherlich nicht verallgemeindernd werden, aber es zeigt, wie man auch in stehenden Gewässern erfolgreich fischen kann. Der See liegt 1600 m hoch und besitzt einen guten Bestand an Bach- und Seesaiblingen sowie Bachforellen. Auch Regenbogenforellen kommen vor, die hier freilich keine idealen Lebensbedingungen vorfinden, da die Wassertemperaturen auch im Sommer niedrig sind. Im Mai gibt es dort meistens noch Schnee, und es steigt außer kleinen Bachsaiblingen kein Fisch nach Insekten. Die beste Angelmethode ist zu dieser Zeit das Streamerfischen.

Es wird vom Boot aus gefischt, leider ohne Ghilli. Bach- oder Flußmündungen sind gute Standplätze starker Fische. Erstes Ziel war eine Bachmündung. Direkt bei der Einmündung standen die kleinen Fische. Wo der Bach in den Seegrund eine Rinne geschwemmt hatte, war er bis 3 m tief, und da kamen auch die ersten Bisse, die einige gute See- und Bachsaiblinge aufs Trockene brachten. Gefischt wurde mit Sinkschnur Klasse I und der Streamer (Polystickle Gr. 6) quer zur langsamen Strömung geführt. Dieses Querziehen des Streamers erwies sich erfolgreicher als das Fischen gegen die auch im See bemerkbare leichte Strömung. Es wurde also nicht von der Mündung eines Baches aus gefischt, sondern der Köder etwa 30 m nach der Bachmündung plaziert. Dort, wo Bäume im Wasser lagen, bissen Bachforellen. Allerdings nur, wenn der Köder unmittelbar an den im Wasser befindlichen Ästen vorbeigeführt wurde. Nächster Zielpunkt war die Schar. „Schar" nennt man den steilen Übergang von der Uferregion in die Tiefe des Gewässers. An solchen Stellen stehen oft kapitale Fische. Hier muß sich der Angler so postieren, daß er entlang der Schar bzw. des Ufers fischt, denn eine große Forelle bewegt sich in der Regel nur in den dunklen Regionen entlang der Schar. Hier hauste eine gute Bachforelle in herrlichen braungoldenen Farben.

Sie biß auf einen Taupo-Tiger mit grünem Körper. Auch an der Bachmündung standen einige sichtbare gute Fische, die aber bei Herannahen vom seichten Wasser aus ins Tiefe flüchteten. Wenig Bisse kamen im freien Wasser. Vor allem kleine Bachsaiblinge und dünne Regenbogenforellen nahmen den Streamer. Auch die mit Wasserpflanzen bewachsene flache Stelle neben der Bachmündung brachte nur wenig Bisse.

An diesem Beispiel sollte gezeigt werden, wie sich der Angler beim Streamerfischen in einem kleinen Gebirgssee etwa verhält, um nicht unnötig Dutzende von Würfen zu machen. Jedes Naturgewässer ist anders, und überall liegen abweichende Verhältnisse vor. Die Abb. 3 soll zeigen, wo vermutlich am ehesten Bisse zu erwarten sind und wo sich der Angler postieren sollte.

Auch in großen Seen gibt es Chancen, mit dem Streamer gute Fische zu fangen. Gerade im Frühling, unmittelbar nachdem das Eis geschmolzen ist, kommen die Seeforellen in höhere Wasserschichten und rauben auch gern bei Bach- bzw. Flußmündungen im seichten Wasser.

Noch einiges über das Führen des Streamers in stehenden Gewässern. Da es in einem See gewöhnlich keine Strömung gibt, die allein schon den Streamer in Bewegung bringen würde, muß mit der Rutenspitze viel stärker gearbeitet werden als im Fließwasser. Dafür gibt es aber mehr Aktionsradius. Das heißt, der Angler kann den Streamer, ohne einen neuen Wurf zu machen, einige Meter links oder rechts seitlich weg oder aus der Tiefe hochziehen und wieder absinken lassen.

Wer die Führungstechnik im stehenden Wasser nicht ständig variiert, hat wenig Erfolg, weil der Fisch den Köder leicht verfolgen und erkennen kann. Aus diesem Grunde braucht man mehr Geduld als im fließenden Wasser, vor allem sind mehr Würfe notwendig, um zum Erfolg zu kommen.

Ein ganz anderes Kapitel ist der Fang von Rapfen (Schied) mit dem Streamer. Nicht überall in unseren Landen besteht überhaupt die Möglichkeit, auf Rapfen zu angeln, und nicht jederzeit ist es lohnend, Rapfen mit dem Streamer zu fischen. Sicherlich sind Rapfen ein dankbares Objekt für die Flugangel, aber es erfordert eine besondere Angelart, diesen Fisch mit dem Streamer zu fangen.

Nur wenn diese Fische an der Wasseroberfläche rauben, hat der Angler Fangchancen mit dem Streamer, zumindest in der warmen Jahreszeit. Ich selbst fing zwar schon etliche Rapfen beim Zander- und Hechtfischen mit dem Streamer, aber gezielt sind sie nur auf Sicht zu erwischen. Der Rapfen ist ein ausgesprochen schneller Schwimmer, und er erbeutet die Futterfische mit rasantem Vorstoß und jäher Wendung. Da dieser Fisch als Cyprinide keine Zähne besitzt, muß er die Beute einsaugen. Diese Raubart hat schon manchen Flugangler in Verlegenheit gebracht. Es ist kaum zu glauben, welche Kraft ein mehrere Kilogramm schwerer Rapfen beim Rauben entwickeln kann. Vorfächer unter 0,30 mm-Spitzenstärke sind nicht zu empfehlen. Ein Anhieb erübrigt sich zumeist. Zumindest im strömenden Gewässer schlägt sich der Fisch selbst an.

Da der Rapfen sehr schnell sein muß, um die rasch flüchtenden Beutefischchen, in der Regel Lauben (Ukelei) zu erhaschen, muß auch die Führungstechnik auf diese Eigenart des Rapfens abgestimmt sein. Einen langsam geführten Streamer ignoriert der Fisch. Auch gilt wieder die Regel: In der Führungstechnik ein flüchtendes Fischchen nachahmen. Das heißt, den Streamer rasch seitlich wegziehen. Wenn der Rapfen in einer Laubenschar raubt, springen die Fischchen oft aus dem Wasser. Es schadet daher nicht, den Streamer ganz hochzuführen, auch wenn er einmal Furchen an der Wasseroberfläche zieht. Selbstverständlich verwendet der Angler zum Rapfenfischen eine schwimmende Schnur.

Eine Zusammenstellung der mit dem Streamer zu fangenden Fischarten erübrigt sich eigentlich. Alle Fische, die in die große Gruppe der sogenannten Raubfische eingeordnet werden können, sind mit dem Streamer zu fangen. Vorwiegend jedoch wird mit dem Streamer auf Salmoniden gefischt. Selbstverständlich auch auf Lachs und Meerforelle.

Eine Fischart, die praktisch jeder befischen kann, ist der Döbel (Aitel). Aitel gibt es fast überall, und die ganz großen Exemplare dieser Art fängt man vorzugsweise mit dem Streamer, besonders gut in Bächen und kleineren Flüssen. Auf eine einzige Fischart ist es jedoch sinnlos, mit dem Streamer zu angeln, auf den Wels (Waller). Es gibt ohnehin wenig Chancen, diesen lichtscheuen Nachträuber an den Haken bzw. an den Streamer zu bekommen.

Geräte

Im einschlägigen Kapitel wurde schon über Flugangelgeräte gesprochen, so daß wir uns hier auf die Aufzählung der Anforderungen an ein Streamergerät beschränken können. Zur Wurftechnik muß erwähnt werden, daß der Rollwurf der wichtigste Wurfstil beim Streamerfischen ist. Das bedeutet, eine Streamerrute muß in erster Linie für Rollwürfe, siehe Kapitel „Der Fliegenwurf", Seite 59, geeignet sein. Der Rollwurf gelingt am besten mit Ruten, die ausgeglichene oder auch parabolische Aktion haben. Eine gute Streamerrute muß eben so gebaut sein, daß sie einen Rollwurf mit sinkender Schnur und Streamer leicht ausführen kann. Beim Streamerfischen wird mit tief sinkender Schnur gefischt. Um diese aus dem Wasser zu bringen, bedarf es des Einsatzes der Eigenkraft der Rute.

Noch eine Forderung stellt der Angler an eine Streamerrute: Sie muß in der Lage sein, auch den Drill schwerer Fische in starker Strömung zu ermöglichen. Präziser gesagt: Eine Streamerrute sollte noch die Kraftreserve haben, auch einen größeren Fisch zu dirigieren.

Ruten in der Schnurklasse von 7 bis 9 und in einer Länge von 2,55 m bis 2,85 m (8½ bis 9½ Fuss) sind gute Streamerruten, vorausgesetzt, daß sie die vorher erwähnte Aktion haben. Für stehende Gewässer sind die längeren Ruten besser geeignet als die kürzeren, weil es damit leichter ist, einen tief geführten Streamer beim Wiederholen des Wurfes aus dem Wasser zu bringen. Noch längere Ruten sind nicht zweckmäßig. Mit Lachsruten (3 m bis 4,50 m) könnte der Angler sicher weitere Würfe machen. Aber er kann sie nur zweihändig bedienen, und eine Streamerführung wäre dadurch sehr erschwert. Selbstverständlich ist es eine persönliche Sache, welche Rute dem Angler am besten „in der Hand" liegt und welches Gerät er am bequemsten bedienen kann.

Glücklicherweise gibt es leichte Ruten (Kohlefaser, Borfaser), mit denen das Streamerfischen, das sonst sicher eine der mühsamsten Angelarten wäre, ohne besondere körperliche Anstrengung ausgeübt werden kann.

Jede Improvisation in bezug auf das Gerät erscheint beim Streamerfischen als unzweckmäßig. Die Beanspruchung eines Streamergerätes (Rute, Rolle, Leine, Vorfach, Fliege) liegt weit höher als bei normalem Fliegengerät. Vor allem die Rolle muß genügend groß dimensioniert sein, so daß außer der Flugschnur auch noch eine 100 m lange Backingleine Platz hat, und sie muß qualitativ so gut sein, auch einen schweren Drill und einen gelegentlichen Sturz am Steinufer ohne nennenswerten Schaden zu überstehen. Ein gut aufeinander abgestimmtes Gerät wird dem Angler nicht nur ästhetisches Vergnügen bereiten, sondern auch den Erfolg sichern.

Abschließend noch ein paar der bewährtesten Streamermuster, deren Abbildungen auch auf der Farbtafel Nr. III zu sehen sind:

Leslie's Lure	Taupo-Tiger
Polystickle	Fuzzy Wuzzy
Professor	Grey Ghost
Golden Demon	Muddler Minnow
Mallard & Yellow	Matuka

Wenn es auf den Lachs geht

Lachsfischen ist eine der faszinierendsten Formen des Fliegenfischens. Unzählige schwer zu berechnende Faktoren machen, gemeinsam mit dem meist urwüchsigen Naturerlebnis, diesen berückenden Reiz aus, der niemanden, der davon gekostet hat, wieder losläßt.

Das Gewässer

Die Möglichkeiten, sich mit dem atlantischen Lachs zu messen, sind leider nicht häufig, und sie werden durch Umweltverschmutzung und übermäßige berufliche Befischung, vor allem im Meer, immer weiter reduziert. In angemessener Zahl und Qualität sind Lachsstrecken fast nur mehr in Norwegen und in Schottland vorhanden, obwohl bei entsprechender Ortskenntnis oder Brieftasche noch Island, Wales, England oder Schweden in Frage kommen. Zeit oder Geld, noch besser beides, gepaart mit viel Glück sind heutzutage die Grundvoraussetzung, um an ein passables Lachswasser zu kommen. In jedem Fall empfiehlt es sich, ausreichend Erkundigungen über das ins Auge gefaßte Gewässer einzuholen. Zu verschieden sind die angebotenen Möglichkeiten hinsichtlich Befischung, Anreise, Unterkunft, Chancen und Preis. Am leichtesten lassen sich kostspielige Enttäuschungen durch eine Informationsreise vermeiden. Man kann sich in Ruhe umschauen, mit Einheimischen reden, Ausweichmöglichkeiten erkunden, und an Ort und Stelle alles am einfachsten regeln. An die günstigsten und schönsten Lachsstrecken gelangt man am ehesten durch persönliche Kontakte.

Zur ersten Kontaktadresse bzw. Vorausinformation verhelfen uns die Fremdenverkehrsverbände der entsprechenden Länder, Angelreiseveranstalter, Fachzeitschriften und vor allem Bücher wie „Angeln in Norwegen“ (Norw. Zentrale des Fremdenverkehrs) oder „The Haig Guide to Salmon Fishing in Scotland“ (Queen Anne Press). Letztere beschreiben die wichtigsten Lachsflüsse Norwegens und Schottlands mit vielen nützlichen Details über Aufstiegszyklen, Fischgrößen, Flußcharakter, Methoden,

Lizenzen usw. Zu beachten ist nur, daß im Laufe der Jahre einzelne Daten veralten. Das gilt insbesondere für das bereits 1971 erschienene norwegische Buch. Ein kleines Beispiel dazu: Da seit der Mitte der 70er Jahre am norwegischen Aurland ein Kraftwerk den Wasserfluß reguliert, hat sich der Lachsaufstieg merklich verzögert. Vor Ende Juni ist praktisch kein Lachs im Fluß. Dies ist besonders für Urlaubsreisende ein sehr wichtiger Planungsfaktor. An einem „leeren" Fluß mit Wurfübungen seine Zeit zu verbringen, das wird trotz herrlicher Umgebung, bald langweilig und vor allem teuer.

Hat sich ein bestimmter Fluß herauskristallisiert, ist die Beantwortung folgender Fragen für die nähere Auswahl von Beat (Strecke) und Zeit von Vorteil: Preis pro Rute und Woche, Anzahl der Ruten pro Strecke, Anzahl der Pools (Gewässerabschnitt mit bekannten Lachsstandplätzen) pro Strecke, Köderbestimmungen, chancenreichste Fangperiode, Anzahl der gefangenen Lachse in der gewünschten Zeit im Schnitt der letzten fünf Jahre, Unterkunftsmöglichkeit und Anreise. Wenn nur irgend möglich, sollte immer die günstigste Fangzeit gewählt werden. Jeder Fluß hat seine eigenen Aufstiegszyklen, insofern schwanken die Fangergebnisse in Abhängigkeit von der Jahreszeit ganz beträchtlich. Manchmal zwischen einzelnen Fischen pro Monat und zweistelligen Tagesergebnissen! Dem angepaßt sind nicht nur die Lizenzpreise, sondern leider auch die Anzahl freier Plätze. Während sehr gute Strecken, gleich ob in Norwegen oder Schottland, meist nicht einmal für sehr viel Geld zu bekommen sind, da sie Jahr für Jahr von denselben Leuten gebucht werden und somit fast schon „erblich" sind, kann man z.B. an recht guten Taybeats zu schlechten Zeiten (Frühsommer) für relativ wenig Geld fischen, allerdings mit sehr begrenzter Aussicht auf Erfolg. Aber zu guten und oft schon mittelguten Strecken kommt man nur durch beharrliches Buchen der vorerst schlechteren und im Laufe der Jahre dann freiwerdenden besseren Zeiten. Faires Verhalten am Wasser und ein gutes Einvernehmen mit dem Verpächter sind selbstverständlich Voraussetzung. Ich hatte z.B. das Glück, durch den Ausfall eines anderen Gastes kurzfristig eine Woche an einem guten norwegischen Fluß buchen zu können. Im nächsten Jahr war es leider umgekehrt. Wegen des Ausfalls meines Begleiters (er hatte das Auto, ich als Student damals keine Möglichkeit alleine anzureisen) mußte ich selbst absagen. Damit sind wohl für immer meine Chancen an diesem Fluß verspielt. An ein gutes Lachswasser zu kommen, ist mindestens ebenso schwer wie einen Lachs zu fangen. Zu beidem gehört eine der wesentlichsten Lachsfischertugenden: Ausdauer.

Einen Hoffnungsschimmer gibt es aber. Sowohl in Norwegen als auch auf den britischen Inseln findet man eine Reihe wenig bekannter, kleiner und billiger Flüsse, deren Fische wohl relativ klein sind, die aber, zur richtigen Zeit befischt, ganz ausgezeichnete Erfolgsaussichten bieten. Diese in Britannien „spate-river“ genannten Gewässer sind sehr vom richtigen Wasserstand, der in der Regel erst nach Regenfällen, und selbst dann nur für kurze Zeit, gegeben ist, abhängig. Langfristige Planung hilft dabei nicht. Es ist vielmehr eine Sache des Glücks bei der noch Ortskenntnis und schnelle zuverlässige Information (Telefon) sehr nützlich sein können.

Nicht vergessen werden darf, daß die Erfolgsaussicht der Fliegenfischerei selbst deutlich mit Jahreszeit, Wasserstand und -temperatur schwankt. Es gibt ausgesprochen günstige Fliegenstrecken bzw. -zeiten und eben auch ungünstige. Dazu ein Beispiel aus Schottland. Während der berühmten Spring-Fischerei am Tay (Januar bis April) wird man mit der Fliege in den meisten Fällen auf verlorenem Posten stehen. In den kalten Wassermassen ist kaum in Fischnähe zu kommen, selbst wenn man erfahren und geübt im Umgang mit schweren Sinkleinen ist. Ganz anders liegen die Dinge ab etwa Mai. An den gleichen Flußabschnitten ist zu dieser Zeit die Fliege der Topköder schlechthin. Alles Dinge, deren Kenntnis vor Enttäuschungen bewahrt.

Jedes Lachswasser hat seinen eigenen Charakter, der von der Gewässergröße, -tiefe und -strömung geprägt ist. Vom größeren Forellenflüßchen über einen reißenden Fluß bis zum seeähnlichen Strom sind viele Zwischenstufen möglich, wobei sich schon für ein und dasselbe Gewässer, je nach Niederschlag, recht unterschiedliche Bedingungen ergeben können.

Will man seine Erfolgschancen nicht von vornherein auf ein Minimum reduzieren, müssen Ausrüstung und Technik der jeweiligen Gewässersituation bestmöglich angepaßt werden. Von sehr großem Wert ist dabei die Einweisung durch einen ortskundigen Angler, der den Fischer an die Standplätze der Lachse heranführt. Eine Strecke, bei der solche Informationen möglich sind, ist unbedingt vorzuziehen.

Der Fisch

Der einmalige Lebenszyklus des atlantischen Lachses ist vielen nur in groben Umrissen bekannt. Daß dabei Wahrheit und Mär bunt vermischt werden, kommt nicht von ungefähr. Zu vieles im Lebenslauf des Salmo salar gibt uns selbst jetzt noch Rätsel auf.

So weiß man bis heute nicht, wie er es schafft, von seinen reichen

Nahrungsgründen auf hoher See in einer oft tausende Kilometer langen Reise zielsicher in seinen Geburtsfluß, ja manchmal sogar in seinen Geburtspool zurückzukehren. Gegen Ende dieser Reise im Süßwasser nimmt er keine Nahrung mehr zu sich. Dies ist um so erstaunlicher, als etliche Fische bereits im Winter aufsteigen, obwohl sie erst im Herbst laichen, und zwar oft neben anderen Lachsen, die erst kurz zuvor das Meer verlassen haben.

Viele Gefahren müssen überwunden werden, bevor sie zu ihrem anstrengenden Laichgeschäft kommen. Dann legt der Rogner etwa 5–30000 Eier ab, die vom Sperma des oder der Milchner befruchtet werden. Je nach Wassertemperatur schlüpfen in etwa 70–200 Tagen aus den ursprünglich 5–7 mm großen Eiern Brutfischchen („fry"). Inzwischen sind die wenigen das Laichgeschäft überlebenden Lachse, die sogenannten „kelts", wieder auf dem Rückweg ins Meer. Bei der zeitigen Frühjahrsfischerei gehen manche davon an den Haken. Sie sind so schonend wie möglich zurückzusetzen. Die Unterscheidung vom frisch aufgestiegenen Lachs bietet keine nennenswerten Schwierigkeiten. Kelts sind leicht an der schlankeren Körperform, den Kiemenmaden, dem ausgedehnten Waidloch und der meist abgenutzten Schwanzflossenunterseite zu erkennen.

Die aus den Brutfischchen sich entwickelnden Junglachse („parr") ähneln in Aussehen, Freßgewohnheiten und Lebensraum stark den Forellen. Man muß schon genau hinsehen, um an Hand der 8–12 wie Fingerabdrücke aussehenden blaugrünen Flecken an den Flanken und dem stärker gegabelten Schwanz den Junglachs von der gleich großen Forelle unterscheiden zu können. Parrs und natürlich auch Smolts, wie die etwa 20 cm großen Lachse vor und während ihrer ersten Reise ins Meer heißen, sind selbstverständlich geschützt und sehr behutsam zu behandeln, wenn sie sich in ihrer Gier einmal an die Lachsfliege verirren sollten. Kaum im Meer, nehmen die jungen Lachse in kurzer Zeit unglaublich an Gewicht zu. Fische, die nach nur einem Winter auf hoher See wieder zurückkommen – sie werden nun „grilse" genannt – können schon 1–4 kg schwer sein. Das Fischen auf Grilse ist etwas herrlich Aufregendes, denn sie sind quicklebendig, beherzte Springer, die dem Angler besonders an leichtem Gerät viel abverlangen und nicht selten das glücklichere Ende für sich haben.

Lachse, die nach drei bis fünf Wintern aus dem Meer aufsteigen, sind dagegen bedeutend schwerer, und ein 20-kg-Fisch ist der Traum eines jeden Lachsanglers. Aber bis dahin ist es oft ein langer beschwerlicher Weg, es sei denn, der Fischer zählt zu den Sonntagskindern.

Allgemein gilt der Grundsatz: „Beim Lachsfischen ist alles anders".

Die Technik

Zum Rüstzeug des Lachsfischers gehört das Wissen um die Bedeutung von „Pool“ und „Lie“. Der Lachs ruht sich im Süßwasser vor dem Weiterwandern in ganz bestimmten Flußabschnitten aus. Es sind oft starke Vertiefungen, Kolke (Gumpen). Sie heißen Pools. In guten Flüssen trägt jeder dieser Pools seinen eigenen Namen, und einige dieser Lachsaquarien haben geradezu legendären Ruf. Je nach Art wird auch noch in Resting und Holding Pools unterschieden. Während sich in letzteren über einen gewissen Saisonabschnitt hinweg immer Lachse aufhalten, dienen erstere den Lachsen nur wenn sie ziehen, also bei höherem Wasserstand, als kurzzeitiger Rastort. Über eine Saison gesehen bietet der Holding Pool zweifellos bessere Chancen, einen Fisch zu fangen, und je mehr Pools dieser Art auf einer Lachsstrecke (Beat) vorkommen, um so besser ist sie. Zur richtigen Zeit, bei passendem Wasserstand, kann aber gerade ein Resting Pool ganz ausgezeichnete Fänge ermöglichen, während ein angrenzender Holding Pool vielleicht nur schlecht befischbar ist.

Über einen Pool verteilt, der etwa aus einem schnellfließenden Einlauf, einem tiefen, ruhig fließenden Mittelteil und einen wieder seichteren, schneller werdenden Auslauf besteht, werden sich die Lachse Jahr für Jahr an ganz bestimmten Stellen aufhalten. Sieht man von grundlegenden Änderungen im Flußbett einmal ab, z. B. durch extremes Hochwasser, so werden sich diese Lachsstandplätze („Lie“) nur mit Wasserstand und Wassertemperatur ändern. Es ist offensichtlich, daß der Kenntnis dieser Lies große Bedeutung zukommt. So sollte der erste Weg unbedingt zu einheimischen Fischern führen, die die Strecke genau kennen. Über ein geistiges Gläschen sind allerorts schnell Verbindungen geknüpft, und in besagten Gegenden scheint ohnehin jeder zweite ein Fischer zu sein. Besonders in großen Flüssen bzw. Seen, die aus des Anglers Sicht anfangs nur wenig Aussagen über die Beschaffenheit des Gewässergrundes zulassen, entscheidet das gewußt wo über Erfolg oder Mißerfolg.

Welche Hilfe hat man aber, wenn man auf sich allein gestellt ist? Da der Lachs im Süßwasser keine Nahrung zu sich nehmen kann, steht er nicht dort, wo eine große Forelle zu finden wäre. Er bevorzugt vielmehr jene Stellen, wo er sich ungestört (tief), ohne viel Anstrengung (nicht direkt in der Strömung) in möglichst sauerstoffreichem Wasser (Strömung) aufhalten kann. Die letzten beiden Feststellungen stehen nur scheinbar im Widerspruch zueinander, denn jede Strömung wird irgendwo durch ein Hindernis gebrochen oder sie führt hart an einer Gegenströmung vorbei. Dort hat der Lachs alles, was er sucht: tief, bequem hinter einem Stein oder zwischen zwei Strömungen hält er sich ohne viel Anstrengung in sauerstoffreichem Wasser auf.

Solche Stellen gibt es gerade in Lachsflüssen in großer Zahl, und doch sind nur einige davon wirklich Lachsstandplätze. Daß der Fisch von gleich aussehenden Möglichkeiten nur eine bestimmte vorzieht, ist meist unerklärlich, aber eine Tatsache. Eine kleine Hilfestellung bieten noch springende Lachse. Dabei ist zu beachten, daß Lachse nicht direkt über ihrer Lie springen, sondern meist ein schönes Stück oberhalb. Sie lassen sich nachher auf ihren Standplatz abtreiben. Aber immerhin, sofern es sich nicht um ziehende Fische handelt, ist dies ein Anhaltspunkt.

Die Grundtechnik des Fliegenfischens auf Lachse ist einfach und daher schnell zu erlernen. Mit passendem Gerät am geeigneten Gewässerabschnitt ist die Schwimmschnurtechnik die einfachste Lachsfischerei überhaupt. Andererseits sind ideale Verhältnisse recht selten, und mit weniger optimalen äußeren Bedingungen steigen die Schwierigkeiten. Trotz allem läßt sich bei Beachtung einiger Grundregeln mit etwas Übung und Geschick sehr bald eine gewisse Fertigkeit erreichen, mit der selbst vom gelegentlichen Urlaubslachsfischer schöne Erfolge erzielt und wunderbare Stunden am Wasser erlebt werden können.

Erfolgreiches Fischen beginnt mit der ausreichenden Beherrschung des Gerätes, hier insbesonders des Zweihandwurfes. Bei wohl keinem anderen Zweig des Fliegenfischens kommt der Wurfweite so viel Bedeutung zu. Glücklicherweise bereitet der Normalwurf mit der Zweihandrute keine allzu großen Probleme, sobald man sich im Timing auf den wesentlich langsameren Wurfablauf gegenüber kurzen Einhandruten umgestellt hat.

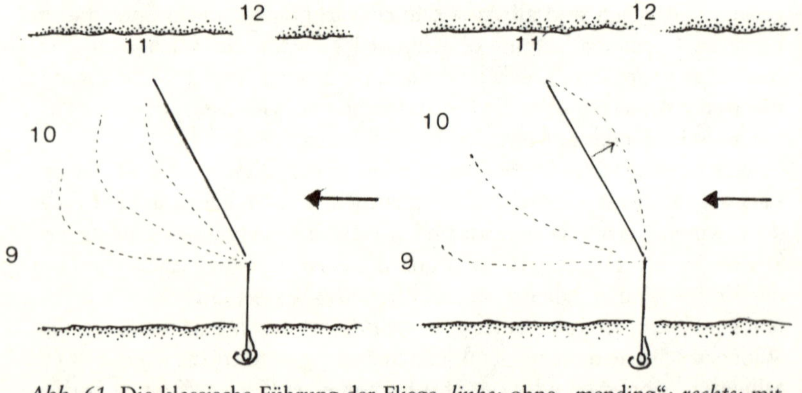

Abb. 61. Die klassische Führung der Fliege, *links:* ohne „mending"; *rechts:* mit „mending"

Die mechanischen Gegebenheiten mit ihren Beschleunigungs- und Stopp-Phasen sind gleich. Es ändert sich nur die Rutenhaltung. Die Schnurhand wird zur Unterstützung der Wurfhand an das verlängerte Rutenende gelegt, um die entsprechend größeren Hebelkräfte besser bewältigen zu können. Schnur wird vor dem Wurf bzw. in Wurfpausen von der Rolle gezogen und entweder in Schlingen gehalten oder abgelegt. Die am Griff obere Hand (Wurfhand) fixiert die Schnur (am besten mit dem Zeigefinger) und läßt sie am Ende jedes Vorschwunges oder auch Rückschwunges los und damit teilweise nachschießen (Abb. 63). Ähnliches gilt für den Rollwurf. Er unterscheidet sich ebenfalls nur durch die beidhändige Ruten- und Schnurführung vom entsprechenden Einhandwurf. Ein wichtiger Spezialwurf für Zweihandruten, dort wo der Rollwurf nicht ausreicht und kein Rückwurf – hohes Ufer, Bäume – möglich ist, ist der „Spey-cast". Einem guten Werfer gestattet er Würfe über Normalwurfdistanz! Leider ist es wohl unmöglich, den Spey-cast so zu schildern, daß er selbständig erlernt werden kann. Daher im folgenden nur eine kurze Beschreibung.

Der Spey-cast zerfällt in drei Phasen. In der ersten wird die Rute angehoben und die Schnur gestreckt an die Wasseroberfläche gehoben. In der zweiten wird sie seitlich abgelegt, während die dritte der Beschleunigungsphase des Rollwurfes gleicht. Versäumen Sie keine Gelegenheit, sich besonders dieses seitliche Ablegen und die fließenden Übergänge der

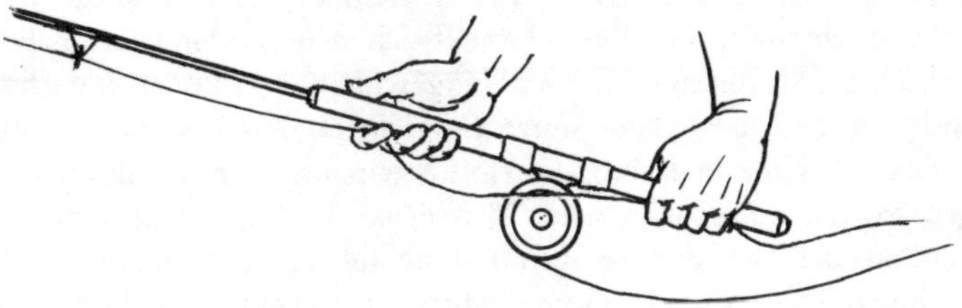

Abb. 62. Die Rutengriffhaltung beim Zweihandwurf

einzelnen Phasen eingehend zeigen zu lassen. Es gibt kaum eine Strecke, wo nicht die Beherrschung dieses Wurfes die eine oder andere Lie noch in die Reichweite unserer Fliegen brächte.

Mindestens so wichtig wie ein ordentlicher Wurf ist die gute Führung der Fliege. Die klassische Führung beginnt mit einem etwa unter 11 Uhr (siehe Abb. 61) stromab ausgeführten Wurf. Um ein, besonders bei stärkerer Strömung, schnell einsetzendes Furchen der Fliege zu verhindern, wird das „mending" (Abb. 61) genannte Um- bzw. Nachlegen der

Schnur angewandt. Dies ist ein teilweises Abheben der Schnur bevor sie gegen die Strömungsrichtung nach oben geschlagen wird. Oft sind mehrere Nachschläge dieser Art erforderlich, um ein nicht zu schnelles, möglichst gleichmäßiges Herumschwingen der Fliege bis auf 9 Uhr zu gewährleisten. Nach maximal drei Würfen an einer Stelle sollten ein oder zwei Schritte weiter stromab getan werden. Es ist günstiger, eine Stelle mit verschiedenen Fliegen oder Methoden mehrmals zu befischen, als mit einer Fliege zu lange einen Platz zu bestreichen.

Das hört sich alles recht einfach an. In der Praxis ist es aber oft mit großen Schwierigkeiten verbunden. Das beginnt schon mit der manchmal notwendigen genauen Wurf-Darbietung, um eine Fliege überhaupt über eine Lie zu führen, und geht bis zur eigentlichen Präsentation möglichst langsam und nahe am Fisch vorbei. Besonders im Frühjahr bei kaltem, hohem Wasser, wenn der Lachs noch wenig geneigt ist, der Fliege zu folgen, ist dies selbst unter Verwendung guten und passenden Gerätes ein mühevolles Unterfangen. Lange, starke Ruten, bespannt mit extrem schnell sinkenden schweren (AFTM 10–12) Leinen, erfordern insbesondere bei Wind viel Kraft und Übung. Damit die Fliege die Lies wirklich tief und langsam durchstreicht, muß schon beim Wurf eine entsprechende Sinkphase mitberücksichtigt werden. Etwa bei stärkerer Strömung ein Wurf unter 12 Uhr und ein Nachgeben von weiterer Schnur in der ersten Abtreibphase.

Mit fallendem, wärmerem Wasser wird es für den Fliegenfischer zusehends einfacher. Der Lachs bewegt sich mehr, und in vielen Fällen ist eine leichtere Schnur mit mittlerer Sinkgeschwindigkeit oder eine schwimmende mit schnellsinkender Spitze ausreichend. Bei Wassertemperaturen ab etwa 8°C kann man langsam zur Schwimmschnurtechnik übergehen („greased line"). Bei wärmerem Wasser ist der Lachs manchmal sogar bereit, aus der Tiefe aufzusteigen und die nur wenig eingesunkene Fliege zu nehmen. Die extrem langsame Führung der Frühjahrsfischerei ist jetzt gleichfalls nicht mehr erforderlich. Es können schnellere Züge und diese mit weniger menden befischt werden.

Doch erst wenn die klassischen Methoden versagen, und zwar mit verschiedenen Fliegen und Größen, ist es ratsam, andere Techniken zu versuchen. Etwa im Sommer Stromaufwürfe über bekannte Lies, beschleunigte Köderführung durch stromabmenden oder „backing up". Bei Anwendung der letztgenannten Technik beginnt man den Pool am unteren („verkehrten") Ende zu befischen. Dies ist natürlich nur möglich, wenn man ihn alleine befischt! Durch 2–3 sofortige Schritte stromauf nach jedem Wurf wird die Fliege gleichfalls beschleunigt.

Noch ein paar allgemeine Angaben zum Befischen eines Pools. Das Fischen beinhaltet nicht nur die Frage der Nützlichkeit oder der Etikette, sondern schlicht und einfach auch sportliche Fairness gegenüber Mit- bzw. Nachfischern. Man beginnt am oberen Ende mit seinen stromab und querüber Würfen den Pool möglichst lückenlos zu bestreichen. Dies bedeutet je nach Größe und Tiefe ein bis vier Würfe pro Schritt, wobei man sich auf die bekannten oder vermuteten Lies mehr konzentriert. Auf regelmäßige Schritte dazwischen darf keinesfalls verzichtet werden und sei es nur um einem Mitfischer Platz und Chance zu lassen in einem gewissen Abstand zu folgen.

Besteht eine Pachtstrecke aus einer Reihe von Pools, ist die Aussicht auf einen Fisch sicher größer, wenn alle bekannten Lies zumindest einmal ordentlich befischt werden, als wenn man sich auf nur einen Pool konzentriert und diesen wiederholt befischt. Was fehlt noch?

Viel Glück, Ausdauer, Geduld und als letzte wichtige Hife eine gut geeignete Ausrüstung.

Die Ausrüstung

Eine überlegt zusammengestellte Ausrüstung hilft viel Ärger und Enttäuschungen zu ersparen. Allerdings ist es nicht einfach, eine passende Auswahl zu treffen, und es können dabei gar nicht genug Rat und Hilfe gesucht werden.

Erste Anhaltspunkte sind der Charakter des Flusses zur Jahreszeit, in der er befischt wird, die zu jener Zeit übliche Fischtechnik und das Durchschnittsgewicht der Fische. Es ist also schon vor Reisebeginn eine grobe Vorauswahl möglich. Schwierigkeiten können dann nur mehr extreme Wetterbedingungen bringen.

Generell zu empfehlen ist die Verwendung einer Zweihandrute. Es gibt zwar schnelle, steife Einhandruten mit 270–330 cm (9'–11') Länge für Schnüre bis zur Klasse 12. Zum Fischen sind diese Katapulte jedoch denkbar schlecht geeignet. All die Bequemlichkeit und Hilfe, die ein Bihänder in Wurf (z. B. Abheben), Führung und Drill bietet, für Wurfschnelligkeit und geringes Gewicht aufzugeben, ist unüberlegt. Ein einziger Fall wäre hier vielleicht auszunehmen. Bei der Verwendung von schnellsinkenden Schußköpfen wiegt einfacheres Schießenlassen die Nachteile der kürzeren Einhandrute in etwa auf.

In allen anderen Situationen überwiegen die Vorteile einer Zweihandrute. Selbst beim Fischen auf Grilse ist eine leichte Zweihandrute von 360 cm (12', AFTM 6–8) vorzuziehen. Spätestens nach dem an einer Einhandrute „irrtümlich" gehakten und verlorenen großen Lachs wird man sie zu schätzen wissen.

Wie im vorhergehenden Abschnitt besprochen, läßt sich die Lachsfischerei mit der Fliege in zwei große Gruppen teilen. Dementsprechend unterscheidet sich auch die Ausrüstung. Für die ungefähr ab dem späten Frühjahr in Schottland, bzw. Frühsommer in Norwegen angewandte Schwimmschnurtechnik sind Ruten zwischen 330 cm und 390 cm (11' und 13') für Schnüre der Klasse 6–8 ideal, wobei besonders bei kleineren Flüssen gilt, je leichter desto besser. Denn der Lachs ist, was viel zuwenig beachtet wird, ein sehr scheuer Fisch. Findet man große Fische oder schwierige Strömungs- und Geländeverhältnisse vor, oder große Entfernung der Lies (große Wurfweiten) oder unbegehbare Ufer (Notwendigkeit eines harten Drills), muß die Rute allerdings länger und kräftiger gewählt werden.

Ähnliches gilt für das tiefe Führen schwerer Fliegen im zeitigen Frühjahr oder späten Herbst bei hohem, kaltem Wasser. Dann ist nicht nur eine Mindestlänge von 390 cm (13') ratsam, die Rute muß auch für weite Würfe mit schweren Schnüren (AFTM 9 aufwärts) und harte Drills in starken Strömungen geeignet sein. Wer einmal machtlos zusehen mußte, wie ein Lachs an zu schwachem Geräte nicht gehalten werden konnte und sich einfach abtreiben ließ, der wird die Maxime der Lachsfischerei „eher etwas zu stark als zu schwach" wohl immer beherzigen. Nach oben hin gibt es hier fast keine Grenzen. Kohlefaserruten sind bis über 600 cm (20') Länge, AFTM 12, erhältlich. Ruten aus diesem Material sind für Bihänder wegen ihres geringen Gewichts und der damit verbundenen leichteren Handhabung natürlich vorzuziehen. Sieht man von Längen über 450 cm (15') einmal ab, sind sie inzwischen auch preislich akzeptabel. Vom Gebrauchswert her reichen die halb so teuren Glasfiberruten aber voll aus. Man braucht allerdings mehr Kraft und ermüdet schneller. Eine gespließte Rute ist mir persönlich trotz ihrer Schönheit und der scheinbaren Leichtigkeit in der Handhabung bei meinen schottischen Freunden einfach zu schwer und aufgrund ihres hohen Eigengewichts zu „beweglich" (durchgehende, weiche Aktion). Ordentlich gefischt stellt allerdings jede gute Rute ihren Mann, und das verwendete Material bleibt letztlich Geld- bzw. Geschmacksache.

Der Fliegenrolle kommt beim Lachsfischen mehr Bedeutung zu, denn als reines Behältnis für Schnur- und Nachschnur. Ein guter Bremsmechanismus oder mindestens Bremsmöglichkeiten („rim control", ein über-

Einige der wichtigsten Unterwasserinsekten:

1. Baëtis-Nymphe
2. Heptagenia-Nymphe
3. Epeorus-Nymphe
4. Steinfliegenlarve
5. Die räuberische, freilebende Larve der Köcherfliege (Gattung *Rhyacophila*)
6. Nicht zu den Insekten zählt der Bachflohkrebs

Außer der Eintagsfliege sind diese Fluginsekten für den Fliegenfischer von Bedeutung:
Köcherfliege

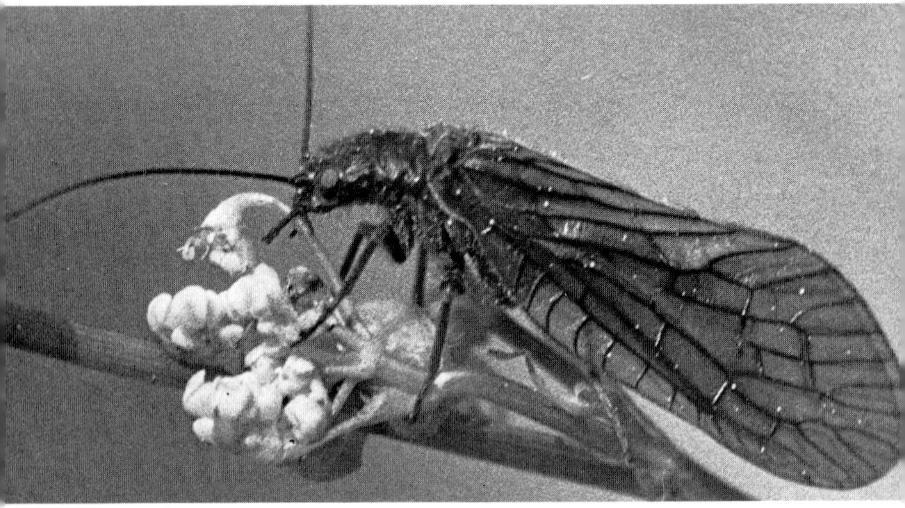

Schlammfliege

Steinfliege

lappter Rand zum Mitbremsen) sind von großem Vorteil. Erstklassige Lachsrollen erfordern höchste Präzision in der Herstellung und sind damit wie etwa eine Fin-Nor, Seamaster Salmon, Bogdan etc. manchmal teurer als die dazugehörende Rute. Nehmen wir als Beispiel eine Bogdanrolle, die in sorgfältiger Handarbeit gediegen gefertigt eine entsprechende Verläßlichkeit garantiert. Hat man einmal durch eigene Erfahrung erkannt, wie schwierig es ist, einen Lachs mit der richtigen Mischung aus Kraft und Vorsicht abzubremsen, wird man die zwischen kaum merkbarem Widerstand und fast völligem Blockieren fein einstellbare Doppelbackenbremse sehr schnell zu schätzen wissen. Eine derartige erstklassige Rolle beruhigt ungemein. Doch wesentlich billigere tun es auch. So ist erst 1981 von einem renommierten englischen Hersteller eine leichte, sehr günstige, mit Spulenrand zum Mitbremsen ausgestattete Rolle (Viscount 150) auf den Markt gekommen, die bis Leinen WF 9 genug Platz für Backing bietet und sich als durchaus brauchbar erweist. Neben der Bremsmöglichkeit ist unbedingt auf ausreichenden Raum für mindestens 100 und mehr Meter Nachschnur zu achten.

Die Fliegenschnur ist der wichtigste Teil der Ausrüstung. Ganz gleich, ob man mit einer Einhandrute oder einem 6 m (20') Bihänder fischt. Entscheidend bleibt neben dem Wurfvermögen die Verwendung der geeigneten Schnur.

Da die richtige Fischtiefe ausschlaggebend ist, kommt neben der richtigen Bespannung der Rute (Schnurklasse) für optimale Würfe dem Gebrauch von Leinen mit verschiedenen Sinkgeschwindigkeiten große Bedeutung zu. Je eine schwimmende, langsam und schnell sinkende Leine zu haben, ist sicher kein Nachteil. Legt man noch eine extrem schnell sinkende und eventuell eine mit sinkender Spitze dazu, ist man für alle Strömungsverhältnisse und Wassertemperaturen gewappnet. Jedenfalls sind mehr Schnüre günstiger als mehr Ruten.

Viel weniger Bedeutung als Schnurtyp und -klasse hat beim Lachsfischen das Vorfach. Es kann ruhig wenig oder gar nicht verjüngt bleiben. Wichtig ist die laufende Kontrolle auf Beschädigung und Windknoten (letztere entstehen beim Werfen) sowie eine der Fliege und Fischgröße angepaßte Spitze. Selten wird es notwendig sein, unter 0,30 mm Durchmesser zu gehen, außer für besonders kleine Fliegen oder für das Fischen auf Grilse.

Doch nun zur Fliege. Ein Gutteil der Faszination der Lachsfischerei liegt in der Lachsfliege. Wahre Kunstwerke gibt es da. Die Wahl der „richtigen" Fliege ist teils Erfahrungs-, teils Glückssache. Da der Lachs im Süßwasser keine Nahrung mehr zu sich nimmt, imitieren die verwendeten

Köder keine gerade verfügbare Nahrung, sondern sie bieten Reizwerte. Gerade soviel Reiz auszuüben, daß der Fisch genug Interesse zeigt, ohne dabei verscheucht oder verschreckt zu werden, ist die Kunst. Je kälter und höher das Wasser ist, um so größer, schwerer und bunter müssen die Fliegen sein, um in die Nähe der tiefstehenden Fische zu gelangen und deren Beachtung zu finden. Große Fliegen (alles über Größe 2), am besten am Drillinghaken, der Waddingtontype oder Messingröhrchenfliegen („tube-flies") bis zu 10 cm Länge sind dafür geeignet. Mit wärmerem, niedrigerem Wasser ist das Darbieten kleinerer Muster (Größen 4–10) knapp unter der Wasseroberfläche ratsam. Günstig sind weniger farbenfrohe Muster, die in ihrem Ton der Wasserfarbe und dem Himmel angepaßt werden, z. B. Stoats Tail, Hairy Mary bei bedecktem Wetter und Blue Charm, Silver Blue bei Sonnenschein. Frisch aufgestiegene Lachse haben eine Vorliebe für rote Fliegen wie Shrimp Fly oder General Practitioner. Je länger sich die Lachse im Süßwasser aufhalten, um so dunkler und kleiner sollten die Fliegen sein: Hairy Mary, Stoats Tail, kleine schwarze Röhrchenfliegen. Noch nie geschadet hat ein Herumhorchen nach jeweils lokalen Favoriten. Allgemein werden heutzutage Hairwing Muster traditionellen Fliegen vorgezogen. Erstere zeigen viel mehr Bewegung, also auch viel mehr „Spiel" und sind außerdem ganz einfach zu binden. Ein traditioneller Jock Scott ist mir zum Fischen fast zu schade!

Nach all der Theorie ein praktisches Beispiel zur Wahl einer angepaßten Ausrüstung.

Zwei auf den ersten Blick sehr ähnliche Flüsse, einer in Norwegen, ein anderer in Schottland. Beide eher klein, so zwischen 10 und 30 m breit, aber sonst grundverschieden. Der norwegische ist ein direkt ins Meer fließender, typischer Grilsefluß, in den etwa ab Ende Juni massenhaft 1–2 kg schwere Grilse aufsteigen mit nur vereinzelten größeren Lachsen dazwischen. Gut zu begehendes Ufer erlaubt trotz teilweise starker Strömung in Anbetracht der kleinen Fische leichtes Gerät. Eine Glasfiberrute von 360 cm (12') AFTM 6–8 ist vollkommen ausreichend und angenehmer zu handhaben als eine gleichfalls passende 270 cm (9') Einhandrute aus Kohlefaser (Gewicht!). Je nach Strömung wird eine langsam oder schnellsinkende Schnur mit relativ großen (2 oder 1/0), bunten Fliegen für die frischaufgestiegenen Fische verwendet. Ganz anders liegen die Voraussetzungen und damit die Ausrüstung bei dem äußerlich ähnlichen Gewässer in Schottland. Dies ist ein kleiner Zufluß im Oberlauf des Taysystems. Er läßt sich etwa ab Juli mit Erfolg befischen. Schwieriges Gelände und vor allem wesentlich höhere Durchschnittsgewichte erfordern trotz langsamerer Strömung deutlich stärkeres Gerät. Unbedingt

Zweihandruten ab 390 cm (13') AFTM 8, obwohl beim zu dieser Jahreszeit vorherrschenden Wasserstand mit schwimmender oder Sink-tip-Leine mit kleinen schwarzen Fliegen (Stoats Tail) auf die schon etwa 50 km gereisten Lachse gefischt wird. Man sieht, die wichtigeren Auswahlkriterien beziehen sich auf ausreichende Beherrschung eines Fisches in seiner jeweiligen Umgebung, und erst in zweiter Linie kommt die Anpassung an die Fischtechnik im Einklang mit örtlichen Erfahrungen zum Tragen.

Bei all der fischtechnischen Ausrüstung darf das manchmal sogar lebenswichtige Zubehör nicht vergessen werden. Das beginnt bei der Stiefelsohle und dem Watstock. Sicheres Waten gehört zum wesentlichsten beim Lachsfischen, insbesonders mit der Fliege, wird doch dabei mehr und tiefer gewatet als bei Anwendung anderer Methoden. Lachsgewässer können sehr tückisch sein und selbst seichtes Wasser kann mitunter gefährlich werden. Wirklich rutschfeste Sohlen, egal ob auf Watstiefel oder -hose, am besten mit Filz und Nägeln, haben sich bestens bewährt. Lachsfischen ist nicht selten harte Arbeit bei strömendem Regen und Wind. Wasserdichte Oberbekleidung, die solchem Wetter standhält, und wärmeisolierende Unteranzüge sind dabei für einen halbwegs „gemütlichen" körperlichen Zustand unentbehrlich. Nicht viel weniger wichtig ist ein Augenschutz. Besonders bei Wind werden Lachsfliegen zu unkontrollierbaren, gefährlichen Geschossen. Nur Hut und Brillen bieten dagegen ausreichenden Schutz. Aufpassen alleine ist zuwenig!

Landungshilfen wie Tailer, Netz oder Gaff sind da viel eher einzusparen. Was ist schließlich ein verlorener Fisch gegen ein verlorenes Auge. Besondere Optimisten sorgen selbst für den unerwarteten Sonderfall eines gefangenen Lachses vor. Priest (Fischtöter), Trageschlinge und Bass, ein geflochtener Sack der den Fisch kühl und luftig hält, sind dem edlen Fisch angepaßtes Zubehör auf seiner letzten Reise.

Der Fang

Der eigentliche Fang eines Lachses ist eine aufregende Angelegenheit. Noch aufregender wird sie nur durch den vorzeitigen Verlust des Fisches. Ich habe meine ersten fünf gehakten Lachse nach mehr oder weniger langem Drill verloren. Ein gehakter Lachs ist beileibe noch kein gelandeter, eine Quote von 3 : 1 ist dabei schon recht gut. Ist man sich der größeren Chancen des Fisches einmal bewußt und bemüht sich mit Überlegung und Konzentration, schwerwiegende Fehler zu vermeiden, ist es schon wesentlich leichter, an obige Quote heranzukommen.

Der Biß eines Lachses kommt meist unerwartet, und das ist gut so. Ein Anhieb würde in der ersten Aufregung ohnehin zu früh kommen. Eine klassische Einführung in diesen Grundsatz erlebte ich gleich bei meinen ersten Versuchen mit der Fliege. Es war an einem der Gezeiten unterliegenden Auslauf eines schottischen Lochs. Wieder einmal waren wir nach stundenlangen Wurfübungen auf einer Brücke zusammengekommen und betrachteten wehmütig die Schule der aufsteigenden Grilse und Meerforellen. Von der Nutzlosigkeit des Befischens ziehender Fische, spätestens durch schmerzliche dreitägige Erfolglosigkeit überzeugt, sah ich plötzlich einen Lachs, der verharrte. Jetzt hieß es rasch handeln. Sich oberhalb aufzustellen und die klassische querüber und stromab Führung einer Peter Ross an einer langsam sinkenden Leine zu versuchen, nahm keine Minute in Anspruch. Aber der Fisch zeigte keinerlei Reaktion. Ich probierte es nochmals von weiter stromauf mit einer langsameren und tieferen Darbietung der Fliege. Und richtig. Nach wenigen Würfen konnte ich zum ersten Mal das schon vielgelesene Verhalten des Lachses beobachten. Hinter der Fliege ließ er sich quer über den ganzen Fluß mittreiben, bis diese am Ende der Drift stehenblieb und langsam hochkam. Langsam hob er sich mit. Ich sah das Öffnen seines Maules und... hieb ins Leere! Ich hatte ihm buchstäblich im letzten Moment die Fliege aus dem Maul gezogen. Furchtbar! Deshalb in solch einem Moment lieber die Augen schließen.

Erst wenn man den Fisch fühlt, sollte die Leine gespannt werden, keinesfalls früher. Der Lachs hakt sich ohnehin in den meisten Fällen selbst. Je ruhiger er sich nach dem Biß verhält, um so größer sind die Chancen, ihn auch zu landen. Heftig springende Fische sind oft schnell wieder frei. Für den Fischer heißt es Ruhe bewahren, die Rute hochzuhalten und überlegt zu handeln. Dazu gehört vor allem, den Fisch in jenem Bereich zu halten, der eine Drill- und Landemöglichkeit bietet. Das muß bereits vorher überlegt sein. Hängt erst einmal so ein silberner Torpedo am Haken, ist man im Zugzwang.

Ein Fisch, der am Ufer nicht mehr verfolgt werden kann, muß vor der nächsten Stromschnelle oder starken Strömung auf Biegen und Brechen gehalten werden. Ist der Pool weitläufig und leicht begehbar, wäre es hingegen töricht, den Fisch zu stark zu forcieren. Dann heißt es bremsen, aber nicht halten. Besondere Vorsicht ist geboten, wenn der Lachs das erste Mal herangezogen wird. Beim Anblick des Fischers mobilisiert der Fisch plötzlich alle seine Kräfte. Ist man darauf nicht gefaßt, ist der Lachs, so wie mein bisher größter gehakter, schnell verloren.

Ich war damals nach dem Biß so damit beschäftigt, ans Ufer zu einem günstigen Standort für den Drill zu hasten, daß ich den bis auf etwa vier

Meter herangeholten Lachs erst dann richtig bemerkte, als es schon zu spät war. Ein kraftvoller Wälzer reichte dem Fisch, um mit einem gewaltigen Ruck freizukommen und mich im wahrsten Sinne des Wortes wie begossen stehen zu lassen. Versuchen wir daher nie, einen Lachs im Vollbesitz seiner Kräfte an kurzer Schnur zu halten. Die schwierige Phase der Landung darf erst dann in Angriff genommen werden, wenn der Fisch ausreichend müde ist. Dann gilt es aber zügig und energisch zu handeln.

Das sicherste Landungsgerät ist ein großer Kescher in der Hand eines versierten Freundes, das zweitbeste eine Schwanzschlinge („tailer") und für den Notfall empfiehlt sich die Mitnahme eines Teleskopgaffs. Wenn es der Sitz der Fliege und die Uferbeschaffenheit erlauben, ist Stranden eine weitere sichere Methode, während der Schwanzwurzelgriff unbedingt Könnern vorbehalten bleiben sollte.

Das Töten eines so schönen und stolzen Lebewesens sollte nicht einem zufällig gefundenen Stein oder ähnlichem überlassen bleiben. Jeder waidmännische Fischer hat auch beim Lachsfischen einen „priest" (Fischtöter) bei sich.

Gedanken zum Abschluß

Lachsfischen ist eine Art von Weltanschauung, aber auch Charaktersache. Bei kaum einer anderen Fischerei ist man so auf Hilfe und Fairness des Mitfischers angewiesen. Das beginnt mit der überlieferten Etiquette bei der Befischung eines Pools und reicht über den Vortritt für noch nicht oder weniger erfolgreiche Fischer bis hin zum Anbieten von Landungshilfe. Dabei kann die Freude über den endlich geglückten Fang eines anderen fast genauso groß werden, wie die über einen eigenen. Dieses gemeinsame Erleben, wie es wohl nur beim Lachsfischen in solcher Intensität anzutreffen ist, macht ja auch einen Gutteil der Faszination aus.

Lachsfischen ist Einstellungsache. Nicht nur anderen, auch sich selbst gegenüber. Dazu gehört das Aushalten bei widerwärtigem Wind und Wetter, selbst bei wenig Aussicht auf Erfolg. Lachsfischen kann sehr deprimierend sein. Selbst erfahrenste Lachsfischer können am besten Lachswasser der Welt eine Woche ohne Fisch bleiben. Es darf gleichfalls nicht vergessen werden, daß Lachsfischen harte körperliche Arbeit ist, die entsprechende Konstitution erfordert, nebenbei viel Geduld und Ausdauer voraussetzt, die sich letztlich aber irgendwann einmal bezahlt macht. So wie bei mir in einer furchtbaren Woche letzten April, bei Wassertemperaturen um 4° und kaum einem Fisch im Fluß. Es war am letzten Nachmittag, nach langen, erfolglosen Tagen des Fischens in Schneeregen, Regen und eisigem Wind. Mein Freund gab ermattet auf und legte sich ins Auto schlafen. Ich ging noch einmal zu einem der wenigen Pools, wo wir Fische gesehen hatten. Das unbeschreibliche Hochgefühl, über den dort doch noch nach hartem Drill förmlich ertrotzten einzigen Lachs der ganzen Woche, und die ehrliche Mitfreude der Freunde kann wohl nur der richtig ermessen, der die Höhen und Tiefen der Lachsfischerei selbst einmal erleben durfte. Diese wunderbaren Momente des Triumphes bleiben durch das Nacherleben in der Erinnerung lange haften und lassen all die davorliegenden Mühen schnell verblassen.

Fliegenfischen in Bächen und Flüssen

Um zu wissen, wie ein natürlicher Bach aussieht, schaue man sich beispielsweise die Seeve im „Naturschutzgebiet Lüneburger Heide“ an. Hier, wo noch der Schwarzstorch sein heimliches Leben führt, findet man Elritzen und Mühlkoppen, beide sind Indikatoren gesunden Wassers. Wo solche Bäche, von zahlreichen kalten Quellen gespeist, durch schmale Täler fließen, sind sie meist von Haselnußsträuchern, Erlen und teilweise auch uralten Bäumen überschattet. Um diese Bäche zu befischen, ist eine kurze, etwa 1,80 m lange Fluggerte sehr praktisch, damit notfalls Seitenwürfe oder begrenzte Speywürfe ausgeführt werden können. Auch bei warmer Witterung ist es hier kühl, und die Schatten wechseln durch den Wind ununterbrochen. Darum ist es trotz des klaren Wassers relativ leicht, sofern man nur vorsichtig aufwärtswatet, von hinten her sehr dicht an die Fische heranzukommen.

Die Fliegenauswahl kann sehr begrenzt sein, da der Fisch mehr auf das Einfallen bei sorgfältigem und präzisem Stromaufwurf reagiert. Eric's Beetle, palmerartige Kunstfliegen, Nymphen, Augenfliegen und andere sind für diese Art von Bachfischerei besonders gut geeignet. Stromab gefischt ist besonders der Rollwurf vor oder auf Anschwemsel erfolgreich. Doch sollte nicht gezögert werden, mit größeren Fliegen an einem stärkeren Vorfach zu fischen, da gerade unter dem Wurzelgestühl alter, starker Eichen die kapitalsten Fische ihren Einstand haben. Wenn sie herausfahren und die Fliege schnappen, können sie ein zu schwaches Vorfach leicht sprengen. Solche bevorzugten Unterstände werden, sofern gute Aufstiegsmöglichkeiten gegeben sind, im norddeutschen Raum manchmal sogar von Meerforellen besetzt sein. Je dünner die Vorfachspitze ist, um so mehr muß der Fischer darauf achten, daß bei dem oft jähen Vor- und Zurückfahren des schweren Fisches sofort genügend Schnur gegeben werden kann.

Unsere gute, alte Bachforelle ist in der Anpassung an jedes gesunde, sauerstoffreiche Gewässer kaum zu übertreffen. Wir sollten ihr nur die notwendigen Bedingungen zum Überleben gewährleisten. Dazu gehört auch der Zugang zu den Laichplätzen. Gewiß hat früher, im Urzustand der Natur, auch schon der Biber manchen Stau geschaffen. Jetzt aber versperren häufig unsachgemäß angelegte Fischteiche den Weg zur natürlichen Fortpflanzung. Solche und andere Einflüsse sind nicht nur beim Fliegenfischen, sondern auch bei der Hege und Pflege des Gewässers und seiner Bewohner zu bedenken. Kommt eine plötzliche Verunreinigung hinzu, wird es ernst. Obwohl sich Äschen eine Zeitlang ganz auch von Jauchemaden ernähren können, fallen sie längerer Verschmutzung des Wassers doch zum Opfer. Den Forellen geht es nicht anders.

Verläßt der Angler das Gebiet des Nebenbaches und befischt den Hauptbach oder das Flüßchen, muß er sich heutzutage zwangsläufig auf allerlei schädliche Einflüsse und Wirkungen einstellen. Das macht sich vielerorts bereits als deutlicher Mangel an Libellen, Maifliegen, Heuhüpfern, Mai- und Junikäfern bemerkbar. Darum werden häufig andere Kleininsekten für die Fliegenwahl maßgebend. So z.B. Eichenspinner, Blattläuse, Ohrwürmer und Ameisen. Diese Insekten können allerdings bei den Fischen eine Voreingenommenheit bewirken. Deswegen sollte unter diesen Gesichtspunkten auch die Wahl der Fliegen getroffen werden. Erstklassige Imitationen sind hierbei der schon erwähnte Eric's Beetle für die Käferartigen, für die Eintagsfliegen u. a. Kite's Imperial.

Viele berühmte Fliegenfischer und -binder beschränken sich zwar auf wenige Fliegenmuster, legen aber äußersten Wert auf deren exaktes Plazieren und Führen, wobei die Wurfmöglichkeiten und Wasserverhältnisse einzuplanen sind, die durch Wind und Schatten weitgehend beeinflußt werden. Besondere Vorsicht ist bei spiegelglatter Oberfläche und glasklarem Wasser geboten.

Die derzeitigen Umstände gebieten es, mit den wenigen noch wirklich guten Salmonidengewässern, die zur Verfügung stehen, sehr liebevoll und behutsam umzugehen. Wir sollten uns die allerdings nicht gerade billigen englischen Kreideflüsse und ihre Hege mit der Angelrute zum Vorbild nehmen. Gut betreut von einem vollamtlich bezahlten Gewässerwart, erlauben die dortigen Clubs ihren Mitgliedern nur den Gebrauch der Trockenfliege bei einem Jahresfang von 10 Forellen, wobei eventuelle Gastfänge zu Lasten des einladenden Clubmitgliedes gehen. Diese freiwillige Beschränkung hat auch dazu geführt, daß nur der Fang eines zuvor ausgemachten, steigenden Fisches gilt. Und das hat mit einer solchen Trockenfliege zu geschehen, die das gerade am Wasser schlüpfende Insekt imitiert. Das ist höchste Raffinesse.

Früher war vieles bei uns anders. In den Jahren bis zum ersten Weltkrieg waren die deutschen Salmonidenbäche und -flüsse sogar den verwöhntesten englischen Fliegenfischern bekannt und weithin berühmt. So hatten zum Beispiel die Wutach und die Eder einen Reichtum an Insekten und

Fischen, wie er heute nur noch an entsprechenden kanadischen oder skandinavischen Gewässern vorzufinden ist. Alte berühmte Naturschriftsteller zu lesen, wie etwa Löns, Schubart und Horroks, vermittelt noch heute ein Bild von dem, was inzwischen unwiederbringlich verlorengegangen ist.

Einige andere Spitzengewässer, die immer wieder in der einschlägigen Literatur auftauchen, konnten ihren Ruhm bis in unsere Tage herüberretten. Es seien da nur die Wisent, die Krka in Jugoslawien und die Loue in Frankreich genannt. Aber auch ihre Sterne sinken. Überbefischung und Verschmutzung haben inzwischen ihren Abstieg zur Mittelmäßigkeit eingeleitet.

Aber nicht nur Karstflüsse ermöglichen erstklassiges Flugangeln. Wären nicht gerade die Bäche der norddeutschen Tiefebene, und für viele andere Bäche gilt das gleiche, fast alle durch Aufsiedlung, rücksichtslosen Straßenbau sowie Verschmutzung ständig bedroht und teilweise schon in Mitleidenschaft gezogen, zählten sie wegen ihrer Potenz an aufsteigenden Lachsen und Meerforellen mit zu den schönsten Fliegengewässern. Man muß einmal gesehen haben, in wie kleinen Bächen derart große Fische laichen, um zu verstehen, was dem Fischer da manchmal genommen wird.

Die Vielfalt des Fliegenfischens erlaubt es, die unterschiedlichsten Fangmethoden anzuwenden, sei es auf Äschen, Bach- oder Meerforellen. Wenn auch die Meerforelle zu Beginn ihres Aufstiegs leider noch gern den Spinner nimmt, so geht sie doch schon bald besser u. a. auf streamerartige Fliegen wie Jock Scott, Shrimp- und Augenfliegen, um dann nur noch kleinsten Äschennymphen oder Glanzfliegen Interesse zu bekunden. Es ist schon ein Erlebnis, an solch winziger, meist auf einen 16er Haken gebundenen und von einem hauchdünnen Vorfach getragenen Fliege eine mehrpfündige Meerforelle zu landen. Oft aber auch reißt sich die Kapitale los und flüchtet. Was dem Fischer dennoch bleibt, ist das Erlebnis.

Von ganz besonderem Reiz ist das Flugangeln an einer herbstlichen Äschenstrecke. Jetzt ist die schöne Fahnenträgerin in bester Kondition. Das niederfallende Laub läßt viele Ohrwürmer und manche Raupe ins Wasser gelangen, und an günstigen Tagen schwärmen noch die Köcherfliegen oder die Blue Dun. Jetzt sind auch Ameisen- und Blattlausimitationen sehr erfolgreich, auch die Nachbildung der durch das ganze Jahr aktiven Steinfliegen. Mit winzigen, palmerartigen Hechelfliegen, denen man noch den „Kneifschwanz" des Ohrwurmes zugeben kann, mit künstlichen Ameisen, (roten oder schwarzen, mit in der Mitte geteiltem Körper oder mit der imitierten Blattlaus, grüner, schlanker Körper, weiße Hechel, ist der herbstliche Äschenfischer bestens ausgerüstet. Weitere echte Garantiefliegen sind meistens Eric's Beetle sowie kleine Sedges und Eintagsfliegen.

Es ist schwer geworden, an größeren Strömen gezielt auf Forellen zu fischen. Jedoch gelangen immer wieder ein paar Ausreißer, die aus gut besetzten Seitenbächen in das verlockende, größere Flußsystem entweichen, in den Gesichtskreis des Fliegenfischers, und im norddeutschen Raum, z. B. in der Weser, gesellt sich als angenehme Überraschung noch die Meerforelle dazu. Bach-, Regenbogen- und Meerforellen mit der Fliege zu fangen, das kann vor allem an den Bachmündungen gelingen. Längere, sachkundige Beobachtung verhilft beim Fliegenfischen zwischen den zahlreich steigenden Döbeln und Haseln sogar zu angenehmer Auswahl.

Jetzt ist eine lange, kräftige und weitwerfende Rute sehr zweckmäßig, vor allem, wenn sich die zum Laichen aufsteigende Meerforelle weit draußen im Strom zeigt. Der beste Erfolg wird dem Angler beschieden, wenn das Wetter milde ist oder ein Gewitter aufzieht. Jetzt ist mit gutem Insektenangebot zu rechnen. Einen sogenannten Hexensabbat, wie man ihn noch bei Arthur Schubart erwähnt findet, wobei scheinbar auch der letzte Fisch Flugnahrung nimmt, kennt man heute kaum noch. Es ist aber nicht Sinn der Sache, möglichst viele Fische zu fangen. Das könnten unsere heutigen Gewässer kaum noch vertragen. Ist es nicht weit besser und sportlicher, gezielt, wie beim Puristen am Chalkstream, die schwierigsten Fische an die Fliege zu locken? Auch das Fischen auf die scheue Meerforelle kann besonders nachts äußerst spannend sein. Übrigens sind solche Exkursionen besonders dann erfolgreich, wenn der Angler es vor Mücken kaum noch aushält.

Gerade bei dem manchmal schlechten Zustand vieler Salmonidengewässer empfiehlt es sich, das Kleintierleben dort gut zu beobachten und das Fliegenbinden sicher zu beherrschen, um stets in der Lage zu sein, das an Ort und Stelle Geschaute zu imitieren. Natürlich geschlüpfte und in Freiheit herangewachsene Bach- und Flußfische sind weitaus schwieriger zu befischen als aus Teichen stammende und ausgesetzte Regenbogenforellen u. ä. Die gute, alte Bachforelle ist immer noch der beste Besatz und verlangt die größte Sorgfalt. Nirgendwo aber erfreut den Flugangler das Naturerlebnis mehr als an einem gesunden Bach oder Fluß, der durch sein natürliches Bett rauscht. Da sieht man noch den pfeilschnell übers Wasser schwirrenden Eisvogel, die knicksende Wasseramsel, die insektenjagende Prachtlibelle und den Eichkater im Haselbusch. Dieses je nach Landschaft und geologischen Vorbedingungen variierende Bild ist sehr vielfältig und beglückend. Aber gerade diese noch urwüchsigen Biotope stellen den Fliegenfischer immer wieder vor neue Aufgaben, Erkenntnisse und Spekulationen. Was sich außer einer ausgefeilten Wurftechnik, die ja gelernt sein will, für eine befriedigende Ausübung des Fliegenfischens als unabdingbar erforderlich ist, ist die Fähigkeit, der Amerikaner nennt es „Waterlore", sich in das Geschehen im und am Wasser einzufügen.

Ob am Bach oder am Fluß, ein Kescher gehört an die Seite eines waidgerechten Fliegenfischers. Auch wenn er dem Angler durch seine infame Neigung, an Gestrüpp und Stacheldraht hängenzubleiben, hinderlich erscheint. Können auch die meisten Fische mit der Hand gegriffen werden, im Netz sind sie am besten gelandet und gelöst, ganz bestimmt aber, wenn sie zurückgesetzt werden sollen.

Kohlefaserruten werfen sehr gut, bergen aber auch Gefahren, auf die nicht eindringlich genug hingewiesen werden kann. Sie sind äußerst leitfähig und darum in der Nähe von Stromleitungen, die es heutzutage an allen möglichen Stellen gibt, sehr gefährlich. Überhaupt seien für kleine Bäche Hohlglasruten empfohlen, die, z. B. beim Klettern an steilen Ufern und über Zäune etc. viel stärker strapaziert werden können als irgendein kostbares Stück.

Für größere Bäche und Flüsse, die eine mehr parkähnliche Landschaft durchströmen, ist das gespließte Meisterwerk eines berühmten Rutenbauers eine ganz besondere Freude, die für einen Flugangler der alten Schule um so wohltuender ist, besitzt er dazu noch eine gute, alte Seidenschnur und Seidenwurm-Vorfachspitze. Denn letztere hat die geradezu ideale Eigenschaft, im angefeuchteten Zustand zu sinken. Dadurch treibt lediglich die trocken geführte Fliege ins Gesichtsfeld der Fische. Das ist vor allem dann ein wesentlicher Vorteil, wenn die Fliegen nach der Art des berühmten Physikers Behm gebunden werden. Hier ist auch ohne zu rucken das Vorfach unter der Wasseroberfläche, und der künstlichen Fliege kann, leicht gestaut abtreibend, wie bei einem lebenden Insekt Bewegung eingehaucht werden. Gespließte Ruten sind noch zu haben, aber bei den Seidenschnüren und den zuvor erwähnten Vorfachspitzen hapert es. Neuerdings werden in England wohl wieder Schnüre mit solchen Eigenschaften angeboten, ob sie sich aber durchsetzen werden, bleibt abzuwarten.

Seidenwurmdärme wurden früher in Spanien gezogen. Vielleicht lassen sich im Urlaub dort noch einige auftreiben. Sonst gibt es nur Ersatz moderner Art. Eine kleine Hilfe, die Vorfachspitze untersinken zu lassen, ist das Entfetten mit Schlamm, Gras oder einem Waschmittel. Bis jetzt sind neue sinkende Vorfächer noch nicht am Markt. Der Fischer muß sich dann eben mit den zuvor geschilderten Tricks zu helfen wissen.

Unsere jungen Fliegenfischer führt der erfahrene Angler am besten an kleine, schmale Wiesenbäche, wo zunächst die Tippfischerei gelehrt wird. Das ist für den Anfang wunderbar einfach und schult das ruhige Verhalten sowie das geschickte Plazieren der Fliege. Und es kann sogar gute Fische einbringen. Manch berühmter Angler hat so angefangen. Hauptsache „with the fly". Die Technik des Werfens lernt der Adept dann schon aus eigenem Antrieb, hat er die ersten Fische mit der Fliege gefangen.

Urwüchsige Wiesenbäche fließen in der Regel durch quelliges Gelände. Sie haben weit weniger Oberfläche als Gewässerboden, der sich meist weit unter das Ufer erstreckt. Teilweise weisen sie noch arktische Flora auf und somit „ewigen" Frühling. Hier ist Bachquellkraut, Hakenwasserstern, Flutender Igelkolben, rötliches Laichkraut, Wechselblättriges Tausendkraut und Bachmoos zu finden, daneben genügend Laichkies. An solchen Gewässern braucht der Fischer um Unterschlupfmöglichkeiten und Nahrungsangebot für den Forellenbestand nicht zu bangen.

Leider haben nur zu viele Bäche und Flüsse ihre ehemalige Ursprünglichkeit verloren. Bäche, wie die einstmals berühmte Kongeaa in Dänemark, führen aus den großen Zuchtanstalten öliges Wasser heran. Weißer Belag bedeckt streckenweise den Grund, größere Buchten sind begradigt. Es gibt kaum noch Kraut, und rücksichtsloses Fischen auf die vielen ausgerissenen Regenbogenforellen hilft dem ehemaligen Bestand an guten Bachforellen wie Äschen nicht mehr auf. Die Äschen, durch Fischsterben ausgerottet, sind auch durch Neubesatz nicht wieder hochgekommen. Vieleicht sollte überhaupt einmal als Beispiel ganz kurz geschildert werden, wie es früher um dieses einen reichen Salmonidenbestand führende Gewässer bestellt war.

Zwischen den Kriegen wurde dort eigentlich nur von Deutschen und einigen Dänen mit der künstlichen Fliege geangelt. Welch kapitale Exemplare das einbringen konnte, selbst wenn man mit gröberem Zeug fischte, das mag eine Antwort zeigen, die mein Freund bekam, als er einen Dänen auf ein unerhört großes Trockenfliegen-Monster ansprach, das dieser an einem jener haustiefen Gumpen benutzte. Zum Beweis für die Wirksamkeit dieses Köders holte nun der dänische Sportfreund eine riesige Äsche aus seinem Rucksack hervor, ein wahres Urvieh, das er kurz nach Sonnenuntergang mit Hilfe dieser Riesenfliege gefangen hatte. Kein Wunder, daß mein Freund daraufhin immer als einer der letzten ins Hotel heimkam, trotz tückischer Stacheldrahtzäune, gefährlicher Bullenweiden und ähnlicher Mühsale.

Auch der genialste und technisch vollkommenste Wasserbauer der Welt vermag diese herrlichen Gumpen, die einst bestanden, nicht wiederzuerschaffen. Das reichhaltige Kraut bot dazumal vorzügliche Gelegenheit, eine versunkene Nymphe daran entlangzuführen. Selten blieb man ohne Fisch, und auch ein mitgeführter, herumplanschender Hund vermochte keinen der Wasserbewohner ernsthaft zu vergrämen. Der Abendsprung brachte selbst in Hotelnähe jede Menge Äschen, wenn auch nicht so große wie in den weiter entfernten, langsam- und tiefdrehenden Gumpen. Besonders beliebt war der Rotspinner, eine Allroundfliege für alle gesunden Gewässer.

In letzter Zeit hat sich vor allem der Autobahnbau sehr negativ ausgewirkt, was der Verfasser persönlich, wiederum im Gebiet der Seeve, ganz intensiv beobachten konnte. In einer ganzen Anzahl von Nebenbächen ist das tierische Leben bis hin zum Kleininsekt vernichtet, weil diese Wasserläufe nur noch braunes, eisenhaltiges Wasser führen. Die ursprünglichen Quellgebiete sind abgeschnitten, und die Masse des Quellwassers läuft direkt in die Kanalisation, was den Verantwortlichen bequemer und billiger erschien, als die ökologisch vernünftigeren Unterführungen. Nur langsam zeigt sich wieder erster Krautbestand, der, wie die Steine, von dem sich niederschlagenden Eisen überzogen wird. Die Meerforelle berührt das weniger, weil sie noch in die zugänglich gebliebenen Bäche aufsteigen und dort, wie im Fluß, laichen kann. Traurig hingegen steht es um die Äsche, denn die alten Laichbetten sind vernichtet, und dem Nachwuchs fehlen die Unterschlupfmöglichkeiten wie auch das natürliche Angebot an Unterwasserinsekten. Die aus Landinsekten bestehende Oberflächennahrung ist unzureichend und als Fischbabykost ohnehin ungeeignet.

Das sind nun zwei Beispiele, wie sich einst erstklassige Gewässer gewaltsam verändern lassen. Will der Fliegenfischer nicht resignieren, muß er eine vollkommen neue Einstellung zu dem veränderten Biotop finden. Das wird in erster Linie bei der Auswahl künstlicher Fliegen der Fall sein. Denn noch immer fallen die großen, grünen Raupen von den Uferweiden, stolpert eine Heuschrecke übers Ufer hinaus oder purzelt irgendein Käfer über den Bachrand. Mit den zuvor an verschiedenen Stellen erwähnten Eric's Beetle, Kite's Imperial oder auch einer Fasanenschwanz-Nymphe kommt der Fischer immer noch zurecht.

Die vom Verfasser erwähnten Flußgebiete stellen natürlich nur einen begrenzten Teil der immer wieder verschiedenen Möglichkeiten in Flüssen und Bächen dar. Zu empfehlen ist, sich erst einmal um die örtlich gebräuchlichen Methoden und Fliegen zu kümmern, wenn z. B. auf Reisen ein neues Fließgewässer befischt werden soll. Aber auch wer von weither an ein längst bekanntes Gewässer kommt, kann plötzlich von extrem niedrigem oder auch sehr hohem Wasser überrascht werden.

Bei sehr niedrigem Wasser scheinen Bach und Fluß fischleer. Jetzt hilft manchmal nur ein präziser Wurf dorthin, wo sich die Fische versteckt halten. Das ist z. B. eine Vertiefung, die unterwaschenes Ufer andeutet. Aber bitte Vorsicht! Der Fisch fährt mit der gepackten Fliege sofort zurück. Darüber hinaus besteht noch in Kolken, Pools und dergleichen eine Chance, also immer dort, wo geügend Wasser vorhanden ist. Bei Hochwasser wiederum lassen sich unter Umständen immer noch Fische an sonst viel flacheren Stellen, wie Kiesbänken, Furten usw. erwischen, selbst wenn das Wasser zu einer braunen Brühe geworden ist. Hier sind besonders Streamer oder Naßfliege erfolgreich anzuwenden.

Manche Möglichkeit, auch mit schwierigen Situationen fertig zu werden, ist sogar in Vergessenheit geraten, wie die vom bereits erwähnten Physiker Alexander Behm, Erfinder des Echolots, geschaffene *nasse* Behmfliege. Er brachte sie mit einem extra dafür gearbeiteten Gummikörper heraus. Diese Fliege, die heute nicht mehr zu haben ist, dürfte nur noch einigen Grandseigneurs des Flugangelns bekannt sein. Behm sagte damals treffend, daß die Angler das meiste immer schon vorher erfunden hätten. Und gewiß meinte er in diesem Fall einen Vorreiter seiner Naßfliege, deren Körper aus Ventilgummi gebaut war, siehe Abb. 63. Diese Fliege, die unter anderem eine Sprocklarve hervorragend imitiert, ist, da sie mit entsprechender Beschwerung sehr tief gefischt werden kann, nicht nur bei Hochwasser außerordentlich erfolgreich. Neben Forellen verlockt sie

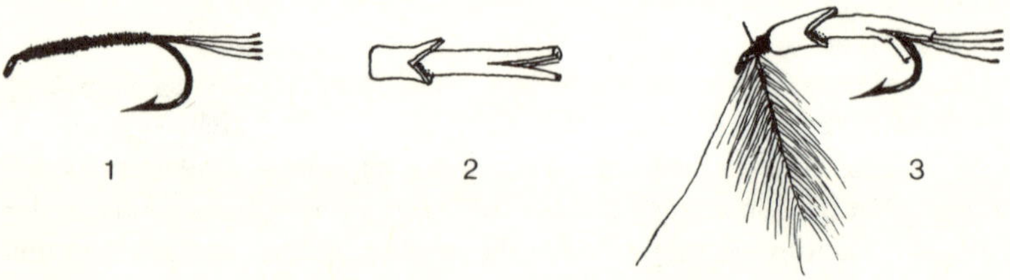

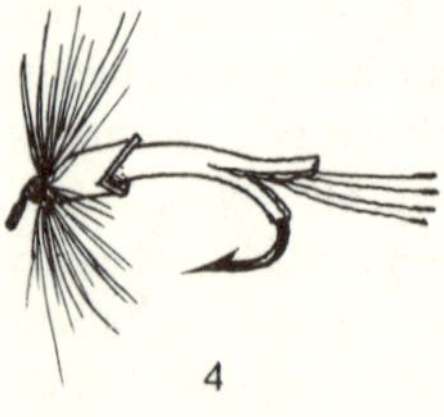

Abb. 63. Die „Ventilgummi-Fliege". Haken langschenkelig, Größe 10 bis 6. Körper Ventilgummi, mit Blei- oder Spulendraht unterlegt. Kopfhechel weiche braune bis dunkle Hennen- oder Wildvogelfeder. Schwanz, mehrere Fibern aus dem Kragen des Goldfasans. Und so wird sie gebunden: 1. Der langschenkelige Haken ist mit Draht umwickelt, der Schwanz eingebunden. – 2. Ein bei Hakengröße 8 etwa 3 cm langes Ventilgummi ist vorbereitet, indem die ersten 3 mm auf einem Zahnstocher umgestülpt worden sind und das letzte Drittel mit einem Querschnitt versehen ist. – 3. Ventilgummi wird von vorn über den Haken gezogen und etwas nach hinten geschoben, die Kopfhechel angewunden und die Stelle dahinter mit einem Hauch Klebstoff betupft. Dann Gummi darüber zurückschieben. – 4. Die fertige Fliege

auch steigfaule Grundäschen zum Anbiß, und, sofern sie vorkommt, die Meerforelle ebenfalls.

Ein weiterer guter Köder für die Fischerei bei Hochwasser ist die Nachbildung des Bachflohkrebses, die auch gleichzeitig eine Wasserassel darstellen könnte. Eric Horsfall-Turner, ein berühmter englischer Flugangler, fischte damit schon gar nicht mehr, weil sie für seinen Geschmack viel zu einfach und erfolgreich ist.

Das Fliegenfischen an Bächen und Flüssen ist, wie man sieht, bunt, abwechslungs- und erfolgreich und Spinner und Wurm müssen durchaus nicht immer die letzte Möglichkeit sein.

Fliegenfischen in Seen und Talsperren

Es war der englische Altmeister T. C. Ivens, der anfangs der 60er Jahre mit seinem Buch „Fliegenfischen in Seen und Talsperren", Verlag Paul Parey, hierzulande eine breite Fliegenfischerschar auf die Möglichkeiten des Fliegenfischens in diesen Gewässertypen hinwies. War dieses Buch auch mehr auf angelsächsische Verhältnisse zugeschnitten, die ja erheblich anders als in Mitteleuropa liegen, so wurden doch unzählige Flugangler motiviert, mangels geeigneter Fließgewässer den geliebten Sport am nahen See oder an der nächsten Talsperre auszuüben. Und daß Ivens Werk, das man heute schon zu den Klassikern zählen darf, noch weiter nachwirkt, ist daran erkennbar, daß im zeitgenössischen Schrifttum noch immer die Fliegen des Altmeisters Erwähnung finden, wie etwa die Jersey Herd, die Pretty-Pretty oder die Black and Peacock Spider.

Leider kommt hierzulande dem Fliegenfischer in Seen und Talsperren noch nicht die Bedeutung zu, wie etwa in Großbritannien oder in den USA. Dabei mangelt es keinesfalls an geeigneten Gewässern. Hier sei an die Talsperren der Mittelgebirge oder gar an die Alpenseen zu denken, die fast alle, was Sichtigkeit, Wasserqualität und Fischbestand angeht, die besten Voraussetzungen für das Fischen mit der künstlichen Fliege bieten. Aber es brauchen ja für die Flugangelei nicht unbedingt jene relativ kalten und damit für Salmoniden bestens geeigneten Gewässer zu sein. Auch die Seen, Weiher und Reservoire des Tieflandes bieten sich an, sofern sie nicht zu trübe sind. Salmoniden brauchen da nicht unbedingt zu ihrer Bewohnerschaft zu zählen. Kommt der Döbel in entsprechender Anzahl vor, und das ist, wo er überhaupt erscheint, meistens der Fall, dann lohnt sich die Fliege, was Kenner und Liebhaber dieses Fisches gern bestätigen werden.

Fast jeder Raubfisch ist mit der künstlichen Fliege zu fangen. In erster Linie muß hier an Hecht und Barsch gedacht werden. Ein Streamer, an Schwimm- oder Sinkschnur geknotet, erfüllt manchmal seine Aufgabe besser als ein Blinker oder Wobbler.

Der Zander (Schill) war schon immer der Fisch, dem Spezialisten mit tiefgeführten Reizfliegen nachstellten. Aland und Rotfeder sind zwei friedfertigere Vertreter, die vor allem sommertags allerlei Getier von und unter der Wasseroberfläche schlürfen, und deswegen gerade für die

Dieser kapitalen Seeforelle wurde der Streamer zum Verhängnis

Da lacht das Herz des Fliegenfischers: eine gewichtige Regenbogenforelle

Schaurig, doch von besonderem Reiz: Äschenfischerei im Herbstnebel

halbtrockene Fliege recht dankbare Objekte sind. Nymphenspezialisten sind imstande, einem wohlbeleibten Karpfen die winzige Nymphe so vors runde Maul zu setzen, daß dieser doch sonst so argwöhnische Fisch unbedenklich zuschnappt und den Anhieb meist mit längerem Kampf oder mit gesprengtem Vorfach quittiert. Schließlich sei an all die Brassen, Rotaugen, Ukeleis etc. gedacht, die von Leuten, die sich darauf verstehen, mit der Kunstfliege überlistet werden.

Selbstverständlich läßt sich beim Fliegenfischen in Seen und Talsperren jede Fliegenrute, gleich welcher Klassifikation, verwenden. Es lassen sich also auch mit einem Gerät der AFTMA-Klasse 4 durchaus befriedigende Ergebnisse erzielen. Dennoch ist es sinnvoll, sich eine mittelschwere bis schwere Ausrüstung zuzulegen, weil damit der Spielraum und die Möglichkeiten – kurze Würfe können sein, weite Würfe müssen sein – erheblich erweitert werden.

Bei speziell vorzuschlagenden mittelschweren Ruten ist an die Klasse 7 oder 8 gedacht. Die schwereren der Klasse 9 bis 10 sind dagegen mehr für den Grenzfall geeignet. nämlich dann, wenn mit schweren Fliegen bei extrem starkem Wind geworfen werden muß, oder wenn sich der Fischer ein Gerät zulegen will, das auch auf Meerforelle oder Lachs verwendet werden kann. Sogenannte Talsperrenruten lagen zu Ivens Zeiten, und das ist gerade eine gute Generation her, bei 250 bis 350 g Gewicht und etwa um 3 m Länge. Einen ganzen Tag lang mit solchen Ungetümen zu werfen, war ein harter Sport, besser gesagt, eine Schinderei. Ganz gewiß kamen hierbei die unvermeidlichen Ermüdungserscheinungen dem Wurfstil nicht zugute. Im Zeitalter der Bor- und Kohlefaser liegen diese Ruten stets unter 100 g Eigengewicht. Welch eine Erleichterung gegenüber ihren Vorgängerinnen. Ähnliche Rutentypen aus Glasfiber sind bedeutend schwerer und schwappiger und weisen in der Regel weniger befriedigende Wurfeigenschaften auf. Darum sollte jeder, der es sich leisten kann, zur Bor- oder Kohlefaserrute greifen.

Die ideale Rutenlänge liegt zwischen 2,50 bis 2,70 m, wobei zu beachten ist, daß die kürzeren schneller werfen, was aber wiederum eine sichere Beherrschung des Gerätes voraussetzt. Gehörten früher, im Zeitalter der Gesplie ßten, Würfe von 20 m zu den vielbestaunten Seltenheiten, so wird heutzutage selbst ein Durchschnittswerfer in der Lage sein, diese Distanzen dank der modernen Rutenkonzeptionen mühelos zu überwerfen, Könnern gestatten sie die gesamte Leine hinauszubringen. Und das ist gut so, denn an Seen und Talsperren hängt der Erfolg nicht selten von Weitwürfen ab.

Da der Fliegenfischer in solchen Gewässern eher an einen kapitalen

Fisch gerät als anderswo, darf die Rollenkapazität nicht zu gering sein. Darum sollte die Flugleine ruhig auf eine Fliegenrolle gespult sein, die ein bis zwei Klassen höher liegt als die zu werfende Schnur, denn nur so ist es möglich, genügend Nachschnur (Backing) auf dem Rollenkern zu lagern. Automatikrollen sind hier indiskutabel. Sie würden den harten Anforderungen nicht gewachsen sein. Mit der einfachen Fliegenrolle ist der Angler gut bedient. Noch besser eignet sich allerdings eine Multi-Fliegenrolle, die in den entsprechenden Klassen angeboten wird. Damit ist ein bedeutend schnelleres Einholen der Leine gewährleistet.

Die Vorfachstärke sollte den erwarteten Fischen und ihren Gewichten entsprechen. Geht es mit dem Streamer auf Hecht oder Großforelle, dann ist selbst das Extrem einer 40er Spitze zu vertreten. Pürscht der Fischer mit dem Boot auf einen Schwarm steigender Rotfedern, so wird er, falls noch strahlender Sonnenschein und unbewegtes Wasser hinzukommen, sinngemäß die zarte Trockenfliege an ein 12er oder 15er Vorfach knoten. Hier muß immer den Gegebenheiten Rechnung getragen werden. Dennoch lassen sich in solchen Biotopen die Begegnungen und Fischgewichte nicht immer vorauskalkulieren, und nur allzu leicht kann der Angler hier mit feinem Geschirr an einem gewichtigen, wütenden Salmoniden hängenbleiben. Wie beruhigend zu wissen, daß eine ausreichende Reserve vorhanden ist.

Außer Rute und Rolle, die der Flugangler nach eigenem Gutdünken auswählen wird, sollte er als unabdingbare Notwendigkeit die Schutzbrille in Betracht ziehen. Es braucht nicht unbedingt eine Polaroidbrille zu sein. Es bedarf schlechthin einer Schutzbrille, und wäre es nur so ein anspruchsloses Ding, wie es im Handwerk Verwendung findet. Denken wir an das Postulat des Fliegenfischens an weiträumigen Gewässern: Weite Würfe und meist schwere Fliegen! Nimmt der Fliegenfischer jetzt als große Unbekannte den Wind hinzu, ahnt er, was gemeint ist. Im Laufe der Fliegenfischerjahre haben dem Verfasser hilfsbereite Fremde schon allerlei Fliegen aus mehr oder weniger edlen Körperteilen entfernt (siehe Abb. 64). Das alles erträgt der Fischer ja ohne Wimperzucken. Klatscht ihm aber bei widrigem Wind hin und wieder die hakenbewehrte Fliege gegen die Schutzgläser seiner Brille, läuft es ihm doch eiskalt über den Rücken.

Welche Fliegen braucht nun der Flugangler für die Seen- und Talsperrenfischerei? Es sind die gleichen, wie sie auch an Bächen und Flüssen verwendet werden, nur vielleicht ein bis zwei Nummern größer. In diesem Zusammenhang ist es erst einmal wichtig zu wissen, welche Fischarten zu erwarten sind. Vielleicht hat der Angler das Gewässer, dem er sich jetzt als Fliegenfischer zuwendet, schon mit Blinker oder anderen Ködern befischt, so daß er über dessen Bewohner und ihre Eigenarten aus eigener Erfahrung und nicht nur durch Hörensagen im Bilde ist und weiß, wo und in welchen Tiefen er die Fische anzugehen hat. Handelt es sich überwiegend um Salmoniden, so wird er mit allen gängigen Forellenfliegen, ob naß oder trocken, bis hin zum voluminösen Streamer sein Glück versuchen. Dennoch geht es anfangs nicht ohne Experimente.

Bleiben wir bei der Forelle und beginnen mit der Fischerei im zeitigen Frühjahr. Durch das Laichgeschäft hat der Fisch körperlich abgewirtschaftet und unterliegt jetzt einer wahren Freßsucht. Er stürzt sich auf alles, was sich bewegt und das um so unbekümmerter, je weniger, und das ist in unseren Breiten meistens der Fall, das Gewässer bisher mit der Fliege befischt wurde. So ist das Überlisten von Forellen viel leichter als sie aufzufinden. Denn in Seen und Talsperren pflegen sie meistens herumzustreunen. Der Angler sucht sie dort auf, wo sie ausreichend Futter vorfinden. Das ist in der Regel dort der Fall, wo Insekten vorkommen, wo Wind und Drift Geschwemsel zusammengetragen haben oder wo sich Kleinfische aufhalten. Das ideale Hifsmittel in derart weiträumigen Gefilden ist das Boot. Der Angler steuert es gemütlich dorthin, wo Drift und Wind eben jene Futterstellen gebildet haben. Während des Fahrens sollte der Fischer eine zwar wenig kunstvolle, dafür aber um so erfolgreichere Fangmethode nicht außer acht lassen, nämlich das Schleppen der Fliege an fast abgezogener Flugleine. Handelt es sich hierbei auch um keine allzu große Kunst, so gibt es kaum eine bessere Möglichkeit, unterwegs in einen Forellenschwarm zu geraten oder gar irgendeinen kapitalen Einzelgänger an den Haken zu bekommen. Da die Forelle beim Anbiß mehr zuschlägt denn zuschnappt, sollte beim Schleppen, gleichgültig mit welcher Fliege, auf eine beruhigend dicke Vorfachspitze von etwa 0,25 mm hinaufgegangen werden. Bei geschleppten Streamern muß die Vorfachspitze schon mindestens 0,30 mm stark sein.

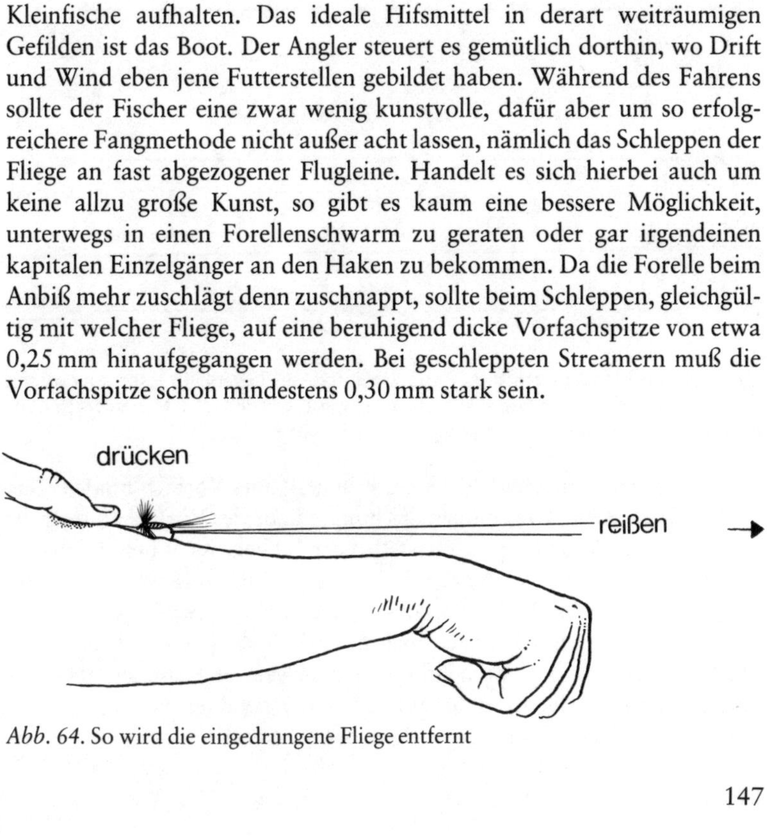

Abb. 64. So wird die eingedrungene Fliege entfernt

Bei solch weiten Fahrten, wie der Forellensuche mit geschleppter Fliege, wird eine Schwimmschnur verwendet, weil die Fische jetzt im oberen Wasserbereich zu suchen sind. Um dabei jedem Anspruch gerecht zu werden, verwendet der Angler hier am besten ein Vorfach mit zwei Fliegen, und zwar je ein helles und ein dunkles Muster, z. B. Goldfliege und Märzbraune. Der Verfasser fischt sie nicht als konventionelles „Gespann", also als Springer und Strecker, sondern als Tandem, fest auf die Flucht, eines auswechelbaren etwa 2,50 m langen, 0,25 mm starken Vorfachs gebunden. Dafür, daß diese Fliegen, die ja nicht am Öhr angeknotet sind, festen Sitz behalten, sorgt jeweils ein Knoten, der, zuvor im Nylon eingebracht, mit in die Fliege eingebunden wird. Hierzu lassen sich nur Haken mit hochstehendem Öhr verwenden. Wichtig ist, daß auch die letzte Fliege nicht ans Vorfach geknotet, sondern ebenfalls daraufgebunden wird, siehe Abb. 65. Denn nur so sind beide Fliegen in eine Flucht

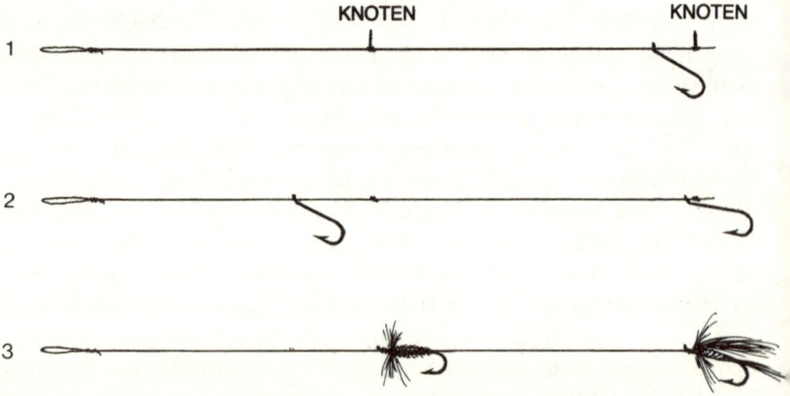

Abb. 65. Zwei tandemartig aufs Vorfach gebundene Fliegen. Für festen Sitz sorgen die beiden Knoten, die zuvor ins Vorfach geknüpft worden sind. Das Vorfach läuft also durch beide Fliegen hindurch

zu bekommen. Zunächst also den „Springer" aufs Vorfach binden. Das geht leichter, wenn beim Binden das hintere Ende des Vorfachs aufgerollt gehalten wird, damit es beim Herstellen der 1. Fliege nicht hinderlich ist.

Werfen lassen sich solche Kombinationen freilich äußerst schlecht. Sie verheddern sich zu leicht. Aber als sogenannte Schleppfliegen sind sie unschlagbar. Abschließend sei noch darauf hingewiesen, daß derartige Fluchten nicht nur mit Forellenfliegen herzustelen sind, sondern daß sich auch Streamer-Tandems in der Praxis hervorragend bewährt haben und das nicht nur auf Salmoniden. Hat der Angler vom Boot aus einen

Forellenschwarm oder einzelne Stücke geortet, sieht er also die Fische steigen oder springen, oder hat es gar in einem bestimmten Abschnitt schon Bisse gegeben, dann wird die weniger sportliche Tandem-Kombination von der Fliegenrute entfernt und die subtiler und genußvoller zu fischende Naß- oder Trockenfliegentechnik bevorzugt.

In Seen und Talsperen steigen die Forellen oftmals genauso augenfällig wie in Fließgewässern, und das meist viel unbekümmerter. Dies geht vermehrt in den Morgen- und Abendstunden vor sich. Beim Servieren ist dennoch große Vorsicht geboten. Denn wirft der Fliegenfischer einen ausgemachten Fisch an, passiert es nur zu leicht, daß ein nächststehender übersehen wird, der dicht unter der Oberfläche dahinreviert. Zieht der Angler ihm jetzt die Leine quer über den Rücken, wird er entsetzt das Weite suchen und seine Artgenossen mitreißen. Also bedächtig vorgehen und die Verhältnisse vor dem Wurf genau studieren. Bei windigem, leicht rauhem Wetter wird es nicht schwerfallen, ein paar steigende Salmoniden an die Fliege zu bekommen. Was im Forellenfluß den Schauplaz des Geschehens im Nu leerfegen würde, kann in Seen und Talsperren zu überraschenden Erfolgen verhelfen: nämlich der Trockenfliege durch Ziehen an der Leine oder Anheben der Rutenspitze Leben zu verleihen. Nicht selten stürzen sich gleich mehrere Fische futterneidisch auf das künstliche Insekt.

Aber auch die Naßfliege kann zu ungeahnten Erfolgen verhelfen. Es ist am erfolgsversprechendsten, sie dicht unter dem Wasserspiegel heranzuziehen, indem man die eingeholte Schnur einfach auf den Bootsboden fallen lassen oder in der Hand bündelt, wenn das Steigen auf die Trockene aus unerklärlichen Gründen plötzlich nachläßt oder gänzlich versiegt. Meist gilt es nur herauszufinden, welche Methode der Fliegenführung, schnell oder langsamer, die Aufmerksamkeit der Flossenträger wieder hervorruft.

Weil gerade diese Biotope in der Regel grundverschieden sind, wird der Seen- oder Talsperrenfischer oft ums Experimentieren kaum herumkommen. Besonders wenn das Beißen schlagartig nachläßt, heißt es umdenken. Sind die Fische etwa satt geworden? Haben sie sich aus irgendwelchen Gründen anderswohin verzogen? Oder sind sie zum Fressen nur eine Etage tiefer hinabgestiegen? Das sind die drei großen Fragen des Fliegenfischens an solchen Gewässern, mit denen man immer wieder konfrontiert werden wird. Wie steht es nun aber mit der Nymphe?

In Seen und Talsperren sollte auch mit mehr oder weniger beschwerten Nymphen gefischt werden, die sogar sehr viel voluminöser sein dürfen als gewöhnlich. Je länger das Nymphenvorfach gewählt wird, am besten nicht unter 3 m, um so besser ist es geeignet. Will der Angler den flacheren Uferbereich abfischen, und das wird wohl meistens der Fall sein, bleibt er bei der schwimmenden Wurfleine. Nach dem Eintauchen der Nymphe braucht es etwas Geduld, denn selbst bei beschwerten Nymphentypen währt es ein Weilchen, bis sie in fängigere Tiefen hinabgesunken sind. Während dieser Phase darf die gestreckt auf dem Wasser liegende Leine keinesfalls aus dem Auge gelassen werden. Denn ein plötzlicher Riß daran kann darauf hindeuten, daß das Kunstprodukt bereits beim Absinken genommen worden ist. Sobald der Fischer auch nur die geringste Bewegung an Vorfach oder Leine feststellt, sollte er unverzüglich anschlagen. Ist die Nymphe ohne äußere Reaktion in Grundnähe abgesunken, holt sie der Angler langsam, mit leicht zuckenden Bewegungen, ähnlich ihren natürlichen Vorbildern, wieder heran. Gerade bei dieser Art von Fischerei wird oft Bekanntschaft mit Döbeln, Alanden, Karpfen u. a. gemacht. Doch bleiben wir noch beim Forellenfischen, das in seinen Methoden und Anwendungen im großen und ganzen für alle Fische und die gesamte Saison steht.

Der Fliegenfischer ist also noch immer mit dem Boot unterwegs und wird, bleibt der Erfolg vorerst versagt, die Fliegenrute, nachdem genügend Leine abgezogen wurde, in die Halterung legen und mit kräftigen Riemenschlägen auf die Suche nach den Verschwundenen gehen. Die Nymphe bleibt am Vorfach, und sie folgt an abgezogener Leine im Kielwasser nach. Sie kann beim Schleppen genauso erfolgreich sein wie jede andere Fliege. Interessiert sich während der Fahrt in den oberen oder weniger tiefen Wasserregionen kein Fisch für den Köder, werden die tieferen Stellen beangelt. Das Gerät wird ummontiert, die Rute mit der Zweit- oder Drittrolle bestückt und mit mehr oder weniger schnellsinkender Leine versehen. Die Nymphe oder irgendeine andere Fliege soll nun mehr als fünf Meter hinunter. In größeren Tiefen verwendet man eine extrem schnell sinkende Schnur, den sogenannten Hi-D-Typ.

Weit wirft der Angler die Fliege hinaus, z. B. dorthin, wo sich das Gemäuer des Staudammes in grünschimmernde Tiefe verliert oder wo die sog. Barschberge zur Seemitte hin abfallen. Bei dieser Art von Fischerei heißt es noch länger warten, bis die Fliege mit der Leine abgesunken ist. Hier helfen eigentlich nur Erfahrungswerte. Sollte die Sinkleine am Grund aufsetzen, so besteht Gefahr, daß eine beschwerte Nymphe, aber auch mit einer ganz normalen Fliege geschieht dies mitunter, dort unten festhakt. In derartigen Fällen knüpfen Fliegenfischer, die sich auf solche Methoden spezialisiert haben, schwimmende Fliegen- oder Nymphenmuster, denen auftriebgebende Stoffe eingebaut wurden, an das Vorfach. Jetzt kann die schwere Sinkleine, und das ist sogar ein Vorteil, getrost über den Seeboden schleifen: Der Köder, sprich Fliege, schwebt ja dicht darüber hin. Mit dieser Methode will der Spezialist dem tieflauernden Griesgram und Einzelgänger auf die Schuppen rücken.

Muß der Flugangler aus irgendeinem Grund auf die wirklich angenehme Hilfe eines Bootes verzichten, so muß er sich umstellen und den jeweiligen Gegebenheiten, wie Uferbeschaffenheit, Tiefe und Untiefe beim jetzt meist notwendigen Waten Rechnung tragen. Handelt es sich um Flachwasserseen, die bei uns, im Gegensatz zu England, leider kaum vorkommen, wird er mit der Wathose hinreichend ausgerüstet sein. Ja, er wird in solchen Fällen ein Boot kaum vermissen. Schwieriger und gefährlicher wird das Waten in Talsperrengebieten mit jäh abfallendem Grund. Besonders an Mittelgebirgstalsperren ist bei Vollstau nicht ganz um die Watfischerei herumzukommen, da diese Talsperren meist bis zum Ufer hin von dichtem Baumbestand umgeben sind, der den notwendigen Rückschwung beim Werfen nicht zuläßt. Aber spätestens ab Juni wird in Jahren mit normalen Wetterverhältnissen damit begonnen, Wasser abzulassen. Die Uferzonen fallen dann nach und nach trocken.

Jetzt, wo besonders der Döbel seine schwachen Tage hat und in den Früh- und Abendstunden in unmittelbarer Nähe der Ufer herumvagabundiert, bietet sich dem Fliegenfischer ein überaus reizvoller Sport. Auch fällt das Laichgeschäft der Rotaugen noch in diese Zeit, und sie setzen meist in unmittelbarer Nähe des Ufers ihre Eier ab, was eine Unzahl verschiedener geschuppter Gourmets anlockt. Da findet sich die nimmersatte Forelle ein, da kreuzt der Döbel herum, den sein Laichgeschäft ganz bestimmt nicht um den Appetit gebracht hat. Die schwarzbunten Barsche kommen heran, und weit hörbar schmatzen dort die Karpfen den leckeren Kaviar hinunter. Während dort alles schlemmt, schleicht sich der Fliegenfischer heran, wirft aus sicherer Distanz Nymphe oder Naßfliege ins ufernahe Flachwasser und hakt einen der Vielbeschäftigten nach dem anderen. Es dauert meist eine ganze Weile, bis die Masse der Fische etwas merkt.

In Sommer, insbesondere während der Hundstage, läßt der Appetit der Bach- und Regenbogenforellen merklich nach. Aber was soll's! Haben See oder Talsperre einen buntgemischten Fischbestand, so sind genügend angenehme und abwechslungsreiche Ausweichmöglichkeiten vorhanden. Der Döbel beißt eigentlich jederzeit und fordert immer wieder zu neuen Experimenten heraus. Der Aland, meist auf den ersten Blick für einen Döbel gehalten, bringt Abwechslung durch seine bloße Gegenwart. Der Barsch ist in dieser Jahreszeit überall zu finden und stürzt sich in seiner kurzsichtigen Gier auf jedes nur erdenkliche, sich bewegende Fliegenmuster, sofern es nur nicht trocken gefischt wird. Beim Streamerfischen beweist der eine oder andere Hecht, daß er dem Angebot nicht abgeneigt ist. Wenige Etagen tiefer tut der Zander das gleiche. Gegen Abend steigen, wo sie reichlich vorkommen, Seesaiblinge nach der Trockenen oder der dicht unter der Oberfläche geführten Naßfliege. Wieder und wieder narren den Angler Lauben (Ukeleis), wenn sie sich an der dargebotenen Fliege übernehmen, weil sie für sie zu groß geraten ist.

Klingt der Sommer aus, und färbt sich das Laub bunt, schlägt noch einmal die Stunde der großen Forellen, vorzüglich der Regenbogenforellen. Sie wollen sich scheinbar für die Wintermonate eine letzte Fettschicht zulegen. Ich habe es an meinen heimatlichen Talsperren erlebt, daß sie sich jetzt in ihrer Freßsucht auf alles stürzen, was sich bewegt: Auf die wobbelnde Kartoffel der Karpfenangler, auf die achtlos ins Wasser geschnippte Zigarettenkippe, den leichtsinnig über Bord geworfenen Kronenkorken und – auf jede nur erdenkliche Fliege. In meinem Buch „Fliegenfischen für Fortgeschrittene“ habe ich darüber berichtet. Diese Hohe Zeit kann bis weit in den Oktober hinein andauern. In diese Stunden fällt auch noch einmal die Chance, eine kapitale Seeforelle an die Fliege zu bekommen. Daß diese Fische jetzt besonders aktiv sind, beweisen ihre manchmal meterhohen Saltos, mit denen sie den Beobachter, vornehmlich im letzten Abendsonnenschein, aus der Fassung bringen. Dem Fischersmann, dem eine Seeforelle plötzlich an der schnell eingezogenen Fliege hängenbleibt, verlangt ihm das Letzte ab. Aber in dieser Jahreszeit sind diese Fische auch tagsüber in den unteren Wasserschichten aufzustöbern. Mit schnellsinkenden Leinen und tiefgeführten Streamern ist ihnen beizukommen.

Der Herbst hat seinen Höhepunkt erreicht. Jetzt naht die beste Zeit des Streamerfischers auf den Hecht, wobei er immer wieder die Bekanntschaft mit Barsch, Döbel oder anderen Spezies auffrischen kann. Die Saison erstreckt sich bis in die Tage des ersten Frostes hinein. Mit vereisten Rutenringen aber läßt sich auch beim besten Willen kein vernünftiger Wurf mehr zustandebringen. Sonst aber kann der Angler an See und Talsperre die Rute schwingen, sooft er will und soweit es Wetter und Schonzeit zulassen.

Fliegenfischen in Angelzentren und Aushubgewässern

Angelzentren! So mancher Liebhaber der Fliegenrute wird nun skeptisch, werden derartige Gewässer doch oft mit, sagen wir's ruhig, Verachtung betrachtet. Doch sind wirklich die dortigen Angler so unsportlich oder fischen sie tatsächlich nur für die Pfanne? Halten wir uns aus einer unerquicklichen Diskussion heraus und suchen nach den positiven Aspekten dieser Angelmöglichkeiten. So mancher Fliegenfischer, dem vielleicht nur wenig Zeit für das geliebte Hobby bleibt, wird froh sein, überhaupt einmal einen schönen Salmoniden an den Haken zu bekommen, ohne dafür viele, viele Kilometer fahren zu müssen. Und so mancher Anfänger findet Sinn und Inhalt des Angelns beim Fischen im Angelzentrum mit guter Erfolgschance. So auch der Neuling mit der Fliegenrute, der hier seinen ersten Durchbruch erzielt.

Bei den Aushubgewässern wird's schon ein bißchen schwieriger. Diese künstlich entstandenen bzw. von Mensch und Maschine geschaffenen Seen werden manchem Angler als spezielle Fliegenfischerreviere ein wenig fremd erscheinen. Doch macht gerade die ständig zunehmende Verbreitung des Fliegenfischens über die typischen Salmonidenstrecken hinaus, und dessen Anwendung auf andere Fischarten auch die Aushubgewässer für die Nutzung mit der Fliegenrute immer reizvoller. Nicht nur Könner oder gar Spezialisten versuchen an derartigen Gestaden ihr Glück, sondern speziell Anfänger bevorzugen Aushubgewässer, weil sie hier räumliche Weite und viel weniger Hindernisse als anderswo vorfinden. Darüber hinaus bietet sich gute Gelegenheit zum Training, immer mit der Aussicht, einen beachtlichen Fisch an die Fliege zu bekommen.

Aushubgewässer können aber auch für den Fachmann sehr interessant sein. Von der Naßfliege über die Nymphe bis hin zum Streamer bietet sich jedes Muster an, und oft genug auch die Trockene. Letztere besonders beim Fischen auf Rotfeder, Nase, Aland, Döbel und Ukelei, ohne dabei die Forelle außer acht zu lassen. Desgleichen lohnt es sich, die schwere Streamer- oder Schußkopffischerei zu betreiben, die für die größeren, tiefer stehenden Räuber gedacht ist. Denn auch hier gibt es Zander, Barsch und Hecht, und so manch kapitale Forelle, die am Grunde haust. Die Fliegenfischerei kann in Aushubgewässern genauso vielfältig sein wie die in Seen und Talsperren. Darum sind alle Techniken, die in dem Kapitel „Fliegenfischen in Seen und Talsperren" beschrieben sind, auch in Aushubgewässern voll anzuwenden.

Es gibt verschiedene Arten von Aushubgewässern. Viele davon liegen im Flachland und dienten der Sandgewinnung für Autostraßen oder andere Baumaßnahmen. Sie laufen meistens später fast bodengleich voll Wasser, vorausgesetzt, der Grundwasserspiegel ermöglicht das oder sie werden auch durch in der Nähe vorbeifließende Bäche oder Flüsse gespeist und angestaut.

Eine andere Art von Aushüben zeigt sich in Marsch- oder moorartigen Landschaften, wo Torf oder fruchtbarer Schlamm gewonnen wurde. Diese Gruben werden meistens nicht mit Schiebebaggern sondern mit Krahn- oder Schaufelbaggern ausgehoben und sind von außen in die Tiefe gearbeitet worden. Das ergibt meistens eine von der Mitte her tiefe und nach außen hin flachere Beschaffenheit. Oft entstehen auch ringartige oder ovale Gruben, worin die oberste Bodenschicht aufgehäuft wurde und nun als Rund- oder Langinsel zurückgeblieben ist.

Zurück zu Sand- oder Kiesgewinnungsaushüben. In hügeligen oder bergigen Gegenden mit ausreichend Grund- oder Zulaufwasser, wie z. B. in der mittleren Bundesrepublik und in der nördlichen Geest sowie im Alpenvorland werden oftmals gewaltige ‚Löcher' in die Landschaft gewühlt. Riesige Bagger arbeiten darin oft sogar unter dem Grundwasserspiegel, wobei Lenzpumpen für trockenen Boden sorgen.

Diese Gruben werden, je nach Sand- oder Kiesvorkommen, bis zu 30 m Tiefe ausgehoben. Sie laufen oder sickern später bis zum Ausgleich des aus dem Erdinnern kommenden Grundwasserdrucks oder der eventuellen quellartigen Einflüsse voll. Oder sie werden aus Fließgewässern gespeist. Hier bilden sich häufig rundum kaum begehbare Steilufer. Diese Aushübe füllen sich nämlich überwiegend bis höchstens zur Hälfte ihrer tatsächlichen „Wandhöhe" mit Wasser. Erst nach Jahren setzt sich das Steilufer unter und über dem Wasserspiegel fest, was durch Bewuchs stark begünstigt wird. In den seichten Bereichen dieser Gewässer erwärmt sich das Wasser schnell, und erstes Leben entsteht. Algen und Unterwasserpflanzen entwickeln sich. Sie bilden die Nahrungsgrundlage der Kleintierwelt. Neben den ersten, vom Wassergeflügel als Eier eingebrachten Fischen, wärmt sich alsbald der Besatz den Rücken; ein sommerlich vielversprechender Anblick, der den Angler begeistert. Von den seichten Regionen strahlt nun eine fast sternförmige Entwicklung in die anderen Gewässerbereiche aus. Bald wird auch die der Sonne abgewandte Seite durch konstante Erwärmung in diesen biologischen Kreis einbezogen.

Doch die Voraussetzungen ändern sich häufig durch die Steilwandigkeit und die damit verbundenen Abspülungen.

Deshalb bringt der Bewirtschafter auch nicht sofort fang- und speisefähige Fische wie z. B. Karpfen und Forellen ein, sondern er gönnt der Natur ein wenig Zeit und verzichtet vorerst auf den Angelsport.

Über die anschließend besprochene Angelei in Angelzentren hinaus erfordert gerade die Fliegenfischerei an steilwandreichen Gewässern eine besondere Wurfvariante. Die übliche Technik mit der beim Rückschwung nach hinten gestreckten Fliegenschnur kann nicht ausgeführt werden. Die Steilwand als Hindernis unmittelbar hinter dem Angler fordert einen Spezialwurf, der sich von den bekannten Wurfarten wesentlich unterscheidet. Selbstverständlich könnte man es sich einfach machen und die Schnur parallel zum Ufer auswerfen, um sie durch Versetzen mit dem Rollwurf rechtwinklig zum Ufer oder darüber hinaus auszubringen. Zweifelhaft bleibt, ob die Angelegenheit nicht zu unruhig und mancher Fisch ‚überrollt' wird. Soll indessen der Fisch direkt angeworfen, also auf Sicht gefischt werden, so bleibt nur der „Steilwurf". Diese Wurfvariante kann jeder halbwegs versierte Werfer leicht ausführen, indem er den Vorschwung nach vorn tiefer, und den Rückschwung nach hnten höher ansetzt. Im übrigen bewähren sich auch hier die Methoden, wie sie im Kapitel „Fliegenfischen in Seen und Talsperren" beschrieben sind, einschließlich der Bootsangelei.

Selbstverständlich sind auch beim Flugangeln in Angelzentren einige Schwierigkeiten zu überwinden, mit denen der Praktiker durchaus nicht gleich fertig wird. Oft ist die Anglerzahl sehr groß, und es herrscht Platzmangel an den Ufern. Wenn dann noch jemand mit der Fliegenrute kommt und an unterschiedlichen Stellen seinem Hobby nachgehen möchte, dann wird er nicht immer wohlwollend betrachtet oder gar gern gesehen. Für ihn selbst wird es aber oft auch ein wenig eng, und schließlich möchte er die Mitangler nicht belästigen. Hicr Empfehlungen zu geben, wäre wenig sinnvoll. Schließlich wird nicht jeder gerade Zeit finden, nur dann zu fischen, wenn er ungestört von Konkurrenten ist.

Am frühen Morgen und vor der Abenddämmerung ist meistens besonders viel Betrieb, ebenso an Sonn- u. Feiertagen. In der Mittagszeit lichtet sich die Reihe der Teilnehmer, denn dann beißen die Salmoniden erfahrungsgemäß nicht mehr so gut. Das wäre eine geeignete Zeit für den Fliegenfischer. Nun stellt sich zudem meist heraus, daß seine Köder denen der Posenangler durchaus überlegen sein können und, raffiniert vorgeführt, noch so manchen Fisch überlisten, der der Fliege aus Aggression, Neugier oder Spieltrieb folgt, den natürlichen Köder jedoch verschmäht.

Jetzt kann der Fischer die Überlegenheit der Fliegenrute dartun, und nicht selten treten neugierige Sportfreunde hinzu, die sich vielleicht sogar für diese schöne Angelart gewinnen lassen, also gleich mit dem Gedanken spielen, beim nächsten Mal ihre ersten Versuche mit der Fliege zu wagen. Auch das sollte dem sportlichen Wert der Fliegenfischerei in Angelzentren hinzugezählt werden. In einigen Angelzentren werden nicht nur außerordentlich große Forellen ausgesetzt, sondern sie wachsen mit der Zeit sogar noch stark ab, so daß eigentlich immer Aussicht auf ein kapitales Exemplar besteht. Durch die Vielzahl der Köderangebote und wiederholtes Haken einzelner Fische werden diese mit der Zeit schlauer. Hier bieten sich gerade für den Fliegenfischer noch außergewöhnliche Möglichkeiten, da seine Köder den Fischen weitem nicht so gut bekannt sind wie die der Posen- oder Grundangler.

Salmonidenbesatz in Angelzentren kommt meistens aus Zuchtanlagen, wo konzentrierte Futtermittel verabreicht werden. Die Fische werden dadurch heißhungrig auf jede andere Nahrung, erst recht auf Angebote von „Oben", nämlich Fliegen oder Nymphfen ect., also Flugangelköder. Diese kennen und nehmen sie vermutlich instinktiv. Auch hier liegt eine oft viel zu wenig genutzte Chance der Fliegenfischer.

Es gibt praktisch keine Flugangelart, die in den besprochenen Gewässertypen nicht ausgeübt werden kann. Die unmittelbar neben der Böschung stehende Forelle wird wie im Bach oder Fluß angeworfen und bietet, vorausgesetzt sie ist fit, einen herrlichen Drill im freien Wasser, ohne die Gefahr von Hängern oder anderen Unannehmlichkeiten. Überall steigen die Forellen und fordern die Trockenfliege förmlich heraus. Plötzlich ist Stille. Wer kennt das nicht! Nun kommt die „Nasse" an die Reihe. Sie wird sorgfältig in kleinen Intervallen herangezogen. Teils läßt der Fischer sie erneut absacken, legt Pausen ein, dann wieder zügige Aktionen. Er läßt sie an der Schar „trödeln" und wirft neu aus, um das gleiche etwa mit einem Streamer zu wiederholen. Die Fliegenwahl scheint in Angelzentren bis auf einige Ausnahmen tatsächlich eine untergeordnete Rolle zu spielen. Sie wird erst dann entscheidend, wenn der Fliegenfischer den größeren und sich schon länger im Gewässer aufhaltenden Forellen an die Schuppen will. Ganz sicher nutzen jetzt Beispiele aus dem Kapitel über das Streamerfischen oder die Anleitungen für Angebote in Seen und Talsperren.

Ideal für den Fischer in Angelzentren wäre es, er könnte mit dem Fischen parallel zum Ufer beginnen und dann kreisförmig den Bereich abfischen. Das ist wegen der vielen anderen Sportfreunde aber so gut wie unmöglich. Inzwischen ist man mancherorts aber schon dazu übergegangen, in bestimmten Angelzentren spezielle Teiche für das Fliegenfischen zu reservieren, eine begrüßenswerte Entwicklung, die das Interesse so manchen jetzt noch abwartenden Fliegenfischers wachrufen wird.

Zum Schluß noch ein Wort über England, wo es ähnliche Angelzentren wie in Mitteleuropa gibt. Ihre Zahl ist indes verhältnismäßig gering, was auf die Fülle natürlicher Gewässer zurückzuführen ist, die dem dortigen Angler zur Verfügung steht. Anders aber als in Deutschland gibt es in England spezielle Angelzentren nur für Fliegenfischer. Die Entwicklung hat vor über 20 Jahren begonnen, als die berühmt gewordenen „Two Lakes" eingerichtet wurden, die bald viel Nachahmung fanden.

Es sind in der Regel größere ablaßbare Teiche, landschaftlich sehr schön gestaltet. Speziell für den Fliegenfischer wurden häufig lange Buhnen in das Gewässer hinausgebaut, von denen aus der Flugangler freie Wurfmöglichkeiten hat. Die Fliegenfischer-Angelzentren sind in der Regel mit Regenbogenforellen und mit Schleien besetzt. Jedes Jahr werden sie abgelassen, abgefischt und neu besetzt. Die Schleien dienen dabei dem Bewirtschafter lediglich als lukrativer Nebenfisch.

Selbst gemessen am hohen Aufwand in derartigen Angelzentren ist der Preis einer Tageskarte für den Fliegenfischer allerdings sehr hoch.

Fliegenfischen auf Nichtsalmoniden

Daß auch solche Fische die künstliche Fliegen nehmen, die der Unbefangene nicht sogleich in die Gruppe der typischen „Fliegenruten-Fische“, wie etwa Forelle und Äsche, einreihen würde, wissen nicht alle Angler. Würden sonst wohl die meisten Döbel und Hasel mit der Friedfischangel gefangen, da doch ihr Fang mit der Fliegenrute erfreulich sein könnte? Wie wenigen ist es bekannt, daß außer Döbel und Hasel noch eine ganze Menge anderer Fried- und Raubfische die Kunstfliege nimmt, sofern sie nur richtig angeboten wird. Jede unserer heimischen Fischarten lebt von Insekten in irgendwelchen Stadien. Selbst der handfeste Mahlzeiten liebende Hecht hat sich in seiner Baby- und Kinderzeit mit solcher Kost hochgepäppelt, und er schnappt noch heute als gestandener Wegelagerer, den strampelnden Wasserkerf oder die aufsteigende Maifliegennymphe weg. Magenuntersuchungen haben das vielfach bewiesen.

Wie steht es nun mit den „Edlen“, mit Forelle und Äsche? Sie wiederum stürzen sich mit wahrem Heißhunger auf so profane Speisen wie Kartoffeln, Käse und Brot. Während sich tief unten der Karpfen, dem diese Köder eigentlich zugedacht waren, im Grundschlamm wühlend an Larven und Schnecken gütlich tut, kann ihm ein routinierter Fliegenfischer durchaus die bleibeschwerte Nymphe unterschieben. Es ist wirklich jammerschade, daß noch immer so viele Flugangler, fehlt es ihnen an geeigneten Salmonidengewässern, die Alternative, mit der künstlichen Fliege auf Nichtsalmoniden zu fischen, ungenutzt lassen. Besonders dann, wenn sie zwei so markante Vertreter für die Fliegenrute wie Hasel und Döbel in ihrem Wasser wissen.

Der Hasel, auch Häsling oder Strömling genannt, ist in der sogenannten Barbenregion zu Hause. Was ihm von der Natur an Gewicht und Statur versagt geblieben ist, macht er durch Elan, Tempo und Tapferkeit zehnmal wett. Zu groß ist er freilich nicht geraten, dieser silberblanke Kerl, der den Flugangler recht in Schweiß bringen kann, wenn er nach der künstlichen Fliege steigt. Schließlich wird nicht jeder Anhieb mit einem hängenden Fisch belohnt. Gehen wir die Sache jedoch mit etwas mehr Überlegung an, so schlagen wir bestimmt ein paar Löcher weniger in die Luft.

Schon im April, wenn ein paar aufeinanderfolgende Sonnentage das launenhafte Wetter abgelöst haben, zeigen sich auf dem Fischwasser jene rasch zerrinnenden Ringe, die den nach Oberflächennahrung, also nach Insekten steigenden Hasel verraten. Er steht nie allein. Schwarmweise, von Brücken oder Steilufern herab, können die Fische sehr gut beobachtet werden. Sie schwänzeln miteinander gegen die Strömung und gehen emsig nach allem auf, was ihnen genießbar erscheint, wobei die stärksten Stücke immer am Kopf der Gesellschaft stehen. Es handelt sich um einen äußerst wachsamen Haufen und fürwahr: Der Fischer muß sich, um diese Zwerge zu überlisten, einen kleinen Schlachtplan ausdenken.

Die Fliege querab zu werfen, vom Ufer oder aus dem Wasser, erscheint hier angebracht, denn der Hasel kann sehr bald permanente Vorfachscheu entwickeln. Darum wäre es noch besser, ein Stück stromauf zu waten. Etwa nach 12 m wird haltgemacht und die Gesellschaft stromab angewor-

Abb. 66. Der zurückgestoppte Wurf stromab: 1. Der letzte Vorschub ist mit Gefühl ausgeführt worden. Die Leine darf, wenn die Rute in die 11-Uhr-Position geschwippt ist, nicht zurückprallen. Danach wird die Rute, noch ehe die Leine das Wasser berührt, in die 12-Uhr-Position zurückgenommen. – 2. Jetzt wird die Rute mit der Strömungsgeschwindigkeit gesenkt. – 3. Die Fliege kann ungehindert abtreiben

fen. Etwa 2–3 m vor dem ersten Fisch setzt die Fliege hauchzart auf (zurückgestoppter Wurf, siehe Abb. 66) und treibt, indem sich die Rute mit der Strömungsgeschwindigkeit senkt, auf die Fische zu. Jetzt muß die Fliege den ersten erreicht haben, ohne daß er das Vorfach zu Gesicht bekommen hat und schwupps, schon ist das vermeintliche Insekt genommen, und die zurückzuckende Spitze treibt den Haken ein.

Es ist wirklich zu schade, daß der Hasel nicht das Kaliber des bulligen Döbels erreicht. Welch grandiosen Sportfisch er dann wohl abgäbe! Unter Springen, Plantschen und zappelndem Widerstand drillt ihn der Angler heran und gibt ihm die Freiheit zurück. „Hallo, Herr Nachbar, Sie haben schon eine Reihe von Bissen zu verzeichnen gehabt und nicht einen einzigen Fisch gehakt? Zeigen Sie mir doch einmal Ihre Fliege. Ja, mit dem Brummer, den Sie da an das übrigens viel zu grobe Vorfach geknüpft haben, erwischen Sie beileibe keinen Hasel".

Ein paar grundlegende Fehler können dem im Haselfang weniger erfahrenen Fliegenfischer unterlaufen. Meistens unterschätzt er die Wachsamkeit seiner Gegner, und er nimmt zu große Fliegen. Hakengröße 16 ist gut, die 18er ist besser, eine Fliege auf einen 20er Haken gebunden aber geradezu ideal. An Form und Aussehen stellt der Hasel, wie sein Vetter, der Döbel, keine allzu großen Ansprüche. Eine winzige Hechelfliege mit hellem oder auch dunklem Körper erfüllt ihren Zweck vollauf. Das Vorfach aber sollte hauchdünn sein, am besten so um die 0,12 mm herum.

Die Trockenfliegenfischerei auf Hasel, der Angler wird zwischendurch immer wieder einen streunenden Döbel oder eine herumzigeunernde Forelle an den Haken bekommen, kann bis in den Hochsommer hinein guten Sport bieten. Aber dann, nach und nach, das gilt besonders für Gewässer, wo er häufig befischt wird, stellt sich zunehmende Empfindlichkeit der Fische gegen die angewendete Methode ein: Sie haben Erfahrungen gesammelt, sind zurückhaltender geworden. Jetzt praktiziert der Fischersmann eine sehr exklusive Angelart, nämlich die Nymphenfischerei schräg stromauf. Sie bringt wieder Aktion in die Angelegenheit. Denn es war meist das beim Trockenfischen sichtbar auf dem Wasser liegende Vorfach, wovor der Hasel schließlich zurückschreckte. Mit der Nymphe, kleine Naßfliegen eigenen sich ebenfalls, können bis in den goldenen Oktober hinein Hasel gefangen werden.

Kann der Angler bei der Fischerei auf den Hasel von einer Art Saison sprechen, so gilt dieser Zeitbegriff beim Döbel nicht. Dieser Fisch beißt zu jeder Tages- und Jahreszeit auf die künstliche Fliege. Er ist einer der zuverlässigsten Steiger und das für die Flugangelei dankbarste Wesen unter den Nichtsalmoniden. Kein Fisch fordert so häufig zum Experimen-

Im Winter geht die Äsche gern an besonders kleine Fliegen

Kaum voneinander zu unterscheiden: Larve der Großen Steinfliege (Perla) und deren Nachbildung *(oben)*

Hier wird festgestellt, welche Unterwasserfauna im Fischwasser vorkommt: Ein selbstgebasteltes Auffangnetz (ein Stück Gaze ist zwischen zwei Stäben befestigt) wird gegen die Strömung gehalten und der Flußgrund, bzw. Kies und Steine, werden mit einer Harke aufgewühlt. Auch die kleinste Nymphe bleibt an dem feinen Gewebe hängen

Soll exakt ergründet werden, welcher Insektenkost die Salmoniden gerade den Vorzug geben, hilft nur die Analyse des Mageninhaltes. Hier benutzt der Fliegenfischer das dafür ideal geeignete Küchensieb, um die unverdauten Bestandteile aus dem Verdauungsbrei herauszuspülen

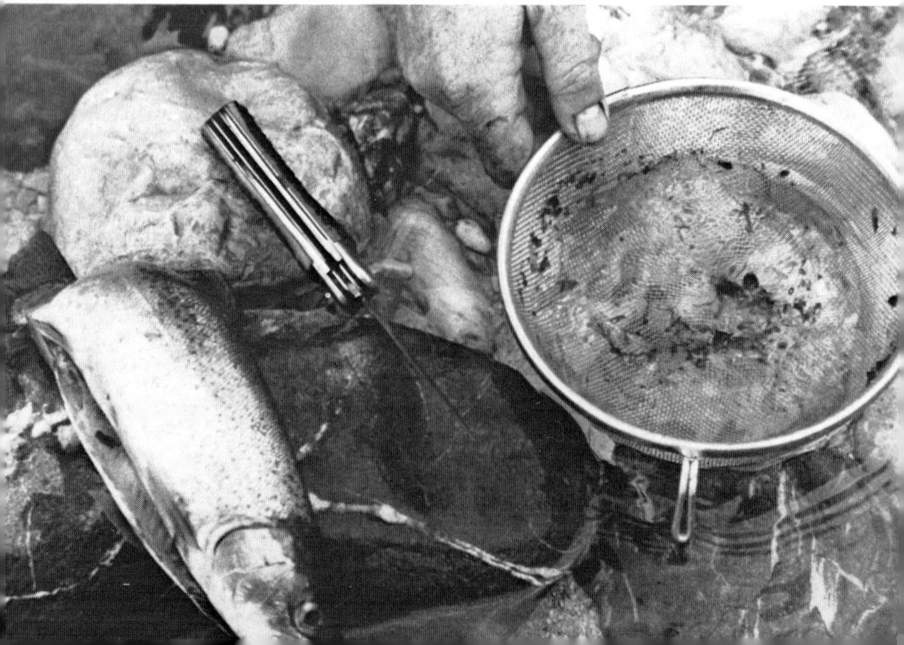

tieren heraus und nimmt so verrückte Fliegenmuster wie der Döbel. Aber auch kein anderer Fisch beweist ein so nachhaltig gutes Gedächtnis wie dieser, wenn er einmal schlechte Erfahrungen gemacht hat. Viele Jäger stellen die Intelligenz einer Krähe unter den bejagbaren Tieren obenan. Soll in der Fischerei ein Vergleich gesucht werden, dann gebührt dieses Prädikat zweifelsohne dem Döbel.

Die einfachste Angelart, den Döbel an die künstliche Fliege zu bekommen, ist die im Fluß mit der Strömung ausgeworfene und wieder herangezogene Naßfliege. Die eingeholte schwimmende Leine wird am besten in der Linken gebündelt (Seite 162, Abb. 67; siehe auch Kapitel „Fliegenfischen in Seen und Talsperren"). Der Angler wirft stets schräg stromab, läßt die Fliege herumtreiben und holt sie schließlich unter leichten Wippbewegungen der Rutenspitze wieder heran. So können weite Flußpartien abgefischt werden.

Ideal bei dieser Methode wäre es, man stünde mit der Wathose bekleidet in der Flußmitte und könnte somit schräg auf beide Ufer zuwerfen. Besonders im Mai/Juni sammeln sich Scharen von Döbeln in ganz bestimmten Flußabschnitten zum Ablaichen. Trotz ihres Zustandes haben sie jetzt keineswegs ihren unaufhörlichen Appetit eingebüßt, eher das Gegenteil ist der Fall. Da sie nun in Hochzeitsstimmung sind, was hier meistens auf Kosten des Verstandes geht, hat der Fliegenfischer durchaus die Möglichkeit, einen ganz Kapitalen zu übertölpeln.

Wer wegen besonderer Umstände gezwungen ist, vom Ufer aus zu fischen, der wirft quer zur Flußmitte und läßt die Fliege zum Ufer herumtreiben. Die Frage nach der besten Naßfliege ganz gleich, ob für fließende oder stehende Gewässer, ist schnell beantwortet: Außer der Märzbraunen alle dunklen Palmer, Alexandra, Wickham's, ferner Phantasie-Hechelfliegen sowie schockfarbene Streamer. Und wer es ganz genau wissen will, der versucht seine Lachsfliegen. Auch diese werden bestimmt angenommen. Die gebräuchlichste Fliegengröße liegt bei 10–12, die Vorfachspitze bei 0,20–0,25 mm.

Auch im stehenden Gewässer, handle es sich nun um See, Teich, Talsperre usw., gelten bei der Naßfischerei die gleichen Gesetze wie im Fließwasser. Die Fliege wird beim Fischen auf Verdacht möglichst weit hinausgeworfen und mit wippenden und zuckenden Rutenbewegungen wieder eingeholt. Bei gesichteten Döbeln, die ja selten allein stehen, wird die Sache im stehenden Wasser etwas schwierig, besonders wenn es klar ist. Jetzt muß der Angler in der Lage sein, die Fische so geschickt anzuwerfen, daß die Flugleine nicht störend zwischen die Döbel ins Wasser klatscht und die ganze Gesellschaft verscheucht. Das ist besonders

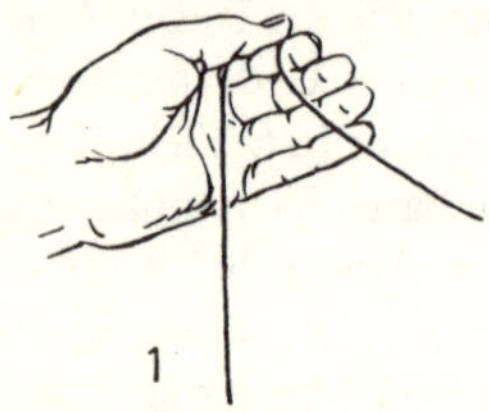

Das Halten der Schnur zu Beginn des Einholens.

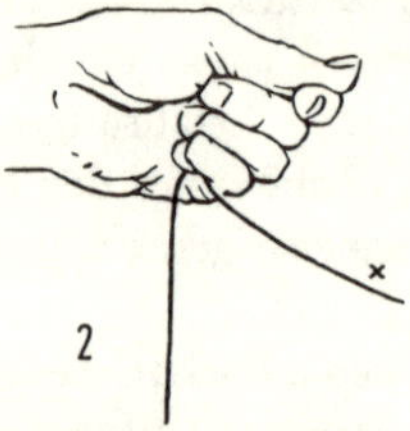

Die Hand wird geschlossen und Daumen und Zeigefinger greifen vor zu Punkt X.

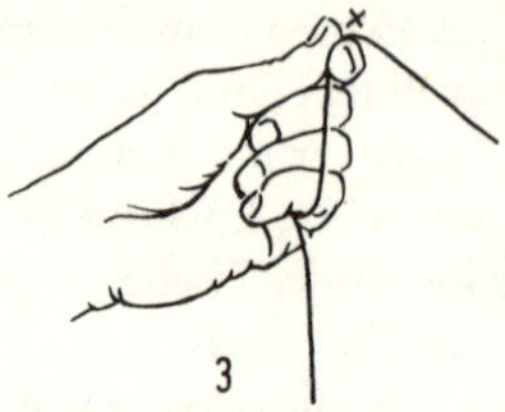

Die Schnur liegt im Punkt X zwischen Daumen und Zeigefinger und wird durch eine Handumdrehung herangeholt.

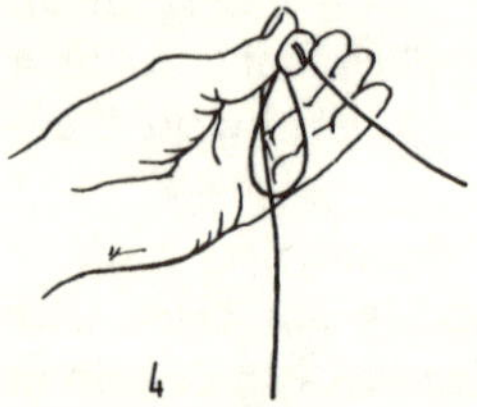

Die anderen drei Finger werden aus der so gebildeten Schlaufe gezogen und greifen wie in 1 hinter die Schnur. Dieser Vorgang wiederholt sich, bis schließlich die Schnur wie in 5 in der Hand liegt.

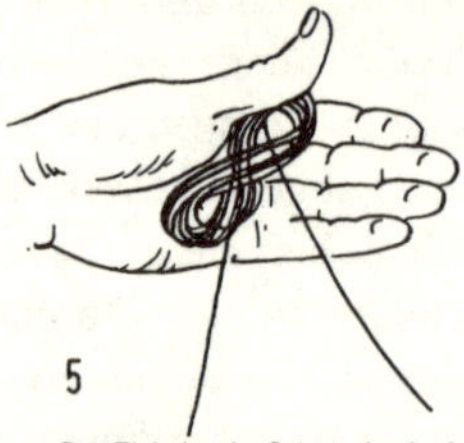

Das Einholen der Schnur durch „Achtförmiges Bündeln".

Abb. 67. Das Einholen der Schnur (Bündeln)

tagsüber, bei sonnigem Wetter, ein schier unmögliches Unterfangen, denn jetzt haben die Dickköpfe „auf jeder Schuppe ein Auge". Günstigenfalls verdämmern sie in den Schattenpartien die hellen, warmen Stunden, wo sie mit einer vorsichtig vorbeigeführten Fliege zu überlisten wären. Am besten gelingt der Fang, wenn es bewölkt ist und ein warmer, feiner Landregen niedergeht. Oder auch dann, wenn bei bedecktem Himmel ein Lüftchen die Wasseroberfläche etwas aufrauht.

Hat der Döbel sein Laichgeschäft beendet und stehen die Hundstage ins Haus, greift der Kenner zur Trockenfliege. Die schwersten Exemplare, von denen der Verfasser weiß, daß sie mit der Fliege gefangen worden sind, gehen aufs Konto der Trockenen. Das Fischen mit diesem Fliegentyp hängt von keiner Jahreszeit ab, und es ist kein Monat des Jahres bekannt, in dem nicht ein paar Dickköpfe mit der Trockenfliege, vorzüglich der Wickham's, überlistet worden wären.

Für das Trockenfischen auf Döbel in stehenden Gewässern ist eine spiegelblanke, sonnenbeschiedene Wasseroberfläche immer von Nachteil. Bei solchen Verhältnissen sollte der Fischer seine Aufmerksamkeit auf die schattigen Abschnitte, unter Uferbäume und Buschwerk lenken, denn hier finden sich, wenn sie von der Sonne genug haben, die Döbel wieder. Die meiste Aussicht auf Erfolg verspricht aber auch jetzt wieder verhangener Himmel mit etwas Wind, und, im Idealfall, mit feinem Regen. Ferner sind die dämmerigen Morgen- und Abendstunden dazu geeignet, den Döbel zu einer Dummheit hinzureißen. Wer sein Gerät auch in der Dunkelheit sicher beherrscht, der sollte es einmal in hellen Nächten versuchen.

Muß der Fliegenfischer bei sichtigem Wetter und Wasser einen Trupp entdeckter Döbel anwerfen, sollte er sich in stehenden Gewässern stets den Wind, beziehungsweise die Drift zunutze machen. Ginge er die Fische direkt an, könnte er einen der Kumpane nur allzu leicht übersehen und ihm im Eifer des Gefechtes die Flugleine quer über den Rücken ziehen. Also wird die Leine so geschickt auf dem Wasser abgelegt, daß sie, ohne Verdacht zu erregen, samt Fliege und Vorfach auf die Döbel zutreibt, denn auch in einem sogenannten stehenden Gewässer gibt es grundsätzlich keinen Stillstand. Wind, Wellen, Drift und Umschichtung sorgen für ständige Bewegung. Lernt der Trockenfliegenfischer diese Tatsachen für sich auszunutzen, wird er auch dem Döbel, der fast immer mit dem Kopf gegen die Drift gerichtet steht, beizukommen wissen. Spezialisten bringen es bei dieser Fischerei zu ansehnlichen Tagesstrecken, und auch der anspruchsvolle Flugangler hält das Trockenfischen auf Döbel für eine der interessantesten Disziplinen, die es gibt. Der Anbiß eines Döbels kann immer wieder aufs neue begeistern. Es gibt einen regelrechten Bums in Rute und Handgelenk, und steht der Fisch hoch, wird der eingetriebene Haken in der Regel mit einem entsetzten Sprung quittiert.

Beim Fischen im Fluß hat der Döbel weniger Muße, die dargebotene Trockenfliege zu inspizieren. Dennoch ist er kaum weniger vorsichtig, denn auch hier hat er manchmal, wo er viel befischt wird, eine unglaubliche Vorfachscheu entwickelt. Sofern er gerade nicht herumbummelt, ist er in diesen Biotopen, jahreszeitlich bedingt, immer wieder an denselben Stellen anzutreffen. Das erleichtert es, ihn zu finden. Es verschafft ihm aber auch Gelgenheit, immer wieder die gleichen Erfahrungen aufzufrischen und sich folgerichtig zu verhalten. Der routinierte Fliegenfischer aber akzeptiert diese Erkenntnis als Herausforderung und wendet auf den Döbel alle Methoden an, die im Kapitel „Das Fischen mit der Trockenfliege“ behandelt worden sind.

Lassen sich einmal am vertrauten Ort im Fluß oder See keine Döbel ausmachen, dann müssen sie eben gesucht werden. Dazu dient die eingangs geschilderte Naßfliegentechnik oder auch die teil- oder ganzsinkende Flugleine, mit deren Hilfe die tieferen Wasserschichten erschlossen werden. Auf die je nach verwendeter Fliegengröße 20er bis 25er Vorfachspitze kommt es an. Es werden die bewährten Naßfliegen angeknotet, versuchsweise auch mal ein Streamer oder eine nicht zu kleine Nymphe. Bei der Fliegenfischerei in den unteren Wasserbereichen bleibt der Angler, wie das Kapitel noch zeigen wird, nicht nur allein am Döbel hängen.

Der Herbst ist angebrochen, der Winter naht. Die Forelle genießt längst ihre Schonzeit und die Äsche, die zwar noch „offen" ist, kommt eigentlich nur während der wärmeren Mittagsstunden so richtig in Form. Für den passionierten Fliegenfischer brechen ein paar triste Monate an. Wohl dem, der jetzt, während der kürzeren Tage, den Döbel in seinem Fischwasser weiß. Natürlich muß man die Plätze kennen oder suchen, wo Döbel während der kalten Jahreszeit stehen. Ist das Wasser wie in vielen Bergseen oder Talsperren sehr klar, gibt es nichts Reizvolleres als Döbel, die, mit dem Auge ausgemacht, auch an die Fliege zu bringen sind. Die weitverbreitete Ansicht, dieser Fisch sei wintertags nur im Tiefen zu fangen, stimmt bei weitem nicht, und das gleiche gilt noch für eine ganze Reihe anderer Fischarten.

Dankbar wird sich der Flugangler jener Tage erinnern, da er in milder Wintersonne die Eiskante entlang auf ein Rudel flachstehender, sich wärmender Döbel gepirscht hat. Auf den Höhen ringsum verschneiter Tannenwald voller Meisenruf und Goldhähnchengewisper, darüber samtblauer Himmel mit Bussardschrei.

Einer der grauen Schatten, die über der grünklaren Tiefe stehen, hat sich von den übrigen gelöst und wedelt mit gespielter Gleichgültigkeit auf die Trockenfliege zu. Bangen im Fischerherzen: Das 15er Vorfach muß bei dieser Beleuchtung wie ein Ankertau wirken! Der Fisch aber beachtet es gar nicht. Lüstern inspiziert er nur die Fliege, hält sie für genießbar und klappt sein großes, weißaufleuchtendes Maul darüber. Fast nachdem der Fisch mit dem dichtgehechelten Schwarzpalmer in einem Wasserschwall verschwunden ist, wird unser Freund mit einem trockenen Anhieb darauf aufmerksam gemacht, daß er einem Irrtum erlegen ist.

Winterdöbel sind keine Schwächlinge. Sie wehren sich ihrer Schuppen so gut sie können, und ein Bursche von mehr als 1 kg kann sich an der leichten Fliegengerte als beachtlicher Gegner erweisen. Hat ihn der Fischer aber endlich im Landenetz, entläßt er ihn wieder in die Freiheit, dankbar für den guten Sport, den er geboten hat. Mit derartigen Erlebnissen lassen sich die Wintermonate weit besser überstehen.

Ein Fisch, der manchem Fliegenfischer zunächst Rätsel aufgeben kann, ist der Aland, auch Nerfling genannt. Er schaut aus wie eine Kreuzung zwischen Döbel und Rotauge, d. h., er ähnelt einem abgeplatteten Döbel mit zu klein geratenem Kopf. Mit dem Döbel hat er das Phlegma gemein.

Er geht alles mit Gelassenheit an, steigt träge, inspiziert die Fliege mit Muße, und er schlürft sie ebenso gemächlich ein. Dementsprechend zurückhaltend sollte der Angler auch den Anhieb setzen, denn nur allzu oft schlägt er zu früh an und reißt dem Fisch die Fliege wieder aus dem Maul. Da der Aland aber in der Regel für einen Döbel gehalten wird, macht der erfahrene Fliegenfischer nur selten etwas falsch. Jedenfalls bietet der Aland dort, wo er vorkommt, nämlich in nicht zu stark verschmutzten Flüssen oder in sauerstoffreichen Seen, eine angenehme Abwechslung. Um auf ihn zu fischen, eigenen sich alle zuvor genannten klassischen Döbelfliegen.

Ein Kämpfer par excellence ist der wehrhafte Rapfen, in Süddeutschland Schied genannt. Was Vorsicht, aber auch Verwegenheit betrifft, kann ihn kaum ein anderer Fisch überbieten. Wer erfolgreich darauf fischen will, muß seine Gewohnheiten auskundschaften, die aber von Gewässer zu Gewässer verschieden sein können. Der frühe Morgen eignet sich als Fangzeit am besten, wenn der Fisch im Revier lautplatschend hinter den Jungfischen her ist oder wenn Hasel und Laube in Schwärmen über ihre Laichplätze ziehen. Ideal für den Rapfenfang mit der Fliege ist ein Boot, denn der Rapfen durcheilt innerhalb weniger Augenblicke enorme Entfernungen. Wer den Spuren dieses schneidigen Jägers folgt, schleppt die Fliege auch hinter dem Boot her. Für den Rapfenfang eignen sich vornehmlich großvolumige Naß- und Trockenfliegen. Da der Rapfen aber auch eine große Schwäche für die Farbe Rot bewiesen hat, bietet sich hier dem Fliegenbinder ein weites Feld für Experimente. Streamerartige Großfliegen, dickbäuchig aus rotfarbener Chenille gewunden, haben die beste Aussicht, von diesem an sich mißtrauischen Fisch angenommen zu werden.

Ein weit sanfterer Vertreter unter den Nichtsalmoniden, der sich für das Flugangeln geradezu anbietet, ist die Rotfeder. Sie wird oft mit ihrer Schwester, dem Rotauge verwechselt. Dabei ist es gar nicht so schwer, diese beiden Arten auseinanderzuhalten. Das wesentlichste Unterscheidungsmerkmal ist das oberständige Maul der Rotfeder (beim Rotauge unterständig), das sie einwandfrei als Insektenliebhaber ausweist. Abgesehen davon ist sie hochrückiger, und ihre Flossen sind viel intensiver gefärbt. Die Rotfeder ist, wie der Döbel, eine sehr verläßliche Steigerin. In den warmen Sommermonaten hält sie sich überwiegend in den oberen Wasserschichten auf und steigt nach allem, was ihr auf dem Wasserspiegel freßbar erscheint. Sie ist bei der Nahrungsaufnahme nicht so hektisch wie der Hasel, aber auch nicht derart ausgekocht, wie manchmal der Döbel. Unschuldsvoll saugt sie alle kleineren Fliegenmuster ein, die der Angler auch dem Hasel zudenken würde. Die Rotfeder ist im Wasser allemal leicht zu entdecken, wenn sie in den schützenden Krautfeldern die Mittagsstunden verträumt und zwischendurch mit ein paar zerrinnenden Ringen auf sich aufmerksam macht.

Zwei Fischarten, die sich eigentlich nur für den Nymphenspezialisten eigenen, wobei aber der Neuling in diesem Metier keinesfalls entmutigt werden soll, sind Karpfen und Barbe. Wenn die beiden auch von ihren Gewohnheiten und Lebensräumen her nicht in einen Topf zu werfen sind, so weisen doch die Methoden, mit denen sie zu befischen sind, deutliche Parallelen auf. Für beide Fische wird der Fachmann der beschwerten bis extrem beschwerten Nymphe den Vorzug geben. Für die Barbe, die ja immer in relativ starker Strömung anzutreffen ist, müssen mitunter die schwersten Kaliber her, denn die Nymphe sollte diesem Fisch immer auf gleicher Höhe, also direkt am Grunde, maulgerecht angeboten werden. Dies setzt freilich gekonnte Fliegenführung voraus. Hat der Fliegenfischer, der sich gerade im Äschenrevier aufhält, eine Schule gründelnder Barben entdeckt, so wird er schnellstens seine Vorfachspitze, mindestens 0,20 mm stark, auf etwa 90 cm verlängern und das Ganze sorgfältig entfetten. Denn der den Barben zugedachte Köder muß auf jeden Fall schnelle und ungehindert absinken können. Sicher wird der Angler jetzt eine seiner schwersten Nymphen, vielleicht ein mittelbraunes Muster Größe 12 mit bleiumwickeltem Hakenschenkel an das Vorfach geknotet haben.

Beim Nymphenfischen auf Barben wird die Einwurfstelle der Fliege weit vorverlegt. Das sollten, je nach Wassertiefe und Strömungsgeschwindigkeit, etliche Meter sein. Denn nur so kann die Nymphe früh genug die notwendige Tiefe erreichen und von einem der Fische erkannt und genommen werden. Man fischt auf Sicht oder, z. B. wenn das Wasser blendet, auf Verdacht. Dabei wird das Vorfach oder die Flugleine scharf im Auge behalten. Nach geglücktem Anhieb bietet sich allemal ein Drill an, den der Fliegenfischer, der das erste Mal an einer Barbe hängengeblieben ist, nicht so schnell aus der Erinnerung verlieren wird.

Der Karpfen kommt, wie bekannt, im fließenden wie im stehenden Wasser vor. Auch er sollte mit einer entsprechend beschwerten Nymphe befischt werden, und auch ihm wird der Köder mundgerecht serviert. Aber der Karpfen kommt, im Gegensatz zur Barbe, wenigstens vom Grunde hoch und hinter dem vermeintlichen Leckerbissen her. Der Routinier wird, sieht er beim Fisch gewecktes Interesse, im Fluß sofort den Leisenring-Lift anwenden oder im See durch leichtes Ziehen an der Leine die Nymphe ganz zart, so wie ihr natürliches Vorbild aufsteigen lassen. Hierbei kann der weniger Erfahrene einen eklatanten Fehler begehen: Er tut des Guten zuviel und reißt die Nymphe förmlich nach oben. So etwas nimmt aber auch der gierigste Karpfen übel. Er wird sich mit ein paar kräftigen Schwanzschlägen empfehlen.

Gründelnde Karpfen sind viel einfacher zu überlisten als solche, die durchs freie Wasser schwimmen. Auch bei der Fliegenfischerei auf Karpfen sollte ruhig einmal ein Boot benutzt werden. Findet sich noch ein hilfsbereiter, geschickter Ruderer dazu, sind besonders frühmorgens die Aussichten gar nicht so schlecht. Nur sollte sich der Angler bei derartigen Pirschen nicht allzu sehr auf sein Glück verlassen und die Fliege wahllos durchs Wasser ziehen. Er muß schon ganz genau wissen, wo er die Karpfen zu suchen hat. Was verbietet dem Fliegenfischer eigentlich, die Karpfen mal ein paar Tage lang zwischen diversen Krautbänken anzufüttern, um sie somit an bestimmte Plätze zu gewöhnen?

Wer sich aus irgendwelchen Gründen einmal langweilt, oder sich für einen sehr guten Fliegenfischer hält, der sollte ein paar Würfe auf den Ukelei (die Laube) riskieren. Aller Wahrscheinlichkeit nach wird sein Selbstbewußtsein erheblich reduziert.

Auf Ukeleis nimmt der Flugangler kleinste Trockenfliegen Größe 20–22 und das feinste Vorfach Stärke 0,10. Wer bei fünf Bissen eines dieser quicken Kerlchen am Haken hat, der ist gut, sehr gut!

Nun aber wieder zu den größeren Kalibern. Ein Fisch, der zwischendurch immer wieder an die Naßfliege, die Nymphe oder an den Streamer geht, ist der Barsch. Er ist der Wolf unter dem Fischvolk und stürzt sich ohne viele Faxen auf alles, was sich bewegt oder glitzert. Und das zu jeder Jahreszeit, in jeder beliebigen Wassertiefe. Nur die Trockenfliege nimmt er nicht. Erfahrene Streamerfischer bestätigen, daß die Fliege, gleitet sie an der schweren Naßschnur zum Grund hinab, nur allzu oft schon beim Absinken genommen wird. Es gibt beim Fliegenfischen auf Nichtsalmoniden überhaupt nichts Leichteres als den Barschfang. Das schwerste bei der ganzen Angelegenheit ist das Auffinden dieser stachelbewehrten Räuber. Ist der Angler aber fündig geworden, hat also einen größeren Schwarm geortet, dann geht es Schlag auf Schlag. Eignet sich sommertags hierfür auch die Schwimmschnur, so wird der Angler in der kühleren Jahreszeit der langsam- bis schnellsinkenden Naßschnur den Vorzug geben. Die Vorfachstärke richtet sich nach der Größe der zu verwendenden Fliegen, die sehr schnell und ruckweise geführt werden sollten. Wird mit Streamer gefischt, liegt die Durchschnittsstärke des Vorfachs bei 0,35 mm. Der Barsch ist weitgehend unempfindlich gegen starke Vorfächer, und das ist gut so. Denn wir werden es oft genug erleben, daß sich auch Freund Esox für die größeren Fliegenmuster interessiert.

Nun geht es also um den größten Nichtsalmoniden, dessen Fang sich mit der Fliegenrute viel einfacher gestaltet als allgemein angenommen wird. Viele Parallelen zum Barschfischen tun sich hier auf. Aber ist der Barsch schon mit irgendeiner bescheidenen Naßfliege zu haben, so zieht der Hecht in der Regel größere Brocken vor. Der Verfasser hat unzählige Nichtsalmoniden mit der Fliege gefangen, und darunter befindet sich auch eine Reihe ansehnlicher bis kapitaler Hechte. Aus den dabei gemachten Erfahrungen konnte im Laufe der Jahre ein ganz spezieller Fliegentyp entwickelt werden, der sich immer wieder aufs neue bewährt hat, sei es nun auf Forellen, Barsche, Döbel oder Hechte. Es handelt sich um eine Art Streamer. Sein Aufbau ist ganz einfach. Zwei langschenkelige Streamerhaken Größe 6 oder 8 werden tandemartig miteinander verbunden, indem der zweite Haken auf dem Schenkel des ersten Hakens mit Bindegarn befestigt wird, das anschließend mit dem plastikartigen Spezialkleber UHU plus endfest 300 durchtränkt wird. Da der Kleber mehrere Stunden aushärten muß, wird gleich eine ganze Reihe solcher Hakenfluchten vorbereitet. Am nächsten Tag werden sie in den Bindestock gespannt und mit einem schlanken Leib beliebiger Farbe aus Chenille versehen. Rot oder Gelb haben die besten Ergebnisse gebracht. Um die Fliegen zusätzlich zu beschweren oder nötigenfalls ihre Schwimmstabilität zu fördern, kann der Leib mit kupfernem Spulendraht umwunden werden. Den Rücken der Fliege formt der Bastler aus einer ansehnlichen Zahl von Pfauenfibern, die am Kopf und am Ende des Hakensystems angewunden und am Ende schwanzähnlich abgeschnitten wurden. Diese Windungen abschließend ebenfalls mit UHU plus endfest 300 durchtränken. Wer dem optischen Reiz dieser Fliege noch ein wenig nachhelfen will, kneift aus einem Kettchen, wie es etwa den Stöpsel der Badewanne hält, zwei der kleinen silbernen Metallkügelchen zusammenhängend ab und gestaltet damit ein attraktives Augenpaar. Wegen des besseren Schwimmverhaltens der Fliege sollten diese aber unterhalb des Hakenschenkels angebracht werden. Wie der Tandem-Streamer hergestellt wird, zeigt Abb. 68.

Mit dieser Fliege, die an einer vernünftigen Vorfachstärke von 0,35 mm befestigt ist, geht es auf die Suche nach dem Hecht. Es erweist sich stets als gut, sich bei solchen Vorhaben auf die Erfahrungen früherer Zeiten zu stützen. Der gelbgetigerte Räuber wird dann an längst bekannten Einständen aufgespürt. Liegt der Einstand nicht sehr tief, wird im Fluß mit einer teil- oder leichtsinkenden Leine schräg stromab geworfen. Herumgetrieben, holt sie der Angler langsam wieder ein, indem er sie in der Hand bündelt, siehe Kapital „Fliegenfischen in Seen und Talsperren“. Flußhechte stehen oftmals eng ans Ufer gedrückt oder in den dort angrenzenden Krautfeldern. Darum sollte bei solchen Pirschen die Wegrichtung des

Anglers immer flußabwärts weisen, damit er die Hechte nicht frühzeitig heraustrampelt.

Eine ideale Voraussetzung für das Fliegenfischen auf Hecht bieten die Buhnen, von denen aus der Fischer den Fluß von der Mitte bis hin zum Ufer bestreichen kann. Daß der Angler beim Suchen auch immer wieder an anderen Fischen hängen bleibt, liegt auf der Hand.

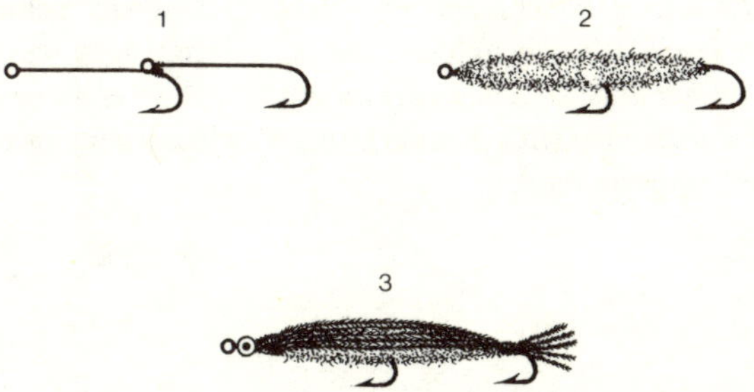

Abb. 68. Der Tandem-Streamer. 1. Die beiden Haken sind fluchtend miteinander verbunden. – 2. Der Chenille-Körper ist angewunden. – 3. Der Rücken aus Pfauenfibern ist daraufgebunden worden. Schließlich wurde die Fliege noch mit einem Augenpaar versehen

Kommt in bestimmten Revieren der Zander vor, dann ist oft genug er es, der für Überraschungen sorgt. Bei dieser Art von Fischerei wird der Flugangler, der sich spezialisiert hat, immer gleich mehrere Fliegenrollen bei sich führen, die er mit Leinen verschiedener Sinkqualität bestückt hat. Denn meist muß er sich am Fluß immer wieder den mehr oder weniger starken Strömungsverhältnissen anpassen, und das verlangt oft ein häufiges Wechseln der Leine.

Aber auch im stehenden Gewässer kommt der Fliegenfischer nicht allein mit der Schwimmschnur aus. Auch hier bedarf es zumindest noch derleicht- bis schnellsinkenden Leine. Der Angler kümmert sich zunächst wieder um die bekannten Standplätze. Allgemeinregeln für den Hechtfang mit der Fliege lassen sich beim besten Willen nicht aufstellen. Aber dort, wo der Hecht die Großfliege vor der Nase vorbeigezogen bekommt, da wird er, sofern er sich in der Freßphase befindet, unbedenklich zuschnappen. Denn er ist von Natur aus ein sehr bequemer Kerl, der sich beim Beutemachen nicht allzu gern anstrengt. Hierin liegt der ungemein große Vorteil des Fliegenfischens auf den Hecht, nämlich in der Möglichkeit langsamer Köderführung. Kein Blinker, kein Wobbler läßt sich auch nur annähernd so bedächtigt durchs Wasser führen wie eine wohlproportionierte Fliege.

Müssen sehr weite Würfe gemacht werden, sollte es der Hechtfischer mit dem Schußkopf versuchen. Siehe Kapitel „Der Fliegenwurf". Hierbei bieten sich noch die extrem schweren Köpfe an, mit denen sehr schnelle und tief hinunterzukommen ist, die u. a. auch den Zander aufspüren helfen. Wo aber Gelegenheit besteht, sollte der Fliegenfischer ruhig die Hilfe eines Bootes zum Schleppen der Fliege in Anspruch nehmen. Kaum ein anderer Fisch läßt sich so leicht mit der Fliege fangen wie der Hecht. Wenn das immer noch so selten vorkommt, dann liegt es allein daran, daß bisher nur wenige Fliegenfischer derartige Möglichkeiten, die dieser hohe Sport bietet, entdeckt haben.

Natürlicher Bestand – Besatz – Überbesatz

Natürlicher Bestand

Jeder Lebensraum, d. h. jeder Biotop, ganz gleich, ob er sich auf dem Lande befindet oder unter Wasser gelegen ist, beherbergt eine Gemeinschaft aus ihm eigentümlichen Tieren und Pflanzen, in welcher ständig Leben entsteht und Leben vergeht. Dank einer wundervollen Harmonie aller damit verbundenen Vorgänge bleibt er dabei jedoch in all seiner Vielfalt stets erhalten, wenn nicht Störungen von außen Unheil anrichten. Man spricht deshalb auch von einem Gleichgewicht, in dem sich eine solche Lebensgemeinschaft befindet.

Alle lebende Substanz, die ein Biotop, hier im speziellen ein Gewässer, innerhalb eines Jahres hervorbringt, bezeichnet man als seine Produktion. Einen Teil davon bilden die Fische, deren Gesamtheit man unter dem Begriff „Fischbestand“ oder kurz „Bestand“ zusammenfaßt. Die Menge an Fischen, die man ihm jährlich entnimmt, ist der „Ertrag“, und die Höchstmenge, die man ihm, ohne ihn zu gefährden, entnehmen kann, ist seine „Ertragsfähigkeit“. Sie stellt eine Leistung des Gewässers dar, die man in kg/ha und Jahr auszudrücken pflegt.

Der Fischbestand eines natürlichen Gewässers, soweit er nicht durch Bewirtschaftungsmaßnahmen verfälscht wurde, wird durch dessen ökologische Verhältnisse geprägt. Je vielfältiger diese sind, desto größer ist auch sein Artenreichtum. Man vergleiche hierzu nur einmal die Bestandszusammensetzung eines Baches mit der eines großen Flusses oder Sees. Diese Abhängigkeit von gewissen ökologischen Voraussetzungen ist der Grund dafür, daß unsere verschiedenen Fischarten nicht gleichmäßig über alle Gewässer verteilt sind. Ihre Bindung an bestimmte Gewässertypen ist vielfach so ausgeprägt, daß man diese mit Hilfe von sog. Leitformen aus dem Kreis der Fische zu charakterisieren pflegt und dann z. B. von Brassen-, Zander- und Schleiensee spricht. Ähnlich verfährt man auch mit den Fließgewässern und gliedert sie von oben nach unten in die Forellen-, Äschen-, Barben-, Blei- und Flunderregion. Natürlich sind solche, von Menschen formulierten Gewässerunterteilungen für keinen Fisch verbindlich.

Vielfältigkeit ist das Bestreben der Natur, Monotonie dagegen fast immer auf Gewinn bedachtes Menschenwerk. So gibt es bei uns auch praktisch kein natürliches Gewässer, das nur von einer Fischart bewohnt wird. Die oben genannten Leitformen sind daher als Repräsentanten bestimmter Fischgesellschaften zu betrachten, deren Mitglieder sich dadurch zusammengefunden haben, daß sie etwa gleiche Ansprüche an ihr Biotop stellen. Sind diese Ansprüche gering, d. h. können sich die Fische einer solchen Gesellschaft leicht wechselnden Umweltbedingungen anpassen, finden sie auch weite Verbreitung und sind dementsprechend häufig anzutreffen. Fischbestände mit hohen Ansprüchen sind weit weniger tolerant und deshalb streng an Gewässer bestimmter Qualität gebunden, die sich in der Regel durch geringe Temperatur und hohen Sauerstoffgehalt auszeichnen. Hierzu zählen die Bäche, die oberen Flußläufe, die nährstoffarmen Klarwasserseen und neuerdings auch einige der künstlichen Baggerseen, wenn sie groß und tief genug sind und von Grundwasser durchflossen werden.

In erster Linie sind es die Salmoniden, die in den dort lebenden Fischbeständen vertreten sind. Sie werden oft noch begleitet von Koppen, Schmerlen, Elritzen, Barschen, Haseln, Aalen, Quappen und anderen Fischarten, von denen einige auch nur zeitweilig erscheinen, wenn ein besonders reiches Nahrungsangebot sie dazu einlädt. Die Erhaltung solcher Gewässer und ihrer Fischbestände ist ein besonderes Problem unserer Zeit, weil die vielen Veränderungen, die die Ländereien ihrer Einzugsgebiete erfahren, zahlreiche und oft fatale Rückwirkungen auf sie ausüben. Darum müssen alle Gewässer stets als Teile der Landschaft betrachtet werden, die durch intensive Wechselbeziehungen fest mit ihr verbunden sind.

Vor diesem Hintergrund ist es zu verstehen, wieso die Zusammenlegung von Wirtschaftsflächen im Rahmen der Flurbereinigung, Maßnahmen des Straßenbaues oder die Trockenlegung von Mooren, die vordem als Wasserrückhalteflächen wirkten, für die Gewässer nicht ohne Folgen bleiben können. Genauso seien hier auch die Einrichtung großer Brunnen, das Roden von Wäldern oder die Düngung und Dränung von Feldern und Wiesen, die die Gewässer direkt säumen, genannt. Es ist dabei gar nicht immer die veränderte Wasserqualität, die die Fische so sehr beeinträchtigt. Viel schlimmer sind in den fast überall eingeengten Bach- und Flußläufen die dadurch immer häufigeren und größeren Hochwasser, die mit enormer Geschwindigkeit praktisch ungehindert abwärts fließen. Ihre oft starke Sandfracht verschüttet viele Laichplätze und bringt die darin verborgenen Eier und Larven der Salmoniden zum Absterben. Sie behindert die Fische aber auch bei der Kiemenatmung und beim Beutefang. Die Folgen sind Nachwuchsmangel, langsameres Wachstum und gelegentlich sogar Fischsterben. Zu erwähnen ist hier auch der regelmäßige Rückschnitt bzw. die fast völlige Vernichtung der Ufervegetation an Bächen, Flüssen und kleinen Seen, die u. a. zu einem spürbaren Rückgang der Anflugnahrung führen, die im Sommer immerhin gut 40 % der Gesamtnahrung der hier lebenden Fische ausmacht. Und schließlich sind die Maßnahmen des Wasserbaues zu nennen, die heute leider immer noch durch Uferbegradigungen, Einebnungen der Bach- und Flußbetten und Krautungen sehr viele Standplätze für die Fische und Lebensräume für die Fischnahrung vernichten. Es ergeben sich daraus zwangsläufige Bestandsminderungen, weil viele Fische abwandern und zwar meistens die Großen.

Die Verluste, die unsere Fische in den ersten Entwicklungsstadien erfahren, sind beträchtlich. Die mannigfaltigen Ursachen dafür sollen aus Gründen der Übersichtlichkeit in zwei Komplexen zusammengefaßt werden. Der erste läßt sich als genetische Auslese beschreiben, die bewirkt, daß aus einer großen Zahl unterschiedlich veranlagter Geschwister nur diejenigen eine Gelegenheit bekommen, groß und fortpflanzungsfähig zu werden, die sich im Heimatgewässer am besten durchsetzen können. Als zweiten Komplex könnte man einen Tribut verstehen, den jede Fischart an die Lebensgemeinschaft zu zahlen hat, von der sie selbst wiederum ernährt wird.

Man kann davon ausgehen, daß sich auf diese Weise unter natürlichen Bedingungen von der Gesamtmenge der abgelaichten Eier höchstens 1–2 % zu Fingerlingen entwickeln, die ihr erstes Lebensjahr unversehrt vollenden. Danach steigt die Überlebensrate, je nach den Gewässerverhältnissen, schon auf 50–60 % an, um sich im folgenden Jahr um weitere 10–20 % zu verbessern. Die verhältnismäßig stark schwankenden Verlustzahlen unter der jungen Nachkommenschaft sind in hohem Maße von der Bestandsdichte abhängig. Wird ein Bestand befischt und dabei die Zahl der Laichfische reduziert, so hat das auf die Nachwuchsmenge in der Regel keinen nennenswerten Einfluß. Weniger Brut bedeutet nämlich weniger Mäuler, d. h. weniger Nahrungskonkurrenz untereinander und mehr Futter für jeden. Das bewirkt schnelleres Wachstum, bessere Kondition und dadurch Verringerung der Sterblichkeit. Natürlich braucht der Fischbestand eines jeden Gewässers eine Mindestmenge an Laichtieren und Nachwuchs. Wird diese unterschritten, ist die Überlebensfähigkeit des Gesamtbestandes gefährdet. Oft wird diese Grenze aus Ängstlichkeit oder Unkenntnis zu hoch angesetzt und zu früh oder zu umfangreich mit korrigierenden Besatzmaßnahmen begonnen.

Vor dem Hintergrund der außerordentlichen Vielschichtigkeit der ökologischen Beziehungen zwischen den Mitgliedern aquatischer Lebensgemeinschaften ist es im höchsten Maße erstaunlich, wie die Natur hier Ordnung hält und dafür sorgt, daß sich die Fische eines Bestandes nicht über die für das Biotop zulässige Menge hinaus vermehren. Die meisten von ihnen laichen in ihrem Leben einige tausend, manche sogar einige hunderttausend Eier ab. Wenn man nachrechnet, so gehen daraus letztlich nur zwei neue Fische hervor, die zu gegebener Zeit den Platz ihrer Eltern einnehmen. Die Zahl der Fische im Bestand nimmt praktisch nicht zu, sondern hält sich auf einem Niveau, das auf die Möglichkeit des Gewässers eingestellt ist. Man mag vielleicht geneigt sein, der Natur deshalb den Vorwurf der Verschwendung oder des Überflusses zu machen, doch das wäre gänzlich unberechtigt. Das Gegenteil ist richtig. Man kann sich nämlich gar nicht genug darüber wundern, daß die Fische stets nur so viele Eier ablegen, daß ihr Bestand gerade im richtigen Umfang erhalten bleibt. Wenn man genau hinsieht, stellt man fest, daß ein ganz deutliches Verhältnis zwischen den Überlebenschancen der Nachkommen und der erzeugten Eizahl jeder Fischart besteht. Je größer die Eier sind und je robuster die daraus schlüpfende Brut ist oder je intensiver der Laich durch Vergraben oder Bewachung vor Verlusten geschützt wird desto geringer ist die Zahl der abgelegten Eier. Man sieht das schon beim Vergleich zwischen der Bachforelle und der Äsche. Letztere, auch im fangfähigen Alter noch recht anfällig, vergräbt etwa dreimal so viele Eier im Kies wie ihre Verwandte, damit von der recht empfindlichen und kleinen Brut immer genügend viele Individuen am Leben bleiben und heranwachsen können.

Besatz

Der Einsatz von Fischen in ein Gewässer ist ein Eingriff in die dort herrschenden ökologischen Verhältnisse und führt nur dann zu einem Erfolg, wenn er in erster Linie der naturgemäßen Vervollständigung einer Lebensgemeinschaft dient. Selbstverständlich können die oft teuren Besatzmaßnahmen, insbesondere in Pacht- und Eigentumsgewässern, nicht allein als ein Beitrag zur Naturpflege angesehen werden. Sie müssen sich nicht nur ideell, sondern auch wirtschaftlich auszahlen, indem sie zur Ertragssteigerung beitragen. Dieses legale Ziel wird auf die Dauer nur erreicht, wenn man ungenutzte Freiräume, sog. Nischen, innerhalb des

Biotops auffüllt, d. h. nicht mehr und keine anderen Fische in das Gewässer einbringt, als dieses beherbergen und ernähren kann. Ausnahme: Besatz reiner Angelteiche. Entscheidungen in dieser Sache setzen sehr gute Gewässerkenntnisse voraus. Ihr Erfolg oder Mißerfolg läßt sich jährlich am besten mit Hilfe gewissenhaft geführter Fangstatistiken überprüfen.

Die richtige Bemessung der Besatzstärke ist zweifellos ein Kernproblem jeder Besatzmaßnahme. Für eine erfolgreiche Lösung muß man vor allem die Ertragsfähigkeit des Gewässers kennen sowie dessen Art und Gestalt und obendrein die daran ausgeübte Befischungsintensität berücksichtigen. Es werden also von Fall zu Fall unterschiedliche Fischmengen sein, die man einsetzen muß, um ein Gewässer optimal zu nutzen. Als Beispiel soll hier wegen des beschränkten Raumes nur der Bachforellenbesatz für einen guten Flachlandforellenbach von etwa fünf bis sechs Meter Breite vorgestellt werden, dessen Ertragsfähigkeit auf rund 60 kg/ha und Jahr geschätzt wird. Wegen der Größe des Gewässers empfiehlt sich der Besatz mit Sömmerlingen. Unter Berücksichtigung einer natürlichen Verlustrate von etwa 50 % müßten hier 32–40 Fische pro hundert Meter oder 600 Fische pro ha eingesetzt werden. Nach zwei Jahren, wenn sie mit 28 cm bzw. 200 g fangfähig geworden sind, würde ihr Gesamtgewicht dann etwa dem erwarteten Ertrag entsprechen.

Dient der Besatz der Bestandserhaltung in einem natürlichen Gewässer, so ist es selbstverständlich, nur solche Fische auszuwählen, die schon im Gewässer vertreten sind oder einmal dort anzutreffen waren. Dasselbe gilt auch, wenn nach einem Fischsterben ein Bestand wieder aufgebaut werden muß. Dem Erstbesatz eines neuen Gewässers sollte stets eine fachmännische Begutachtung voraufgehen, die Hinweise auf geeignete Fischarten gibt. Solche Gewässer reifen erst im Laufe vieler Jahre zu einem vollwertigen Lebensraum und zu optimaler Produktion heran, so daß man anfänglich sehr behutsam besetzen und das Abwachsen des Bestandes sorgfältig beobachten muß.

Es wird heute oft versucht, einen vorhandenen, vielleicht sogar ursprünglichen Bestand durch die Einführung neuer, schnellwüchsiger, robusterer oder attraktiverer Fischarten oder -züchtungen zu „verbessern". Hier ist Vorsicht geboten. Erstens ist das ohne eine Genehmigung des zuständigen Fischereiamtes nicht erlaubt. Zweitens macht man sich leicht unglaubwürdig, wenn man als Sportfischer einerseits von sich sagt, es lägen einem die Erhaltung und der Schutz der aquatischen Lebensräume besonders am Herzen, und man andererseits diese Lebensräume dazu mißbraucht, mehr und aufregendere Beutefische für sich produzieren zu lassen, als es ihrem Charakter entspricht. Drittens sei bemerkt, daß auf diese Weise aus manchen Gewässern die ursprüngliche Fischfauna schon gänzlich verdrängt wurde. In kleinen geschlossenen Gewässern, wie z. B. Baggerseen, sind derartige Experimente schon eher zu vertreten, weil sie dort verhältnismäßig sicher kontrolliert und evtl. auch wieder abgebrochen oder gar rückgängig gemacht werden können.

Etwas anderes ist es auch, wenn eine Fischart in ein Gewässer wieder eingeführt wird, aus welchem sie aufgrund irgendwelcher geologischer oder technischer Veränderungen im Gewässersystem verdrängt worden ist, wobei z. B. Wanderwege abgeschnitten wurden oder Laichplätze unzugänglich gemacht worden sind.

Der Einsatz von Fischen in ein Gewässer ist als eine Maßnahme zu betrachten, die entscheidenden Einfluß auf den künftigen Wert des Gewässers und die Qualität seines Fischbestandes haben kann. Es ist darum grundverkehrt, nur aus Gründen der Sparsamkeit für möglichst wenig Geld möglichst viele Fische erwerben zu wollen. Sollten die Mittel, die für den Besatz zur Verfügung stehen, beschränkt sein, so gibt es nur eine vertretbare Lösung des Problems: Den Besatzumfang einschränken und dafür nur gut veranlagte und erstklassig konditionierte Fische nehmen. Anderenfalls kann es vorkommen, daß eingeschleppte Krankheiten und Degenerationserscheinungen den Bestand auf Jahre hinaus kümmern lassen. Es ist außerdem zu empfehlen, den Bedarf an Besatzfischen möglichst immer aus demselben Zuchtbetrieb zu decken, damit es gelingt, im eigenen Gewässer einen einheitlichen Fischbestand aufzubauen.

Eine Antwort auf die Frage nach dem günstigsten Alter der Besatzfische muß entschieden von der Beschaffenheit des Wohngewässers und dessen schon vorhandenen Fischbestand abhängig gemacht werden. Speziell im Hinblick auf die Salmoniden, die ja oft schon auf sehr frühen Entwicklungsstadien, d. h. als Larven oder gar als Embryonen in ihren Eiern gehandelt und ausgesetzt werden, gilt, daß Kinder auch Kinderstuben brauchen, um sich richtig entwickeln zu können. Gemeint sind damit die kleinen Bäche von 70–80 cm Breite, geringer Tiefe, reichem Krautwuchs und unterspülten Ufern, wo die noch recht hilflosen Fischlein reiche Nahrung und Schutz vor Feinden und starker Wasserströmung finden. Doch selbst hier werden 80–90 % von ihnen das erste Lebensjahr nicht vollenden. Das ist aber normal und entspricht, wie wir gesehen haben, den natürlichen Verhältnissen. Fehlt es an solchen Kinderstuben, ist der Einsatz von Larven oder kleinster Brut aussichtslos, und es empfiehlt sich, vorgestreckte Brut einzusetzen, die dann allerdings auch zu rund 90 % verlorengehen wird.

Auf Lachs und Meerforelle
mit der Zweihandrute

Portrait einer kapitalen
Meerforelle

Ein guter Frühlingslachs
wird heimgetragen

Ein schöner Döbel nahm
die Fliege

Eine prächtige Meerforelle liegt besiegt im Ufersand

Diese Meerforelle nahm die Naßfliege

In solchen Fällen ist zu überlegen, ob man nicht bereits die kostspieligeren, dafür aber schon wesentlich lebenstüchtigeren einsömmerigen Fingerlinge einsetzt, von denen bei ausreichendem Schutz und guter Nahrung voraussichtlich mehr als die Hälfte das erste Lebensjahr überstehen wird. In kleinen Flüssen und Seen verbietet sich der Besatz mit Brut gänzlich. Auf der anderen Seite ist aber der Besatz mit bereits fangfähigen Fischen selten von Vorteil. Solche Exemplare, die bereits zwei bis drei Jahre in Teichen künstlich gefüttert wurden, haben es schwer, sich an ein selbständiges Leben in Freiheit zu gewöhnen.

Nun noch einige Bemerkungen zum Aussetzen der Fische. Außerhalb der Laichzeit sind unsere Salmoniden, abgesehen von der Gruppe der Coregonen, Individualisten. Gesellschaft ist für sie gleichbedeutend mit Nahrungskonkurrenz und wird deshalb so weit wie möglich gemieden. Es ist daher beim Aussetzen darauf zu achten, daß die Fische großflächig verteilt werden, damit jeder schnell und ohne Kampf einen nahrungsreichen und schützenden Unterstand finden kann. Außerordentlich hilfreich ist es für die Besatzfische auch, wenn es ihnen erspart bleibt, beim Aussetzen Temperaturunterschiede von mehr als 5° C ertragen zu müssen.

Überbesatz

Es wurde schon darauf hingewiesen, daß der Fischbestand ein Teil der gesamten Lebensgemeinschaft eines Gewässers ist. Er muß also in einen Rahmen hineinpassen, der durch die ökologischen Verhältnisse vorgegeben ist. Wird das nicht bedacht und werden mehr Fische in ein Gewässer eingesetzt, als dieses aufnehmen kann, lassen die negativen Folgen nicht lange auf sich warten. In Abhängigkeit von der jeweils betroffenen Fischart oder dem Bestand werden sie sich allerdings ganz unterschiedlich auswirken.

In geschlossenen Gewässern sind es primär das Nahrungsangebot, die Größe des Wasserkörpers, die Ausdehnung der tieferen bewohnbaren Areale und in manchen Fällen die Zahl der Standplätze bzw. Reviere, die den Umfang des Besatzes begrenzen. Wird mehr eingesetzt, als das Gewässer ernähren kann, beginnen die Fische sehr bald im Wachstum zu kümmern und erreichen kaum jemals eine fangwürdige oder gar kapitale Größe.

Räuberische Fische können bei zu großer Individuenzahl die Fried- und Jungfischpopulationen übermäßig stark dezimieren. Damit entziehen sie sich selbst ihre Nahrungsgrundlage und vernichten gleichzeitig die eigenen Nachwuchsjahrgänge. Das wirkt sich allerdings erst zwei bis drei Jahre später aus, dann nämlich, wenn diese Fische gerade eine fangfähige Größe erreichen und die Hauptmenge der anglerischen Beute ausmachen würden.

Das Verhältnis zwischen der Größe des Wasserkörpers und der Zahl bzw. der Biomasse der Fische, die darin leben soll, spielt im Laufe des Jahres eine unterschiedliche Rolle. Verhindert z.B. im Winter eine geschlossene Eisdecke den Gasaustausch, so sind die Fische auf die Sauerstoffmengen angewiesen, die das Wasser zuvor aufgenommen hat, und müssen diese zusätzlich noch mit den Pflanzen, den Kleintieren und besonders mit den Mikroorganismen teilen, die für die Zersetzung und Remineralisierung aller organischen Abfallsubstanzen sorgen. Fehlt es außerdem an Winterlagern für alle Fische, so kommen diese nicht zur Ruhe, verbrauchen zusätzlichen Sauerstoff und magern ab. Sie verlieren dadurch an Kondition und werden anfälliger gegen Krankheiten und Seuchen. Ähnliches kann auch im Sommer vorkommen, wenn die Fische vor zu hohen Temperaturen und pH-Werten aus den oberen Wasserschichten in die Tiefe ausweichen wollen. Stehen hier nicht genügend brauchbare Refugien mit ausreichendem Sauerstoffangebot zur Verfügung, so kommt es ebenfalls zu Krankheitserscheinungen, Wachstumsstopp und u. U. auch zu Fischverlusten.

Werden in eine Fließstrecke mehr Bachforellen eingesetzt, als geeignete Unterstände vorhanden sind, können die überzähligen Fische oft schon in den folgenden Tagen verendet vom Ufer aufgelesen werden. Der pausenlose Kampf gegen stärkere Artgenossen um die lebensnotwendigen, aber zahlenmäßig zu geringen Standplätze hat sie derart gestreßt und angestrengt, daß die Tiere an völliger Erschöpfung gestorben sind. Anders reagieren da die Regenbogenforellen und Äschen, die sich ja allgemein mehr im freien Wasser aufhalten können und nicht so sehr auf einen Schutz vor direkter Sonnenbestrahlung angewiesen sind. Ohne ausreichenden Schutz vor der Strömung in schnell fließenden Bächen und Flüssen kommen sie allerdings auch nicht aus. Steht Schutz nicht für alle zur Verfügung, wandern die überzähligen Tiere schnell ab.

Überbesatz ist also nicht nur unwirtschaftlich, sondern in den meisten Fällen auch schädlich für den Fischbestand. Leider werden seine Folgen oftmals erst recht spät entdeckt und können daher erst nach einigen Jahren vor der Wiederholung eines solchen Fehlers warnen.

Schonmaße, -zeiten und übliche Bestimmungen

Tiere haben um so mehr Nachkommen, je geringer die natürlichen Überlebenschancen sind. In der unberührten Natur gehen bei der Entwicklung vom Brütling bis zum geschlechtsreifen Fisch z.B. weniger Lachse und Forellen zugrunde als Hechte oder Weißfische. Im allgemeinen ist die Zahl der Eier eines Weibchens um so größer, je kleiner die Eier sind, oder anders: Je weniger Nachkommenschaft ein Fisch erzeugen muß, desto größer darf das einzelne Ei sein. Wenn wir sagen, daß jeder Fisch, der das geschlechtsreife Alter erreicht, jedenfalls einmal ablaichen muß, damit die Art erhalten bleibt, so ist das eine grobe Vereinfachung. Diese Rechnung ist ohne die vielen umweltfeindlichen Einflüsse gemacht, welche die Fischbestände heutzutage bedrohen.

Besser ist es, wenn sich ein heranwachsender Fisch wenigstens zweimal, also in zwei aufeinanderfolgenden Jahren fortpflanzen kann. Das Erreichen der Geschlechtsreife geschieht in Abhängigkeit von artspezifischer Entwicklungszeit und Wachstum. Auch die Hungerform der Forelle, die sogenannte Steinforelle, wird geschlechtsreif, obwohl sie im Vergleich zu anderen Artgenossen in nahrungsreicheren Gewässern ein Zwerg bleibt. Abweichend von der Geschlechtsreife, die nur einmal im Leben eintritt und durch Krankheit oder Alterung der Sterilität weichen kann, tritt die Laichreife alljährlich ein, solange der Fisch geschlechtsreif ist.

Das Mindestmaß für eine Fischart ist die biologisch ermittelte und gesetzlich festgelegte Körperlänge in Zentimetern, die der Fisch durch Wachstum erreicht, nachdem er mindestens einmal gelaicht hat. Die Geschlechtsreife erlangt er vorher.

In Tabelle 2 sind die Mindestmaße derjenigen Fische aufgeführt, die für den Fliegenfischer interessant sein können. Abweichungen der Mindestmaße von Bundesland zu Bundesland beruhen weniger auf unterschiedlichen Auffassungen über gesetzliche Schonerfordernisse als vielmehr auf geographischen Besonderheiten. Die kalkarmen (sauren) Fließgewässer Baden-Württembergs lassen ebenso wie die Gewässer des Hochwaldes im Saarland und im Hunsrück den Fisch schlechter wachsen und bei geringerer Länge zur Geschlechtsreife gelangen als die fruchtbareren Gewässer Bayerns oder die Niederungsflüßchen Schleswig-Holsteins.

Für unfruchtbare Gewässer muß das Mindestmaß also niedriger sein. Die Fischereigesetze geben den Fischereibehörden im allgemeinen die Möglichkeit, die Mindestmaße und Schonzeiten durch Sonderregelungen den regionalen Eigenarten einzelner Gewässer oder Gewässersysteme anzupassen.

Das Mindestmaß schützt den Fisch in jedwedem Gewässer und während des ganzen Jahres. Daneben sollen auch die Schonzeiten die Arten erhalten helfen Die Artenschonzeit ist die Zeitspanne eines Jahres, in welcher der Fisch nicht gefangen werden darf oder, wenn er unbeabsichtigt an die Angel ging, wieder zurückgesetzt werden muß. Die Artenschonzeit wird wie das Mindestmaß auf Grund der biologischen Kenntnis der Lebensgewohnheiten festgesetzt. Mit einer gewissen zeitlichen Reserve vor und nach der üblichen Laichzeit schließt die Artenschonzeit den Zeitabschnitt des Laichgeschäfts sicher ein.

Von den Artenschonzeiten unterscheiden wir die allgemeinen Schonzeiten. Diese richten sich nicht auf einzelne Fischarten, sondern auf die ganze Fisch-Lebensgemeinschaft eines Gewässers, indem das ganze Gewässer zeitweise unter Schutz gestellt wird. In einigen Bundesländern ist zum Beispiel während der Winterschonzeit jeglicher Fischfang verboten. Das erleichtert den Fischereiaufsehern die Arbeit ganz wesentlich. Man kann dann aber auch keine Bestandsregulierung durchführen und muß die Weißfische oder die Hechte in der „offenen“ Zeit vorher oder hinterher herausfangen.

Gesetzliche Regelungen sind immer schematisch und können ohne Sonderbestimmungen unbefriedigend sein. Deshalb sind meistens Ausnahmen möglich, so kann z.B. der Fang auf Äschen (und bei der Gelegenheit, wenn nötig, auch gleich auf Döbel) während der Winterschonzeit bis Ende des Jahres zugelassen werden, wenn der Antragsteller sich auf die künstliche Fliege beschränkt und versehentlich gefangene laichstimmige Forellen schonend zurückgesetzt werden können.

Weil die Gewässer, die der Winterschonzeit unterliegen, in aller Regel Salmonidengewässer sind, wären einige typische Bewohner ohne Schutz, gäbe es nicht die Artenschonzeiten. Das gilt für die Äsche und das gilt für den Huchen. Das Schema der Abb. 69 zeigt, wie sich Artenschonzeiten und allgemeine Schonzeiten ergänzen. Im übrigen rechnet gerade der Allround-Fliegenfischer, der sich nicht allein auf Salmonidengewässer beschränkt, sondern auch an Gewässern fischt, die der Frühjahrsschonzeit unterliegen, gerade hier mit Gästen aus benachbarten Salmonidengewässern. Dort, wo die Frühjahrsschonzeit besteht, ist der Fang mit der einfachen Handangel ebenso wie die Fliegenfischerei im allgemeinen auch

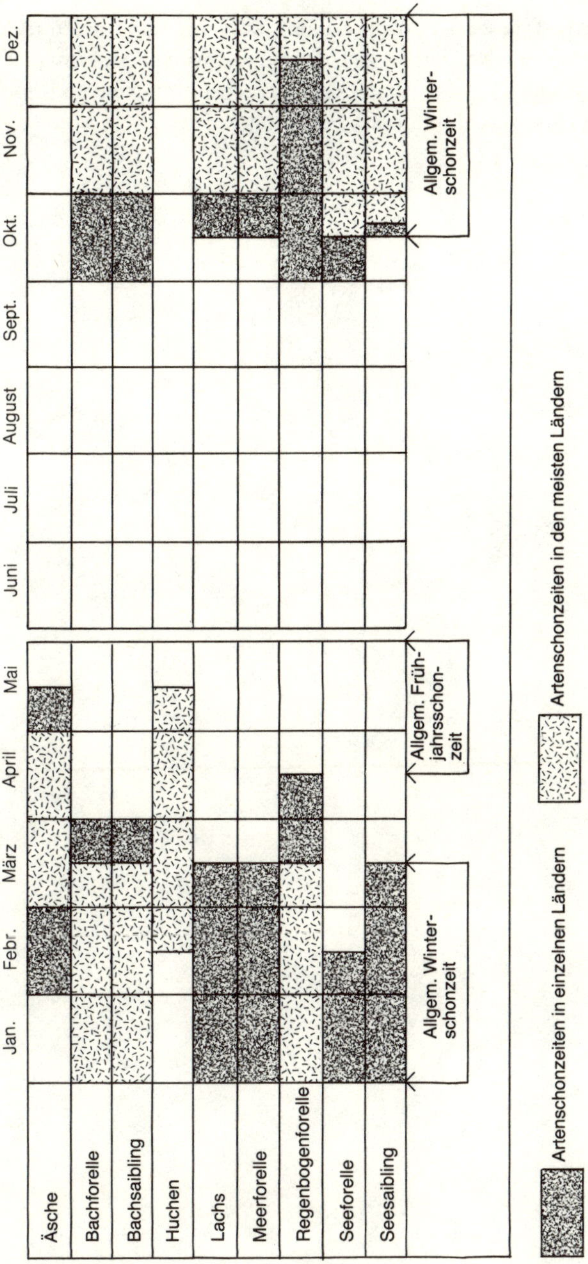

Abb. 69. Schonzeiten der Edelfische

während dieser Schonzeit erlaubt. Wer mit Salmoniden rechnet, ist aber ihrer Artenschonzeit eingedenk. Sie vermittelt dem Einwanderer aus dem Edelfischwasser im Zustand der Laichstimmigkeit und noch kurz nach dem Laichgeschäft überall „Imunität".

Wert von Salmonidengewässern

Wenn wir den Edelfisch vom Gutfisch und vom „Minder"-Fisch unterscheiden, so liegt dem unter anderem eine Beurteilung zugrunde, die sich nach der jeweiligen Nutzung als Delikatesse richtet. Abgesehen davon genießt der Edelfisch aber auch die besondere Wertschätzung des Sportfischers, und hier ist es nicht allein das bevorzugte Fleisch einer bestimmten Fischart, das der Wertbestimmung zugrunde liegt, sondern es spielen Gesichtspunkte hinein, die mit ästhetischen Unterscheidungen im Naturgenuß zusammenhängen. Der Natur selbst sind Wertmaßstäbe fremd. Hier gibt es nur gesunde oder kranke, starke oder schwache, lebendige oder tote Individuen.

Aus der menschlichen Bewertung ergibt sich aber, daß nicht nur Edelfische teurer sind als Weißfische, sondern daß auch Edelfischgewässer nicht zum gleichen Preis zu haben sind wie Weißfischgewässer.

Der Wert eines jeden Gewässers bestimmt sich für den Fischereiinteressenten nach den möglichen Erträgen, d. h. nach der Ertragsfähigkeit des Gewässers. Sie bestimmt den Pachtwert, sie bestimmt auch einen evtl. Kaufwert. Beim Schadenersatz nach einem Fischsterben liegen die Dinge etwas anders. Hier wird nicht nur der Wert dessen berechnet, was an fangfähigen Fischen herausgenommen werden kann, sondern hier muß der Wert des Gesamtbestandes, der vernichtet wurde, ermittelt und ersetzt werden. Das ist in der Regel aber eine einmalige Leistung, während die Fangnutzung durch eine alljährliche Pachtzahlung abgegolten oder mit einem Kaufpreis aufgewogen wird, welcher beispielsweise dem 25fachen Jahrespachtbetrag entsprechen kann.

Fischgewässer haben eine ebenso unterschiedliche Ertragsfähigkeit wie der von der Landwirtschaft bebaute Boden. Kalkreiche Gewässer sind in aller Regel ertragreicher.

Wir unterscheiden ähnlich wie in der Teichwirtschaft vier Ertragsklassen

Klasse I	200–400 kg/ha und Jahr
Klasse II	100–200 kg/ha und Jahr
Klasse III	50–100 kg/ha und Jahr
Klasse IV	25– 50 kg/ha und Jahr.

Diese Gewichtsmengen pro Hektar und Jahr geben den *Zuwachs* an, der zum Entstehen fangreifer Fische führt. Man kann dies derjenigen Menge gleichsetzen, die alljährlich aus dem Gewässer gewonnen werden kann, weil in der gleichen Zeit eine entsprechende Menge nachwächst.

Dabei läßt man unberücksichtigt, daß auch die noch untermaßigen Fische mehrere Jahre lang einen Zuwachs erfahren, also einen Teil der Produktion des Gewässers für sich beanspruchen, ehe sie das fangreife Maß erreichen. Mit anderen Worten: Die Gesamtproduktion eines Gewässers ist größer als die Ertragsfähigkeit, weil sich letztere allein auf fangfähige Fische bezieht.

Es ist nicht üblich, die Gesamtproduktion anzugeben, vielmehr bezieht der Biologe, der ein Gewässer untersucht, das Ergebnis seiner Untersuchungen der Beschaffenheit des Lebensraums, also seiner Gestaltung, seines Chemismus und seiner Kleinlebewelt, allein auf die Ertragsfähigkeit.

Sieben Faktoren bestimmen diese:

1. Menge der Nahrung an Grund und Ufer
2. Menge der Anflugnahrung
3. Möglichkeiten des Unterschlupfs für Fische, Standplätze, Gestaltung von Bachsohle und Ufer
4. Zugänglichkeit der Laichplätze im Oberlauf, Zugänglichkeit des Unterlaufs
5. Kinderstuben
6. Befischbarkeit
7. Abwasserbelastung (Wassergüte).

Man kann diese Faktoren in beliebiger Reihenfolge aufführen, ohne dem einen oder dem anderen einen Vorrang einräumen zu müssen. Hier gilt die Regel, daß sich die Stärke einer Kette nach dem schwächsten Glied richtet.

Ist das Gewässer verunreinigt (Faktor 7), ist die Produktion herabgesetzt. Läßt sich das Gewässer wegen allzu starken Uferbewuchses oder felsiger steiler Ufer nicht befischen (Faktor 6), ist sein Wert für den Sportfischer gering. Fehlt es an Brutbächen (Faktor 5), so kann zwar durch Besatzmaßnahmen nachgeholfen werden, das Gewässer wirkt aber nicht mehr als in sich geschlossener Organismus, nicht mehr als ein vollkommener Lebensraum, der seine Lebewelt ständig von sich aus regenerieren kann. Gleiches gilt, wenn der Weg zu den Laichplätzen durch unüberwindliche Wehre verbaut ist oder die in diesen Bereichen zu Setzlingen herangewachsene Brut am Erreichen der späteren Standplätze gehindert ist (Faktor 4). Durch Begradigung und Ausbau eines Forellenbaches kann dieser zur nahezu unbelebten und völlig fischfreien Pißrinne herabgewürdigt werden (Faktor 3). Die Faktoren 1 und 2 hängen wesentlich von der Abwasserbelastung, aber auch vom Kalkgehalt des Gewässers, von der geologischen Struktur des Einzugsgebietes und vom Bewuchs der Ufer ab.

Wer ein Gewässer kaufen oder pachten will, bediene sich des Rats eines erfahrenen Fischereibiologen, es sei denn, er habe das Gewässer bereits über Jahre hinweg als Gastfischer kennengelernt. Die Mehrzahl unserer Gewässer bringt durchschnittlich 100 kg/ha und Jahr hervor. Bei Abwasserbelastungen geht es schnell bergab, gut gepflegte Gewässer erreichen 200–300 kg/ha Jahresertrag.

Geht man von 100 kg/ha und Jahr aus, so bedeutet das, daß ein 2 m breiter Forellenbach 100 kg fangfähige Forellen im Jahr produziert, wenn er 5 km lang ist. 100 kg Bachforellen sind heutzutage mit 1200,– DM nicht zu hoch bezahlt. In diesem Rahmen bewegt sich also auch die Jahrespacht, die dann gleich dem Rohertragswert ist. Unkosten werden bei der Bewertung von Sportfischergewässern in der Regel nicht berücksichtigt, nicht einmal die Besatzkosten, die der Pachtinteressent also bei der Überprüfung seiner finanziellen Leistungsfähigkeit noch mit einbeziehen muß.

Der Pachtvertrag wird eine Besatzauflage enthalten, die davon ausgeht, daß ⅓ des Bestandes durch Besatzmaßnahmen erhalten werden muß, das sind bei 100 kg Forellen oder durchschnittlich 450 Stück fangfähiger Fische 150 Setzlinge. Diese Zahl wird noch verdoppelt, weil mit 50 % Verlusten zu rechnen ist. Die Besatzauflage für die genannte Strecke wird also 300 einsömmerige Bachforellensetzlinge nennen.

Gewässerstrecken mit Brutbächen bieten günstigere Voraussetzungen. Brut ist wesentlich billiger, auch wenn die 10fache Stückzahl als Besatz eingebracht werden muß. Darüber hinaus ist die im Bach großgewordene Nachkommenschaft besser angepaßt und widerstandsfähiger. Beim Verkauf bringt eine solche Bachstrecke mindestens 1200 × 25 = 30 000,– DM. Ein totales Fischsterben verursacht einen Schaden im Wert eines dreijährigen Fangausfalles (3 × 1200 = 3600,– DM) zuzüglich des Wertes für Neubesatz, nämlich mit 3 × rd. 1000 einsömmerigen Setzlingen im Wert von 1500,– DM, so daß ein totales Fischsterben den Schädiger bis zu 5100,– DM kosten kann, weil er den ursprünglichen Ertragszustand wiederherstellen muß und sich nicht darauf beschränken darf, lediglich den Fangausfall zu ersetzen.

Schon beim ersten Besuch eines für den Interessenten neuen Gewässers verrät ein Griff in die freigespülten Wurzelbüsche der Erlen oder in Laubhaufen, die sich in Kolken angesammelt haben, auch dem interessierten Laien, ob der Bachflohkrebs vorhanden ist. Er zeigt nicht nur günstigen Kalkgehalt des Wassers an, sondern ist selbst bevorzugte Forellennahrung. Finden sich darüber hinaus unter den Steinen zahlreiche Larven von Köcherfliegen und Eintagsfliegen, so darf man von vornherein mit höheren Erträgen als 100 kg rechnen, sofern die übrigen der genannten 7 ertragsbestimmenden Faktoren günstig zu beurteilen sind.

Faktor 7, die Abwasserbelastung, ist vom Biologen ebenfalls mit dem erwähnten Griff ins Wasser schnell beurteilt. Nicht nur die Menge der Nährtiere und ihre Eignung, gefressen zu werden – üblicherweise scheint der Bachflohkrebs der Forelle besser zu schmecken als die Wasserassel oder der Schneckenegel –, sondern auch die *Zusammensetzung* der Lebensgemeinschaft liefert einen Beurteilungsschlüssel, nämlich den für die Wassergüte. So kennzeichnet das Vorkommen des Bachflohkrebses neben dem günstigen Kalkgehalt gute bis hohe Wassergüte (Zustandsklasse I–II), während die Wasserassel den Flohkrebs ablöst, wenn der Zustand der Klasse III(–IV) zuzurechnen ist (stark verunreinigt). Grundlage einer solchen Einordnung des jeweiligen Gewässerzustandes ist das sogenannte Saprobiensystem (sapros = Schmutz). Auch in der Natur finden sich je nach Verunreinigung des Gewässers die Schmutzfinken oder die Saubermänner zu Lebensgemeinschaften zusammen. Die Natur unterscheidet nicht nach schmutzig und sauber, ebensowenig wie sie Wertvolles und weniger Wertvolles (s. o.) kennt. Auf jedes spezifische Umweltangebot reagieren hier aber andere Tier- und Pflanzenarten, und die Reinwasserorganismen signalisieren: Diese Wassergüte behagt auch den Forellen und Äschen. Neben dem Bachflohkrebs sind es besonders die flachen, strömungsangepaßten Eintagsfliegenlarven, die hohen Sauerstoffgehalt

Wasserzustandsklasse	Biologischer Zustandswert Z	Leitorganismen
I = oligosaprob, kaum verunreinigt	1,0 bis 1,5	Eintagsfliegenlarven Köcherfliegenlarven Ufer- und Steinfliegenlarven Bachflohkrebs
II = β-mesosaprob, mäßig verunreinigt	1,5 bis 2,5	Strudelwürmer Schneckenegel Mützenschnecke
III = α-mesosaprob, stark verunreinigt	2,5 bis 3,5	Schlammegel Kriebelmückenlarve Zuckmückenlarven
IV = polysaprob, außergewöhnlich stark verunreinigt	3,5 bis 4,0	Abwasser„pilz“ Schwefelbakterien Schlammröhrenwurm Rote Zuckmückenlarve

brauchen und, kommen sie in Massen vor, auch anzeigen. Die mehr drehrunden Eintagsfliegenlarven (Baëtis z. B.) bevorzugen ebenfalls noch die Wassergüteklasse II. Sie finden sich zuweilen aber sogar noch in verunreinigten Gewässern.

Es werden vier Verunreinigungsgrade unterschieden. In der Aufstellung sind auch die am häufigsten vorkommenden Tiergattungen mit aufgeführt.

Mit einer genauen quantitativen Erfassung dieser und anderer Tiere berechnet der Biologe den Biologischen Zustandswert, der allgemeinverständliche Aussagekraft hat.

Nicht immer ist die Ertragsfähigkeit um so höher, je sauberer das Wasser ist. Leichte Düngung mit Anstieg des Zustandswertes auf über 2,0 bringt oft merkliche Ertragssteigerung. Dies ist, da sich der Zustand meistens weiter verschlechtert, im allgemeinen aber der Anfang vom Ende eines Salmonidenwassers. Ein Zustandswert über 2,0 ist also Anlaß zur Vorsicht bei Pacht oder Kauf.

Zum Schluß ...

... dieses Buches sei ein kleiner Ausblick in die Zukunft gewagt: Die Sorge aller Fliegenfischer gilt verständlicherweise wohl zuerst ihren heimischen Gewässern. Und hier ist, so glaube ich, trotz aller Unkenrufe unsere Sache gar nicht so schlecht bestellt. In vielen Bächen und Flüssen, die noch vor einer Generation biologisch so gut wie tot waren, steigen und jagen, dank verbesserter Sauberhaltung und Bewirtschaftung, wieder Bachforelle und Äsche, Saibling und Regenbogner. Überhaupt hat der Artenreichtum an Fischen, Pflanzen und Insekten erfreulich zugenommen. Dort, wo nach den Sünden der Vergangenheit nur noch Rollegel, Schlammröhrenwurm und Faulpilz existieren konnten, schlüpfen wieder Eintags- und Köcherfliege, tummeln sich Koppe und Elritze. Und diese Tendenz ist, weil das Netz von Klärwerken Jahr für Jahr dichter wird, weiterhin steigend.

Ferner sei der Mühen gedacht, denen sich Besitzer und Pächter unterworfen haben, um ihren Salmonidenstrecken durch Aufzucht und Besatz zu anerkannter Güte zu verhelfen. Aber nicht nur auf die Fließgewässer allein sollte der Flugangler sein Augenmerk richten. Denn so mancher See, so manches Baggerloch und so mancher Teich sind unter gewaltigem Aufwand zu erstklassigen Salmonidenrevieren geworden. Während nun hier und dort ein paar ganz Mutige ihre ersten Versuche mit überseeischen Salm-Arten gestartet haben, ziehen auf natürlichem Wege immer häufiger Meerforelle und Atlantischer Lachs z. B. rheinaufwärts und lassen uns hoffen, daß eines Tages, Vernunft und Einsicht der Anrainerstaaten vorausgesetzt, diese königlichen Fische in unseren Zonen wieder zahlreicher in Erscheinung treten.

Von ganz Ängstlichen unserer Gilde wird häufig die Sorge geäußert, daß das ständige Anwachsen der Fliegenfischerschar die Gelegenheiten zum Angeln einschränke und die Preise hochtreibe. Wahrscheinlich wird in Zukunft eher das Gegenteil der Fall sein. Denn man wird vor allem von seiten der Vereine bemüht sein, mit fortschreitendem Sauberwerden unserer Flüsse den Artenreichtum in geeigneten Gewässern anzuheben und zu veredeln. Hier bietet sich die große Chance, neue Fliegenstrecken zu schaffen, die selbstverständlich allen Fluganglern offenstehen sollten. Denn nur so ist es möglich, der Fliegenfischerei, als subtilstem Glied der

Fischwaid, die ihr angemessene Verbreitung zu verschaffen. Aber es braucht ja nicht immer nur die Gewässer-Güteklasse I–II als anzustrebendes Ideal zu gelten, zumal solch ein Ziel für bestimmte Strecken leider für immer ein Wunschtraum bleiben muß. Bei der Lektüre dieses Buches hat es sich gezeigt, daß dem Flugangler nicht nur Salmoniden ausreichend Freude vermitteln, sondern daß sich auch eine ganze Reihe von Raub- und Friedfischarten als hervorragende Objekte für die künstliche Fliege anbieten. Gerade auf diesem Sektor wartet noch ein reiches Betätigungsfeld auf den Angler.

Allem vorangestellt bleiben also der Schutz sowie die Hege und Pflege der Gewässer. Wir Angler und Fliegenfischer kämpfen da Schulter an Schulter mit Jägern, Ornithologen und Naturschützern in vorderster Front, um zusammen mit der allgütigen Natur und einer hoffentlich klugen Staatsführung für die Gesundung und Erhaltung des großartigen Lebensraumes Wasser zu sorgen.

DER HERAUSGEBER

Sachregister